A. Schommers

Elektronik – gar nicht schwer

entdecken
probieren
verstehen

Buch 2: Experimente mit Wechselstrom

5. Auflage

Elektor Verlag GmbH
ISBN: 3-921608-22-8

Für Barbara

5. Auflage

2. Auflage 1989
3. Auflage 1990
4. Auflage 1992
5. Auflage 1993

Druck: Drukkerij TULP B.V., Zwolle, Niederlande
Printed in the Netherlands
ISBN 3-921608-22-8

Vorwort

Wer den ersten Band ''Elektronik — gar nicht schwer'' kennt, weiß schon, wie es auch diesmal zugeht: Grafiken, Zeichnungen, Fotos und vor allen viele Experimente machen den Text so richtig begreifbar — im wortwörtlichen Sinne. Deshalb kommt mit diesem Buch auch zurecht, wer den ersten Band nicht kennt, sofern er Grundkenntnisse der elektronischen Bauelemente hat.
Viele der Experimentierschaltungen haben auch praktischen Nutzen, es lohnt sich, sie aufgebaut zu lassen: Elektronischer Schmuck, verschiedene Verstärker, eine Wechselsprechanlage, zwei Netzteile, ein Belichtungsmesser, ein einfacher Radioempfänger u.a.m.
Zum Schluß ein Tip für Leser, die bereits Bastelerfahrung haben: Wenn man zu Beginn schon eines der beiden Netzteile aus Kapitel 10 aufbaut, spart man die Batterien für die Experimente.

Viel Spaß beim Lesen und Experimentieren!

Inhaltsverzeichnis

Vorwort 4

1. Einleitung 7
Experimente 7
Löten 8
Lötkolben, Lötzinn 8
Vorbereitungen 9
Löten 10
Abschluß 10
Entlöten 10

2. Vom Timer zum astabilen Multivibrator 13
Timer 13
Ringschaltung 21
Zusammenfassung 22

3. Wechselspannung, Wechselstrom 23
Wechselspannung 23
Wechselstrom 30
Zusammenfassung 32

4. Wechselstrom in Zahlen 33
Werte 33
Kurvenform 33
Spannungswerte 34
Periodendauer 36
Der AMV als Tonerzeuger 37
Das Oszilloskop 45
Ohmsches Gesetz und Wechselspannung 46
Leistung 47
Zusammenfassung 48

5. Der Kondensator 49
Serien- und Parallelschaltung von Kondensatoren 54
Zusammenfassung 56

6. Verstärker 58
Zusammenfassung 72

7. Operationsverstärker 74
Differenzverstärker 74
Operationsverstärker 78
Schaltungen mit OpAmps 80
OpAmp und Wechselspannung 98
Bandbreite 101
Gegenkopplung 102
Zusammenfassung 104
Komparatorschaltung (Mitkopplung) 104
Verstärkerschaltung (Gegenkopplung) 104

8. Sinusförmige Wechselspannungen 106
Der Fahrraddynamo 109
Elektronisch erzeugte Sinusspannungen 110
Zusammenfassung 115

9. Spulen 116
Spulenanwendungen 122
Transformatoren 123
Induktion 127
Induktivität 131
Spule und Wechselstrom 132
Der Korkmotor 134
Zusammenfassung 136

10. Netzteile 137
Transformator 138
Gleichspannung 139
Regelbares Netzteil 144
Strombegrenzung 147
Geregeltes Netzgerät 149
Variationen 150
Zusammenfassung 154

11. Hochfrequenztechnik 155
Der Detektorempfänger 155
Ein aktiver Demodulator 158
Der Schwingkreis, ein HF-Filter 161
Felder — Strom ohne Draht 167
Zusammenfassung 173

12. Anhang 174
Formeln 174
Kleinleistungsdioden 175
Silizium-Leistungs-Dioden 176
Daten von Kleinleistungstransistoren 177
Daten von Leistungstransistoren 179
Dimensionierung von astabilen Multivibratoren (AMV) 180
Frequenzen der Töne temperiert

gestimmter Instrumente 181
Frequenzumfang von Musikinstrumenten 182
Lautstärke 183
Rundfunk-, Fernseh- und Amateurfunkbänder 184
Morsezeichen 185
Allgemeine Eigenschaften von Kondensatoren 186
Farbkennzeichnungen von Kondensatoren 187
Spannungsverstärkerstufe 188
Dezibel (dB) 189
RC-Generator 190
Operationsverstärker-Daten 190
Erläuterungen 191
Operationsverstärker-Grundschaltungen 192
Induktivität einer Luftspule 194
Ermitteln von Netz-Transformatordaten 195
Netzspannungsregeln 196
Gleichrichterschaltungen 196
Ladeelko-Berechnung 198
Z-Dioden-Stabilisierung 200
Schwingkreisgüte 201
Spulen, Kondensator, Resonanzfrequenzen 202
Wellenlänge (Lambda) 205
Aufbauskizzen im Maßstab 1:1 206
Stichwortverzeichnis 217

1. Einleitung

Experimente

Sicher haben Sie in diesem Band schon ein wenig herumgeblättert und dabei festgestellt: Die Schaltungen sind komplizierter als die des ersten Bands. Deshalb ist es nicht mehr sinnvoll, bei den Experimenten mit den seinerzeit benutzten Laborschnüren weiterzuarbeiten. Die Aufbauten würden in undurchschaubaren Kabelsalat ausarten. Für die Versuche der kommenden Kapitel schlagen wir Ihnen zwei Experimentiermethoden vor: Erstens ein Steckbrett.

1

Foto 1. Die Verbindungen des Steckbretts verlaufen wie die Kupferbahnen der "Elex-Standard-Platine" des Elektor Verlags. Auf einem Steckbrett erprobte Schaltungen sind damit leicht in eine Platinenversion zu überführen.

Preiswerte Steckbretter sind bereits für weniger als DM 10,— erhältlich. Man steckt die Bauelemente und Verbindungsdrähte in die mit Kontaktfedern versehenen Bohrungen. Die Kontaktfedern mehrerer Löcher sind untereinander verbunden. Der Vorteil dieses Systems ist, daß Schaltungen sehr schnell aufgebaut und verändert werden können. Man muß sie jedoch vor dem nächsten Experiment wieder auseinandernehmen.

Für die Darstellungen in diesem Band haben wir ein anderes "System" ausgesucht: Elektronik-Lötnägel (oder verzinkte Eisennägel) werden in ein Sperrholzbrettchen gehämmert und die Bauelemente daran festgelötet. Lötnägel sind als Groschenware in jedem besseren Elektronikgeschäft erhältlich. Die versilberte Oberfläche läßt sich gut löten. (Über Löten später mehr.) Die Nägel markieren "Eckpunkte" der Schaltungen, an denen Bauelementeanschlüsse und Verbindungsdrähte zusammentreffen. Deshalb ist das Ganze sehr übersichtlich. Die

Brettchen dürfen nicht feucht sein, da sonst unerwünschte Ströme durch das Holz fließen. In Verzicht auf einen rustikalen Hintergrund haben wir unsere Probebrettchen mit weißer Klebefolie bezogen. Das Material erwies sich als ausreichend hitzefest. Zu den Experimenten drucken wir die Lagepläne der Nägel und Bauelemente ab (maßstabgerechte Pläne im Anhang). Beim Aufbau gehen Sie am besten folgendermaßen vor (siehe Fotos 5...7):

— Lötnägel (ϕ: 1,2 mm) gemäß Lageplan einschlagen (bis zum "Kragen"; verzinkte Nägel ca. 5 mm tief).
— Verbindungsdrähte aus verzinntem Schaltdraht abmessen und mit einem Seitenschneider ablängen. Dabei pro Ende 3...5 mm zugeben.
— Die Drahtenden umbiegen, an den Lötnägeln befestigen und verlöten.
— Die Drahtenden der Bauteile ebenfalls befestigen und verlöten. Lötösenanschlüsse werden so gebogen, daß sie auf die Nägel geschoben werden können.

Für die Anschlüsse von Batterien, Meßgerät etc. kann man sich kleine Steckhülsen passend zu den Nägeln beschaffen. Wer ganz aufs Löten verzichten möchte, kann auch die Anschlußdrähte ein-, zweimal um die Nägel wickeln.

Löten

Löten erfordert ein gewisses handwerkliches Geschick. Da man in der Elektronik ohne Löten jedoch nicht auskommt, sollte man es sich lieber früher als später aneignen. Wenn Sie sich an die folgende, stichpunktartig abgefaßte Anleitung halten, werden Sie bald feststellen, daß es gar nicht so schwierig ist. Bevor Sie mit den Experimentierschaltungen loslegen, sollten Sie einige Versuche mit Lötnägeln und Drähten machen.

Lötkolben, Lötzinn

* Am günstigsten ist ein Lötkolben mit 15...30 W Leistung und einer Dauerlötspitze (gerade, ca. 2 mm breit). Man kauft ihn in einem Elektronikgeschäft.
* Es wird ausschließlich gutes Elektronik-Lötzinn, bestehend

Bild 1. Im Handumdrehen aufgebaut: Einfache Lötkolbenständer aus Materialresten.

1

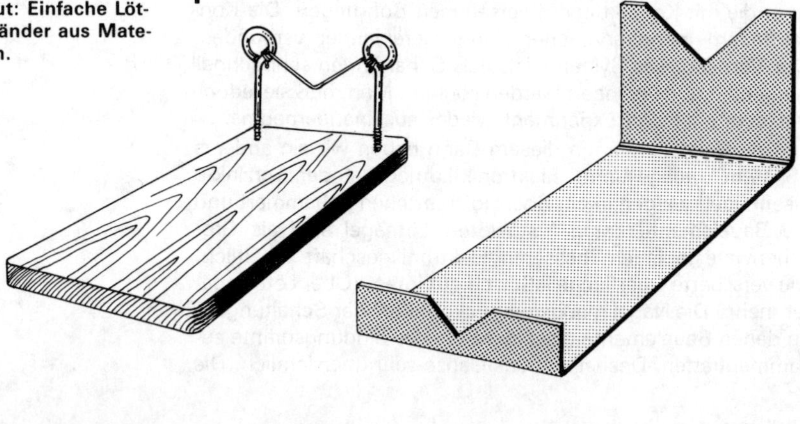

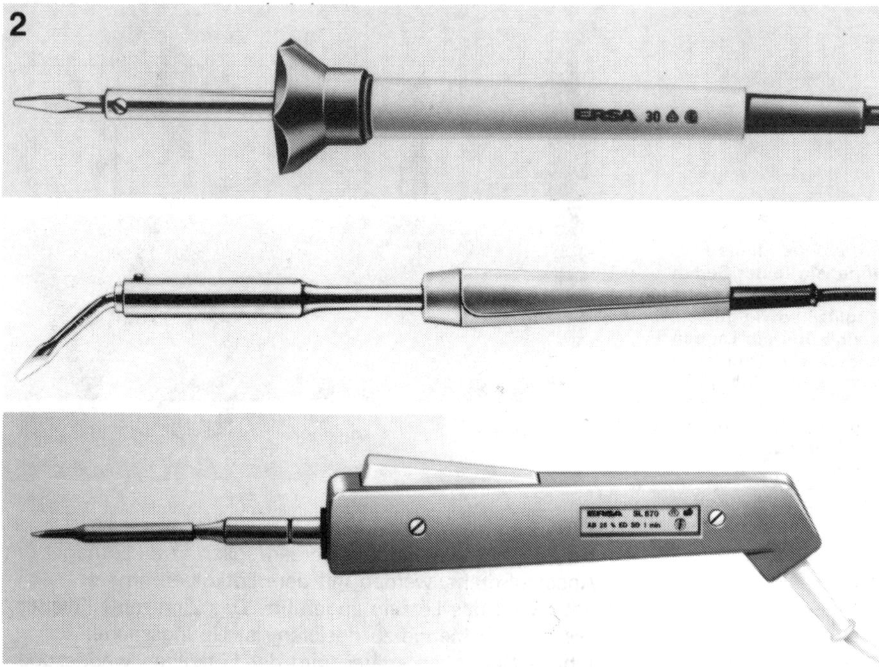

Foto 2. Lötkolben für Hobbyelektroniker

aus 60% Zinn und 40% Blei, benutzt. Im Zentrum des Lötdrahtes befindet sich ein Strang aus Flußmittel, das beim Löten verdampft und Oxydationen verhindert. Empfehlenswerte Stärke: 1 mm.

* Einen Ständer für den heißen Lötkolben kann man sich leicht selber bauen.
* Lötmittel wie Lötwasser, Lötpaste usw. sollten nicht benutzt werden, da die Lötstellen sonst später korrodieren.

Vorbereitungen

* Die Teile, die verlötet werden, müssen sauber und fettfrei sein. Eventuell vorher mit Spiritus reinigen.
* Alle Bauteile müssen zuerst mechanisch stabil befestigt werden: Die Drahtenden werden um die Lötnägel gebogen (bei gedruckten Schaltungen: durch die entsprechenden Bohrungen gesteckt und leicht angewinkelt bzw. umgebogen). "Stumpf" Auflöten ist nur zum Ausprobieren geeignet.
* Der Lötkolben wird aufgeheizt und die Spitze mit einem alten, sauberen Lappen (oder feuchten Spezialschwamm) von Oxydationsresten befreit.
* Eine neue Lötspitze muß man zuerst verzinnen: Lötzinn wird an der Spitze geschmolzen und wieder abgewischt. Das wiederholt man ein paarmal, bis die Spitze einen gleichmäßigen Zinnüberzug besitzt.
* Auf keinen Fall darf die Dauerlötspitze mit Chemikalien, Salmiakstein, Feile o.ä. bearbeitet werden.

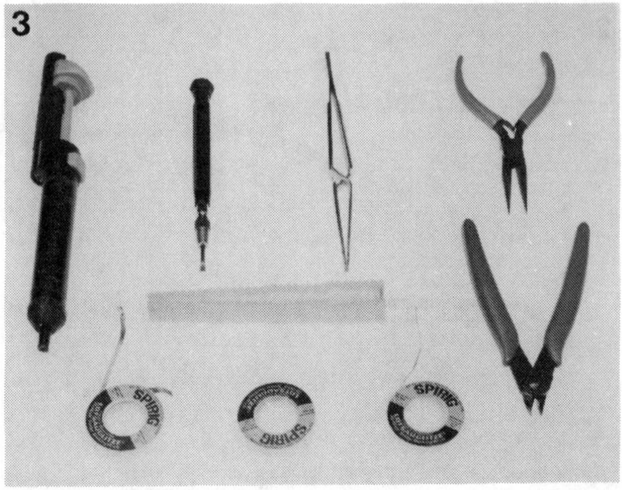

Foto 3. Eine kleine Radiozange, ein feiner Seitenschneider, eine Pinzette, Sauglitze sowie gutes Lötzinn und ein Lappen gehören zur Grundausstattung des Hobby-Labors. Mit der Anschaffung einer Absaugpumpe zum Entlöten (links) eilt es nicht.

Löten

* **Beide** Teile, die verlötet werden sollen, z.B. Lötnagel und Anschlußdraht, werden mit dem Lötkolben erhitzt.
* Jetzt wird das Lötzinn zugeführt. Das Zinn muß "fließen". Die richtige Menge zu dosieren, ist Übungssache.
* 1 bis 2 Sekunden später wird der Lötkolben weggezogen. Die Lötstelle kühlt ab. Sie darf dabei nicht bewegt werden, da sich sonst feine Risse im Zinn bilden.
* Eine gelungene Lötung erkennt man daran, daß die Lötstelle die Form einer Hohlkehle hat.
* Die Bauteile (und Leiterbahnen) dürfen nicht zu heiß werden. Das gilt insbesondere für Halbleiter. Kritisch: LEDs! (Eventuell beim Löten mit einer Pinzette kühlen.)

Abschluß

* Überstehende Drahtenden werden direkt an der Lötstelle mit einem kleinen Seitenschneider abgeknipst. Vorsicht! Die Drahtenden fliegen beim Kappen wie kleine Geschosse fort. (Kann man auch schon vor dem Löten machen. Das sieht dann etwas besser aus.)
* Zur Schonung der Spitze sollte der Lötkolben nach Beendigung der Lötarbeiten oder bei Pausen von mehr als einer Viertelstunde ausgeschaltet werden.
* Lötmittelkleckse, die beim Löten oft entstehen, entfernt man mit Benzin oder Nagellackentferner. Das Lösungsmittel sollte sparsam angewendet werden, da es auch Kunststoffe angreift.

Entlöten

* Überschüssiges Lötzinn wird entfernt, indem man die Lötstelle erhitzt, wobei die Lötseite nach unten zeigt. Das überflüssige Lötzinn fließt auf die Lötspitze. Eventuell durch leichtes Klopfen nachhelfen.

2

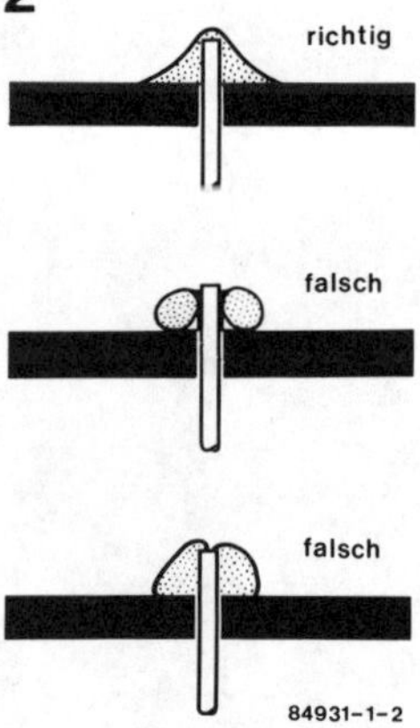

Bild 2. Gute Lötstellen erkennt man daran, daß das Zinn Hohlkehlen bildet.

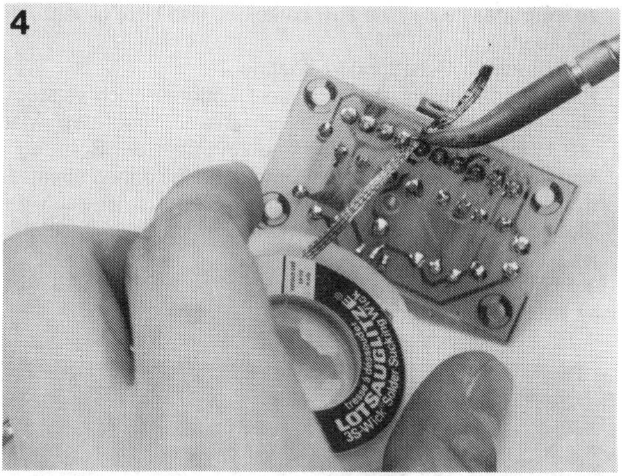

Foto 4. Lötsauglitze erleichtert das Entlöten in schwierigen Fällen.

* Für schwierige Fälle wird Entlötlitze verwendet: Litze auf die Lötstelle legen und beides mit dem Kolben erhitzen. Die Lit-

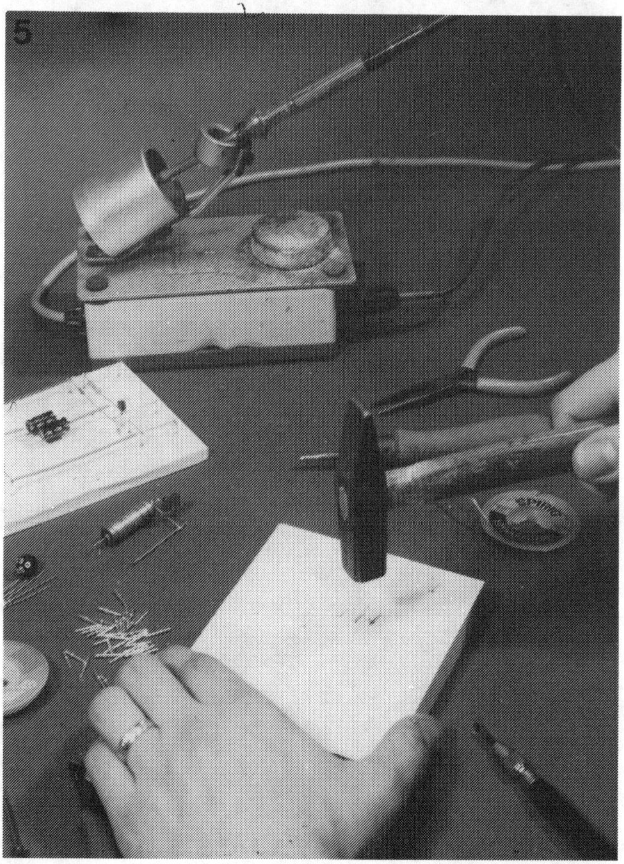

Foto 5. So wird eine der Experimentierschaltungen aufgebaut: Zunächst die Lötnägel einschlagen...

ze saugt das heiße Zinn auf. Lötkolben und Litze gleichzeitig abheben.

Bei gedruckten Schaltungen (Platinen):

* Platinenbohrungen, die nach dem Entlöten noch verstopft sind, werden mit einem spitzen Bleistift geöffnet. Man steckt ihn einfach in das flüssige Zinn über der Bohrung.
* Verbindungen zwischen zwei Leiterbahnen können ebenfalls mit dem Bleistift getrennt werden. (Bleistiftstriche auf der Platine sollten jedoch ausradiert werden, da Graphit leitfähig ist.)

Gute Lötungen gelingen selten beim allerersten Mal. Aber etwas Übung macht den Meister!

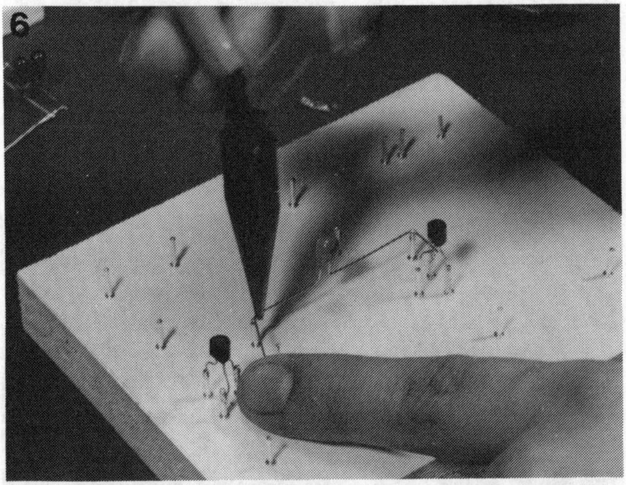

Foto 6. . . .dann die Anschlußdrähte des Bauteils um die Lötnägel biegen und. . .

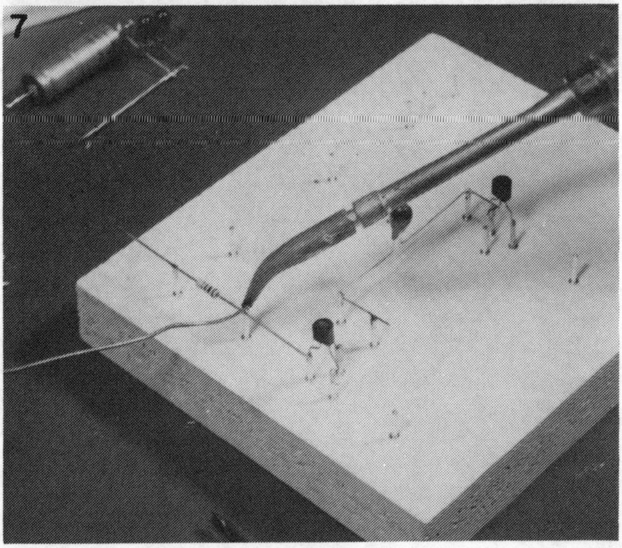

Foto 7. . . .zum Schluß verlöten. Wenn auf den Lötnagel noch ein Steckschuh passen soll, darf das Zinn nicht zu weit "hochlaufen".

2. Vom Timer zum astabilen Multivibrator

Timer

Am Ende des ersten Bandes hatten wir einen Timer, zu Deutsch: einen Zeitschalter, besprochen. Die Schaltung ist in Bild 1 skizziert.

1

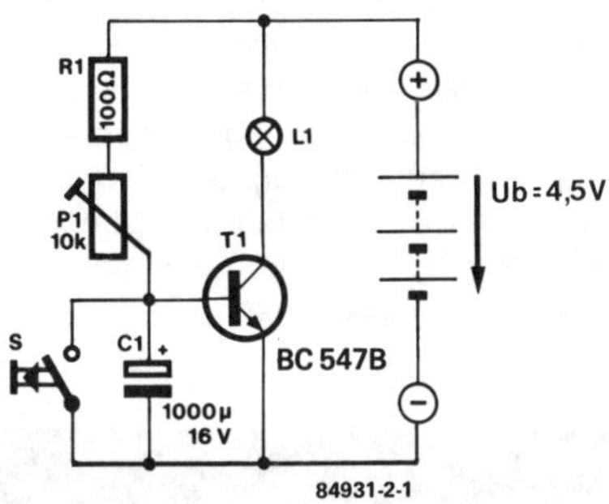

Bild 1. Das Lämpchen leuchtet nicht sofort nach dem Einschalten auf, sondern etwas verspätet. Dann nämlich, wenn der Kondensator über Widerstand und Poti auf 0,7 V geladen ist.

Folgendermaßen werden die Bauteile auf ein Brettchen von 100 × 160 mm montiert. Ein Teil des Brettchens bleibt für eine Erweiterung frei (siehe Bild 4).

2

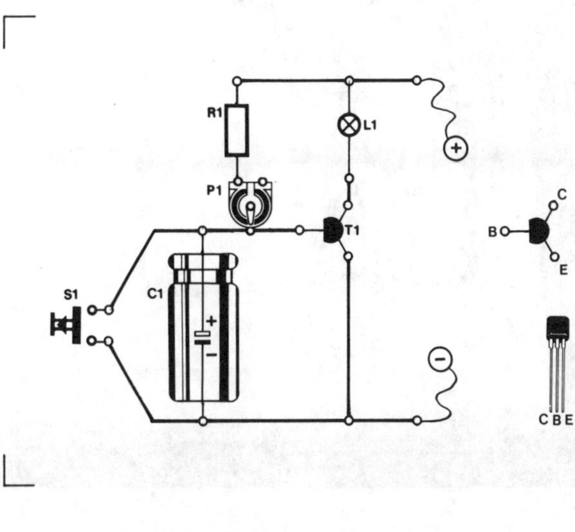

Bild 2. Die Anordnung der Einzelteile auf dem Experimentierbrettchen. Als Verbindung zur Batterie dienen zwei Drähte mit Büroklammern.

Bauteile

Liste A

R1 = 100 Ω ¼ W
P1 = 10 kΩ Trimmpoti
C1 = 1000 μF 16 V
T1 = BC 547B
L1 = Birnchen 3,5 V 0,2 A (mit Fassung)
S = Taster 1 × Ein
4,5-V-Flachbatterie

Sobald die Schaltung mit der Batterie verbunden wird, fließt Strom über P1 und R1 in den Kondensator C1. Der Kondensator lädt sich auf, und die Kondensatorspannung steigt. In dem Moment, in dem die Spannung 0,7 V erreicht, öffnet die Basis-Emitter-Diode. Der Strom durch die Widerstände fließt jetzt nicht mehr in den Kondensator, sondern durch die leitende Diodenstrecke. Dieser Basisstrom wird vom Transistor verstärkt und fließt als Kollektorstrom durch das Lämpchen L1. Es leuchtet auf. Das Aufladen des Kondensators hat eine gewisse Zeit beansprucht. Diese Zeitspanne zwischen Anlegen der Batteriespannung und Aufleuchten des Lämpchens wird mit P1 variiert. Je kleiner P1, um so höher ist der Ladestrom, und um so eher erreicht die Kollektorspannung die Schwelle von 0,7 V.

1

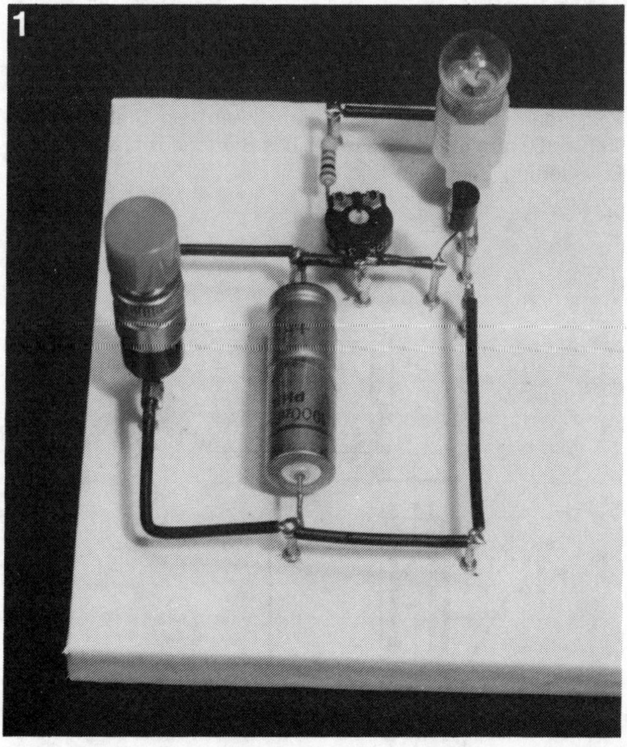

Foto 1. Die zweite Hälfte des Brettchens bleibt für eine Schaltungserweiterung frei.

Wenn der Taster S geschlossen wird, verlischt das Lämpchen, weil kein Basisstrom fließt, und der Kondensator wird entladen. Nach dem Loslassen vergeht zunächst wieder die eingestellte Zeitspanne, bevor der Kondensator geladen ist und das Lämpchen aufleuchtet.
Die Potistellung wirkt sich auch auf die Helligkeit aus, denn mit steigendem Widerstand R1/P1 fließen weniger Basisstrom und entsprechend weniger Kollektorstrom. Die Spannung zwischen Basis und Pluspol, also die Spannung über den Widerständen, ist um ca. 0,7 V geringer als die Batteriespannung, demnach ca. 3,8 V. 3,8 V geteilt durch den Widerstand ergibt den Basisstrom. R1 verhindert einen Kurzschluß zwischen Basis und Pluspol bei zurückgedrehtem P1.
Die Schaltung in Bild 3 enthält zwei Timerstufen, die funktionsmäßig hintereinandergeschaltet sind.

3

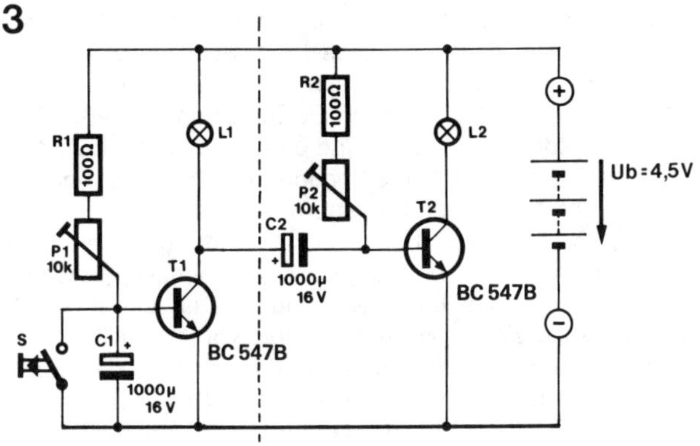

Bild 3. Zwei hintereinandergeschaltete Timer. Die rechte Hälfte wird von der linken aktiviert, sobald L1 aufleuchtet.

So sieht die ergänzte Experimentierschaltung aus.

4

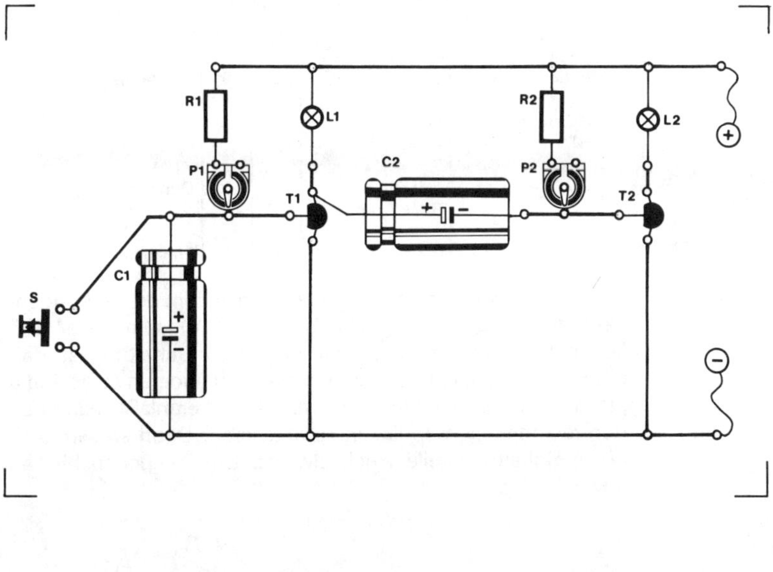

Bild 4. Aufbau der doppelten Timerschaltung.

Zusätzliche Bauteile

Liste B

R2 = 100 Ω ¼ W
P2 = 10 kΩ Trimmpoti
C2 = 1000 μF 16 V
T1 = BC 547B
L1 = Birnchen 3,5 V 0,2 A (mit Fassung)

Der linke Schaltungsteil (bis zur gestrichelten Linie) funktioniert, wie oben beschrieben. Während der Ladezeit von C1, solange L1 noch nicht leuchtet, ist die Kollektorspannung U_{C1} des Transistors T1 fast so groß wie die Batteriespannung, weil der Transistor während dieser Zeit sperrt. Da kein Strom fließt, entsteht am Lämpchen auch kein Spannungsabfall. C2 liegt zwischen der Betriebsspannung (am positiven Kondensatoranschluß) und der 0,7-V-Basisspannung von T2. C2 wird folglich geladen. Zwar ist der Ladestrom zu gering, um das Lämpchen L1 aufleuchten zu lassen, da er jedoch (zusammen mit den Strom von R2/P2) durch die Basis von T2 fließt, wird dieser Transistor aufgesteuert, und das Birnchen L2 leuchtet. Wenn C1 geladen ist, sinkt die Spannung am Kollektor von T1, und L1 leuchtet auf. Der Ladestrom von C2 versiegt, daher sperrt T2, und L2 verlischt. Die Spannung am positiven Elkoanschluß (Kollektor T1) beträgt jetzt ca. 0,2 V, also nur wenig mehr als die negative Batteriespannung. Der rechte Schaltungsteil verhält sich jetzt genauso, wie vorher der linke: C2 wird über R2 und P2 umgeladen, die Polarität wird dabei umgekehrt; beim Erreichen der Basis-Emitter-Schwellspannung öffnet T2, und L2 leuchtet wieder auf. Der "Dunkelzeit" von L1 folgt also eine Dunkelzeit von L2. Am Schluß leuchten beide Lämpchen. Tabelle 1 faßt den Zeitablauf des Doppeltimers zusammen.

Tabelle 1. (1 = Lampe an; 0 = Lampe aus)

C1	C2	L1	L2	
entladen	entladen	0	0	Ausgangszustand
lädt über R1/P1	lädt über L1 und T2	0	1	Dunkelzeit L1
0,7 V erreicht	lädt über R2/P2 um	1	0	Dunkelzeit L2
0,7 V	0,7 V	1	1	Endzustand

Tabelle 1. Laden und Entladen der Kondensatoren bewirken das verzögerte Ein- und Ausschalten der Lämpchen.

C2 ist jetzt zwar mit falscher Polarität geladen, da die Kondensatorspannung jedoch gering ist (ca. 0,5 V), nimmt der Elko keinen Schaden. Bemerkenswert an dieser Schaltung ist, daß ein Schaltungsteil, in Bild 3 der linke, den anderen selbständig steuert. Mit einer einfachen Umstellung veranlaßt man auch den rechten Teil, den linken zu aktivieren. Dann steuern sich beide Schaltungsteile wechselweise. Die Lämpchen blinken abwechselnd.

5

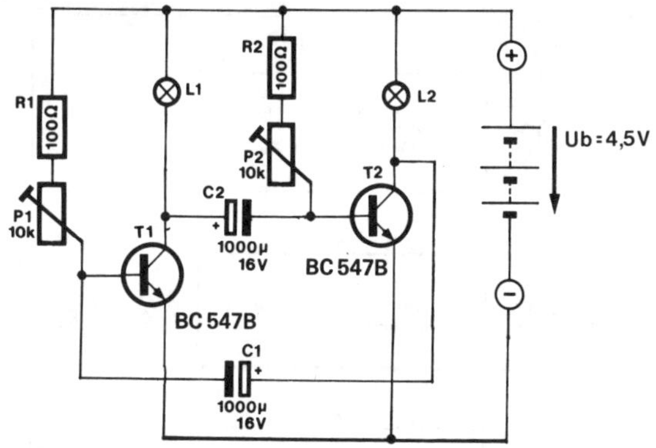

Bild 5. In dieser Konstellation aktivieren (triggern) sich die beiden Transistoren gegenseitig: Die Schaltung schwingt.

An der bestehenden Experimentierschaltung wird die Verbindung von C1 zum Minuspol aufgetrennt und durch eine neue zur Basis von T1 ersetzt (Taster S kann verbleiben). Der positive Kondensatoranschluß wird ebenfalls aufgetrennt und an den Kollektor von T2 gelegt.

6

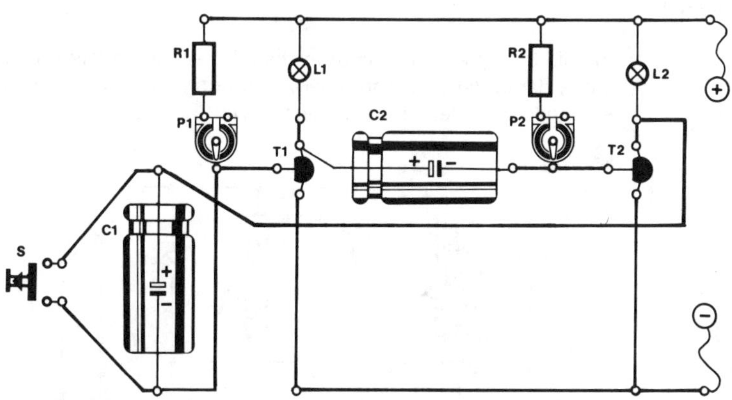

Bild 6. Nur die Anschlüsse von C1 werden geändert.

Das Flußdiagramm in Bild 7 macht den Ablauf eines Schwingungsdurchgangs deutlich. Da die Pfeile einen geschlossenen Kreis bilden, durchläuft die Schaltung diesen Zyklus, bis die Batterie abgeschaltet wird.
Astabiler Multivibrator (AMV) heißt diese "Ping-Pong"-Schaltung, auf gut deutsch etwa: Kippschaltung ohne stabilen Betriebszustand.
Die Timerschaltung in Bild 1 hat einen stabilen Zustand: Das Lämpchen L1 bleibt nach Ablauf der eingestellten Zeit an. Sie wird daher als monostabiler Multivibrator bezeichnet.

7

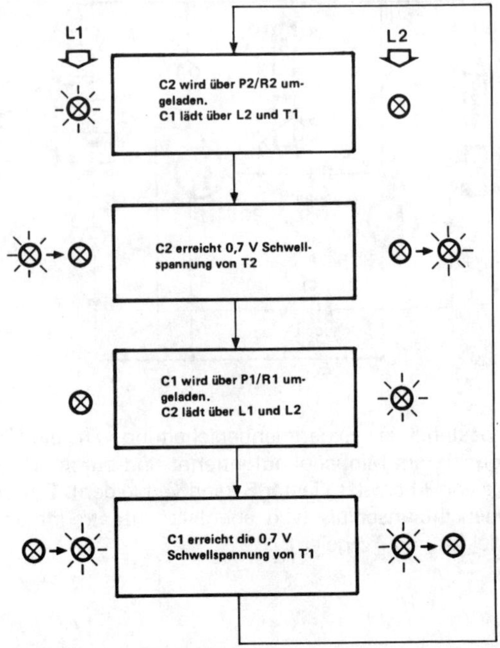

Bild 7. Im astabilen Multivibrator läuft ein geschlossener Kreisprozeß ab.

In Bild 8 ist das Multivibratorschaltbild etwas anders dargestellt, damit die Symmetrie der Anordnung auf einen Blick zu erkennen ist. Diese Darstellungsart wird häufig benutzt.

8

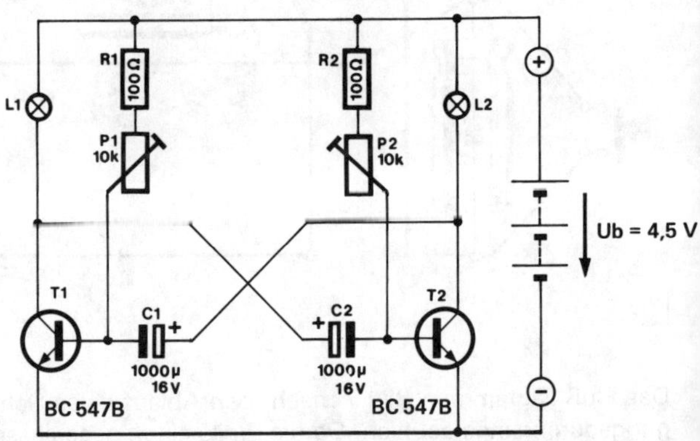

Bild 8. So erkennt man die Spiegelbildlichkeit des Multivibrators auf den ersten Blick.

Der astabile Multivibrator zählt zu der Gruppe der Oszillatoren, jener elektronischen Schaltungen, die selbsttätig zwischen zwei Betriebszuständen hin- und herschwingen. Da astabile Multivibratoren sehr betriebssicher sind, eignen sie sich hervorragend zum Experimentieren. Die Grundschaltung läßt sich in vielfacher Hinsicht variieren.

Die Kombinationen aus Widerstand und Kondensator jeder Stufe (C1/R1/P1; C2/R2/P2) bestimmen den Blinkrhythmus. Verkleinern von P1 oder C1 bewirkt, daß C1 schneller geladen wird und T1 frühzeitiger L1 einschaltet. Das Blinken wird schneller, denn die Leuchtdauer von L2 verkürzt sich. Dementsprechend bestimmen C2/R2/P2 die Leuchtzeit von L1. Wenn R1/P1 und R2/P2 sowie C1 und C2 jeweils gleich sind, ist der Blinkrhythmus symmetrisch. Beide Birnchen brennen gleich lang. Man sagt, das Impuls-Pausen-Verhältnis (engl.: duty cycle) beträgt 1:1.
Mit ein oder zwei LDRs (lichtempfindlichen Widerständen) anstelle Potis bestimmt die Umgebungshelligkeit den Blinkrhythmus.

9

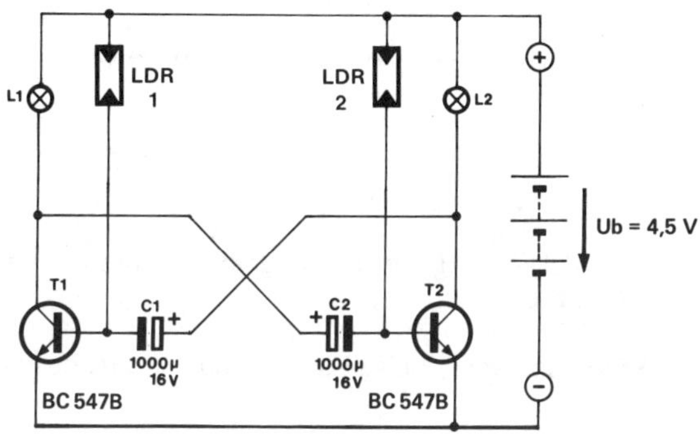

Bild 9. Zwei lichtabhängige Widerstände steuern die Verzögerungszeiten. Was passiert wohl, wenn die Lämpchen auf die LDRs gerichtet sind?

Bild 10 zeigt eine modernisierte Version der Blinkschaltung mit LEDs (Leuchtdioden).

10

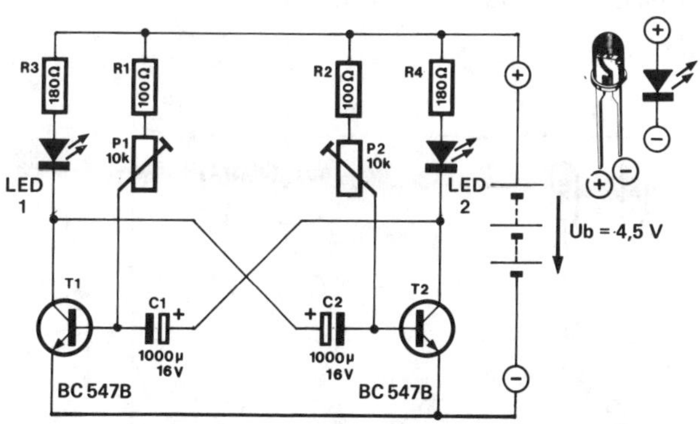

Bild 10. Leuchtdioden sind die modernen Nachfolger der Birnchen. Den nötigen Vorwiderstand muß man nach dem Ohmschen Gesetz berechnen.

Die nötigen Vorwiderstände müssen nach dem Ohmschen Gesetz berechnet werden. Betrachten wird dazu den Transistor T2 (gerade durchgesteuert) alleine.

11

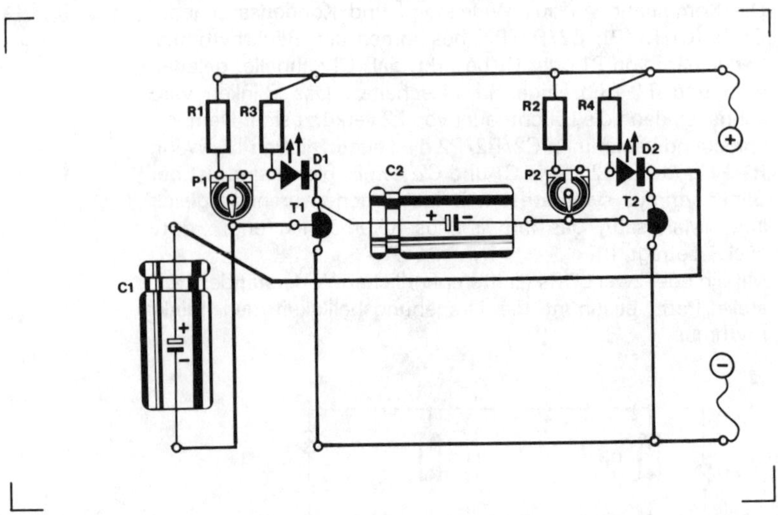

Bild 11. **Statt, wie hier, die Schaltung aus Bild 10 neu aufzubauen, kann man die Lämpchen des alten Aufbaus durch LED-Widerstands-Kombinationen austauschen.**

An der LED fallen ca. 1,6 V ab. Die Spannung am Widerstand beträgt (siehe Bild 12):

U (R4) = 4,5 V − 1,6 V − 0,2 V = 2,7 V

Der LED-Strom kann beispielsweise auf 15 mA festgelegt werden.

$$R4 = \frac{U(R4)}{I(LED)} = \frac{2,7\ V}{15\ mA} = 180\ \Omega$$

Wenn nur eine LED blinken soll, wird die zweite durch einen Widerstand ersetzt. Widerstände und Kondensatoren der Schaltung in Bild 13 sind so dimensioniert, daß die LED in regelmäßigen Abständen kurz aufblitzt.

12

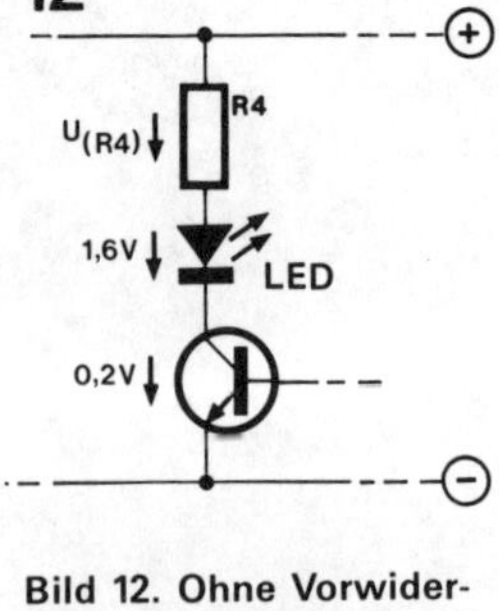

Bild 12. Ohne Vorwiderstand (R4) würde fast die gesamte Batteriespannung an der LED liegen; aber nicht lange, denn eine LED verträgt nur 1,6 V bzw. 2,4 V (je nach Lichtfarbe).

13

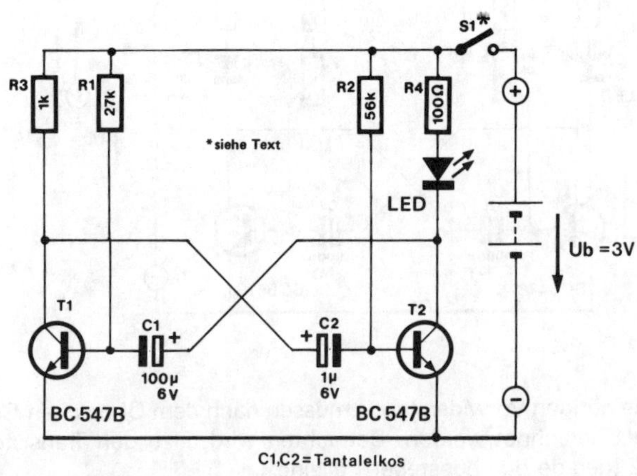

Bild 13. Die Schaltung der Blinkbrosche läßt sich winzig aufbauen, wenn man statt der sperrigen Folienelkos Tantalelkos verwendet.

Diese Schaltung ist das Kernstück eines blinkenden Schmuckstücks, zum Beispiel einer Brosche oder Krawattennadel. Die LED wird (evtl. anstelle des "Juwels") in eine preiswerte fertige Kaufhausbrosche eingebaut. Wenn Sie Interesse an filigranen Goldschmiedearbeiten haben, können Sie einen eigenen Entwurf um die LED kreieren. Zwei dünne, isolierte Kupferdrähtchen verbinden LED und Schaltung. Der astabile Multivibrator wird von einer 3-V-Batterie, zum Beispiel einer Stabbatterie oder zwei Mignonzellen gespeist. Da der Stromverbrauch mit ca. 3 mA sehr niedrig ist, hält die Batterie recht lange. Die Brosche läßt sich eventuell sogar aus zwei Knopfzellen speisen. Beachten Sie beim Zusammenbau wie üblich die Polarität der LED. Um die Schaltung möglichst klein zu halten, werden die Bauelementedrähtchen direkt miteinander verlötet und kurz abgekniffen. Das Ganze kann man mit etwas Kunstharz oder Zweikomponentenkleber vergießen.
Die Schaltung selbst als Brosche aufzubauen, kann ebenfalls sehr chic wirken. Als Träger dient dann ein Kunststoffplättchen, an dem die Nadel zum Anstecken von hinten montiert wird. Die (im Hobbygeschäft fertig erhältliche) Nadel wird zum Schalter umfunktioniert.

14

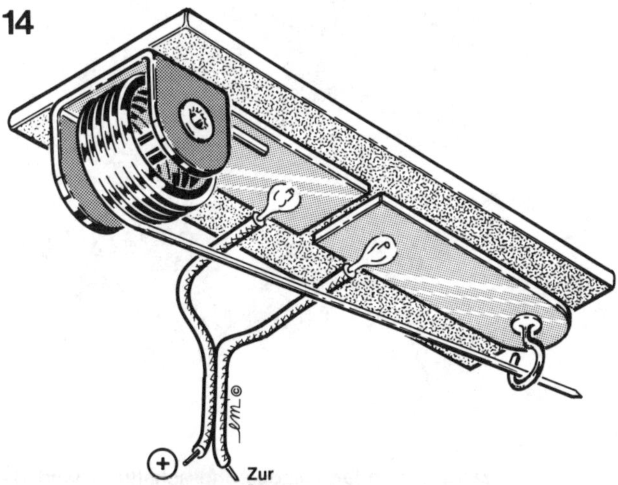

Bild 14. Durch Auftrennen des Nadelhalters bekommt man einen kombinierten Schalter/Halter.

Beim Ablegen der Brosche wird die Nadel geöffnet und gleichzeitig der Stromkreis unterbrochen.

Ringschaltung

Grundsätzlich können auch mehr als zwei Timerstufen hintereinandergeschaltet werden.
Je zwei der Birnchen im Bild 15 leuchten reihum. Diese Schaltung findet jedoch nur selten Anwendung, denn sie bleibt leicht stehen. Dann brennen alle Lämpchen. Eine stehengebliebene Ringschaltung aus Timern startet man durch kurzes Verbinden einer Basis mit dem Minuspol.

15

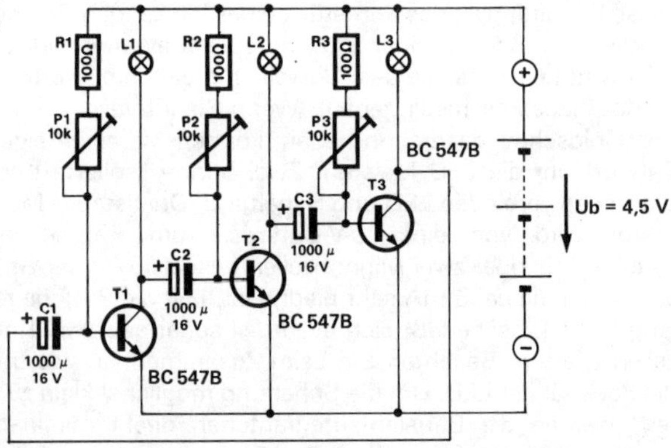

Bild 15. Die drei Transistoren dieser Ringschaltung triggern sich reihum.

2

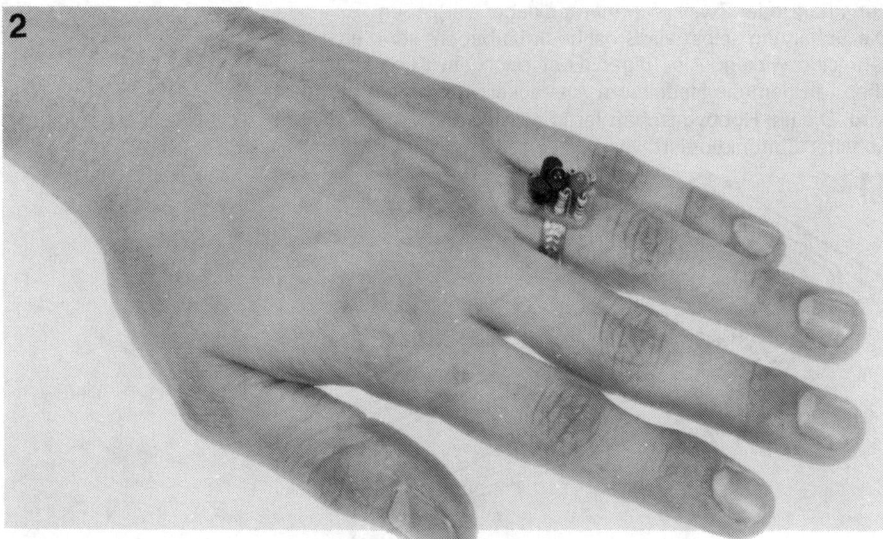

Foto 2. Mit etwas Geschick und einer dünnen Lötspitze läßt sich die Blinkbrosche sehr klein aufbauen, hier sogar als Blinkring. Zwei feine Drähtchen führen zur Batterie.

Zusammenfassung

* Bei einer Zeitgeber- oder Verzögerungsschaltung wird die Verzögerungszeit durch das Aufladen eines Kondensators über einen Widerstand bewerkstelligt.
* Die Verzögerungszeit hängt von der Kapazität des Kondensators und dem Widerstandswert ab. Je geringer eine oder beide Größen sind, um so kürzer die Zeit.
* Ein astabiler Multivibrator besteht aus zwei Verzögerungsschaltungen, die sich gegenseitig aktivieren (triggern).

3.
Wechselspannung, Wechselstrom

Wechselspannung

Kehren wir noch einmal zurück zur Multivibratorschaltung mit LEDs (Bild 10 Kap. 2). Die Spannung am Kollektor von T2 wechselt immer zwischen fast 0 V und fast 4,5 V. Wenn ein langsamer Blinkrhythmus eingestellt wird (hoher Potiwiderstand) kann man diese Spannungschwankungen mit dem Multimeter verfolgen.

1

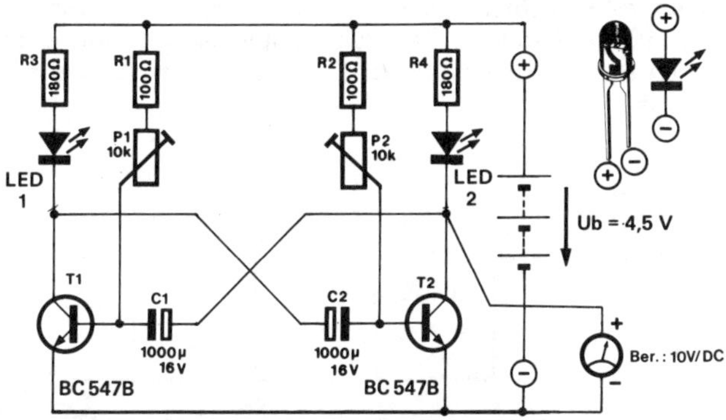

Bild 1. Da der Multivibrator recht langsam schwingt, zeigt die Meßgerätenadel die zwischen 0 V und ca. 4,5 V schwankende Ausgangsspannung an.

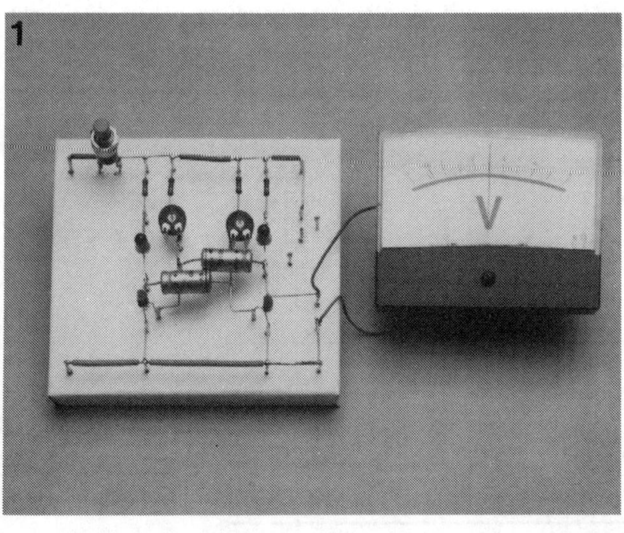

Foto 1. Die Anordnung nach Bild 1.

Den genauen Verlauf der Kollektorspannung zeigt das Zeitdiagramm Bild 2. Die Zeit (t) "läuft" auf der waagerechten Achse von links nach rechts. Die Spannungswerte werden nach oben (positiv; negativ nach unten) aufgetragen.

Bild 2. Ca. einmal pro Sekunde wechselt der Multivibrator seine Ausgangsspannung, aber nicht sprunghaft, sondern mit "verschliffenen Flanken".

2

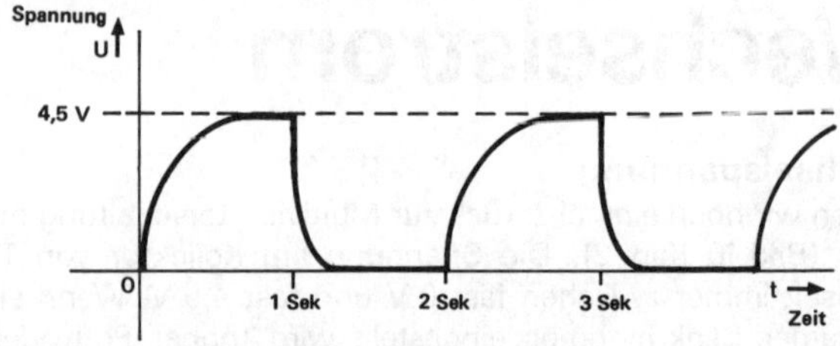

Nach jeder Sekunde wechselt die Spannung. Der Übergang erfolgt jedoch nicht schlagartig. Man erkennt im Zeitdiagramm, daß die Kollektorspannung etwas verzögert ihren Endwert erreicht. Techniker nennen den skizzierten Spannungsverlauf eine Rechteckspannung mit "verschliffenen Signalflanken". Der Vergleich der Multivibratorspannung mit einer idealen Rechteckspannung (Bild 3) macht deutlich, was gemeint ist.

Bild 3. So zackig sieht eine ideale Rechteckspannung aus.

3

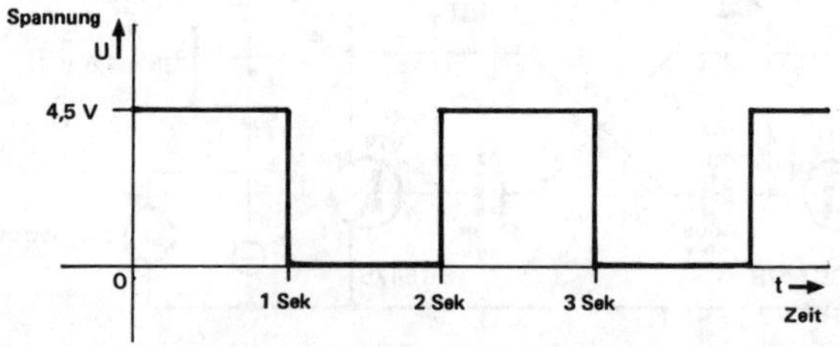

Bild 4. Der Testgenerator in der bekannten astabilen Multivibratorschaltung. Basiswiderstände und Kondensatoren sind so dimensioniert, daß der Ausgang etwa jede halbe Sekunde wechselt.

Im folgenden soll die Rechteckspannung näher untersucht werden. Für die Experimente genügt die Multivibratorspannung mit den verschliffenen Flanken. Bauen Sie dazu eine AMV-Schaltung nach Bild 4 auf.

4

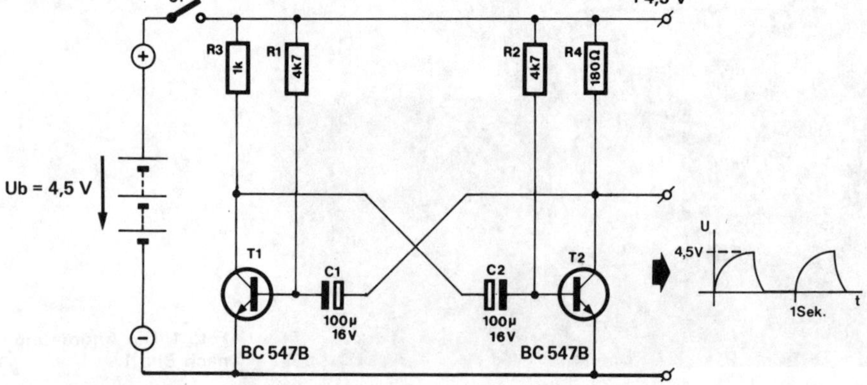

Der Einschalter, den wir mit in den Lageplan aufgenomen haben, ist nicht unbedingt nötig. Ebensogut kann eine der Batterie-Büroklammern angesteckt bzw. abgenommen werden.

5

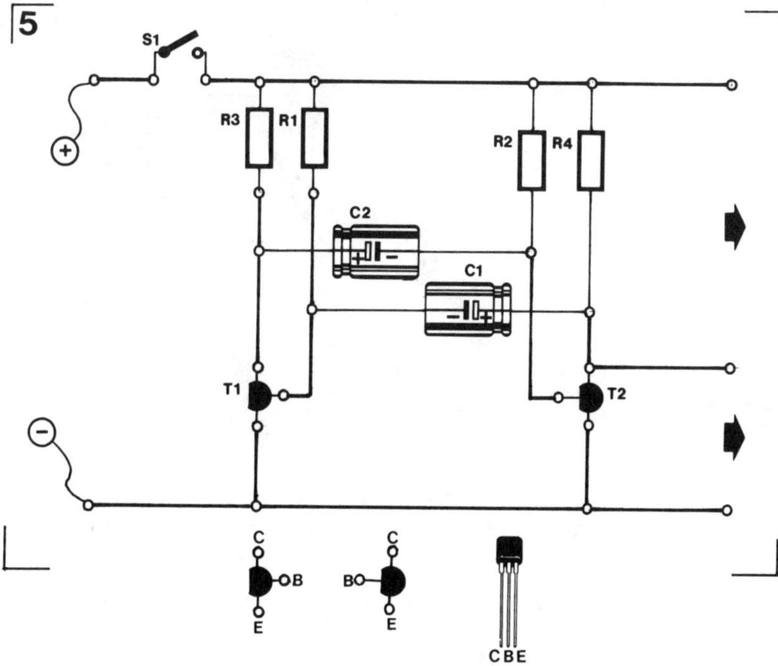

Diese Schaltung, nennen wir sie "Testgenerator", enthält selbst keine Anzeigeelemente (LEDs oder Lämpchen). Der Testgenerator hat die Aufgabe, am Ausgang die gewünschte Rechteckspannung zur Verfügung zu stellen. Die Spannung wird etwa einmal pro Sekunde ein- und ausgeschaltet. Sie reicht zum Betreiben von LEDs aus. Die LED in Bild 6 leuchtet immer dann, wenn die Generatorspannung auf Null fällt.

Bild 5. Die Bauelemente-anordnung nach Schaltbild 4.

Bild 6. Diese LED zeigt den Ausgangszustand 0 V an.

6

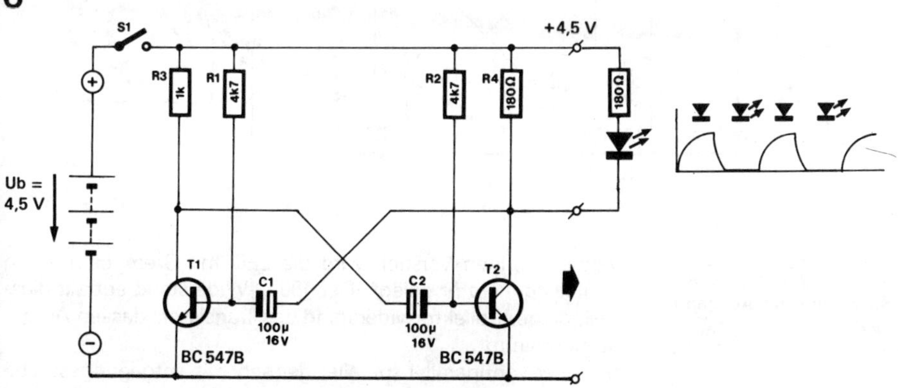

LED und Widerstand sind "fliegend" aneinander- und an zwei Steckschuhe gelötet, die auf die Ausgangslötnägel des Generators passen (Ausgang T2 und ⊕ in Bild 5).

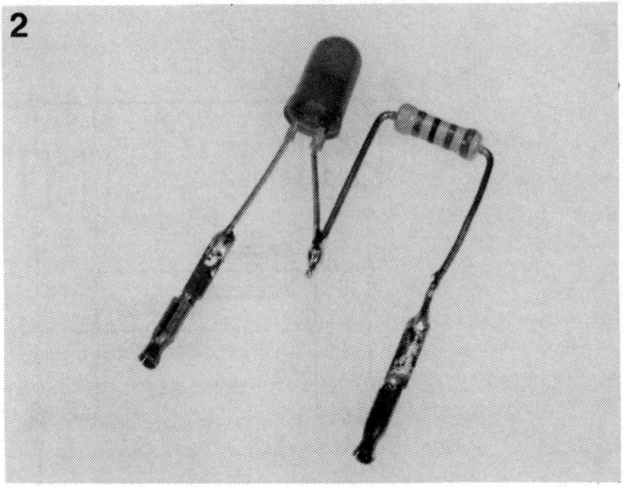

Foto 2. LED und Widerstand aus Bild 6 werden fliegend verdrahtet.

Die hitzeempfindlichen LEDs verlötet man flott, wobei man am besten den entsprechenden Draht zur Kühlung mit einer Pinzette hält.

Wird die LED zwischen Ausgang und 0-V-Anschluß betrieben (Polarität beachten!), zeigt sie an, wann die Ausgangsspannung hoch ist.

7

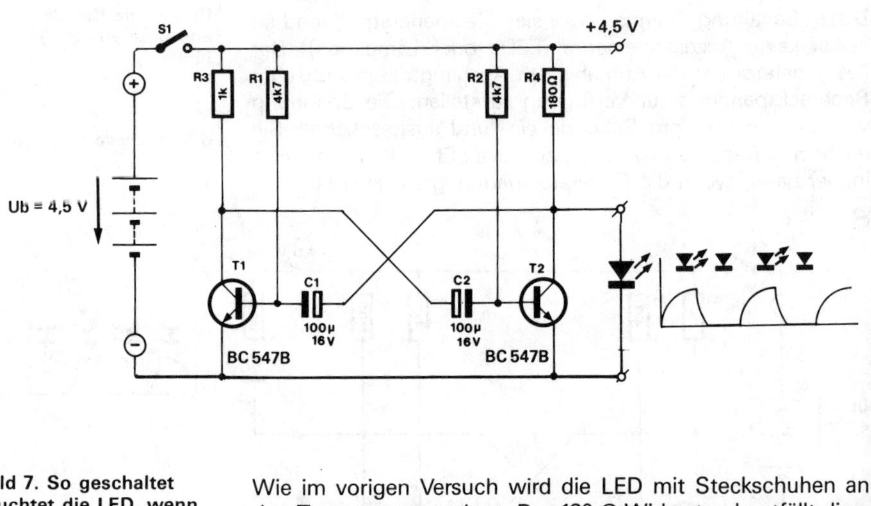

Bild 7. So geschaltet leuchtet die LED, wenn Spannung am Ausgang liegt.

Wie im vorigen Versuch wird die LED mit Steckschuhen an den Testgenerator gelegt. Der 180-Ω-Widerstand entfällt diesmal, da der Kollektorwiderstand des Transistors dessen Aufgabe übernimmt.
Von zwei antiparallel (parallel, jedoch mit entgegengesetzter

Polung) an die Ausgangsklemmen geschalteten LEDs blinkt natürlich nur die eine, richtig gepolte (LED 1 in Bild 8). Die andere bleibt immer erloschen, da die Kollektorspannung nie negative Werte annimmt.

8

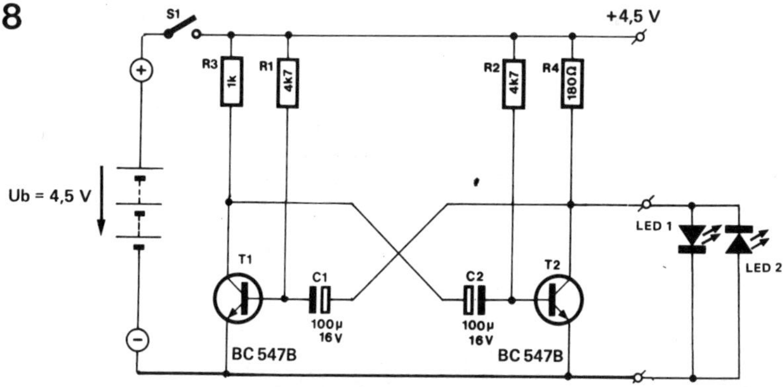

Das ändert sich, sobald ein Kondensator, in Bild 9 ein Elko mit 1000 µF/16 V, dem Diodenduo vorgeschaltet wird. Jetzt blinken beide LEDs abwechseld, ähnlich wie die beiden Lämpchen in Bild 5 (Kap. 2). Was geht hier vor?

Bild 8. Eigentlich nutzlos, die zweite LED. Da die AMV-Ausgangsspannung nie negativ wird, leuchtet LED 2 nie auf.

9

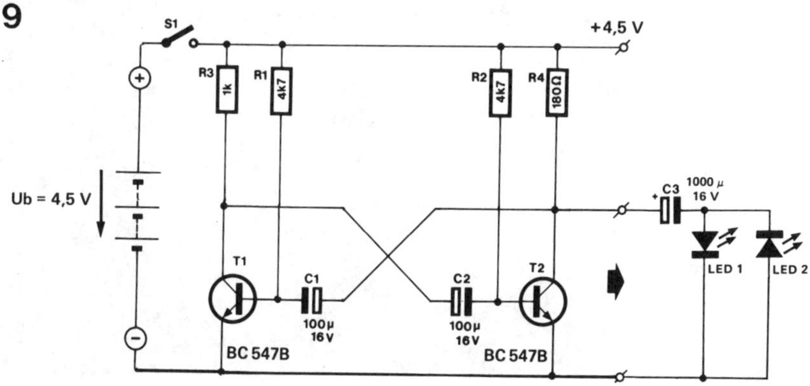

Der Elko wird, ebenfalls fliegend, in Reihe mit den antiparallelen Dioden des letzten Versuchs gelegt.
Im Zeitdiagramm Bild 2 (S. 24) steigt die Ausgangsspannung zum Zeitpunkt t = 0 (Achsenschnittpunkt) auf 4,5 V. Diese 4,5 V laden den Elko C3 auf, wobei der Ladestrom I_l durch die LED 1 fließt (Bild 10).

Bild 9. Nach Zuschalten von C3 leuchten beide LEDs abwechselnd.

10

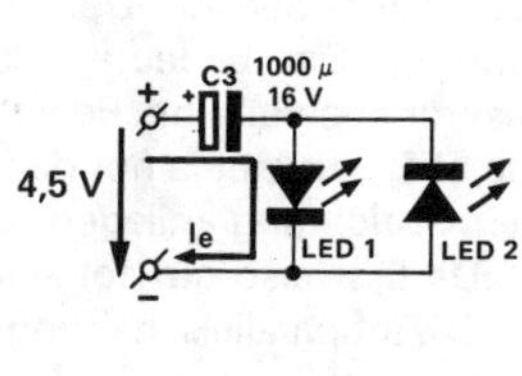

Bild 10. Bei hoher Eingangsspannung fließt Ladestrom in den Kondensator, und zwar durch LED 1.

Ca. eine halbe Sekunde später wird der Transistor T2 leitend. Die Spannung geht, das Diagramm zeigt es, auf fast 0 V zurück. Der Ausgang des Multivibrators wirkt wie ein Kurzschluß, über den sich der Kondensator entlädt (Bild 11).

11

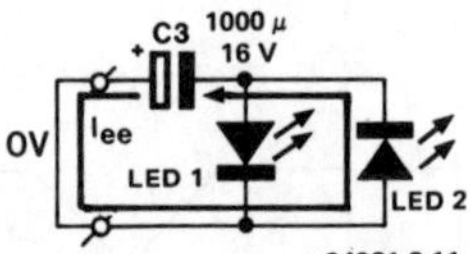

Bild 11. Der Entladestrom bei Ausgangsspannung 0 V fließt umgekehrt, also durch LED 2.

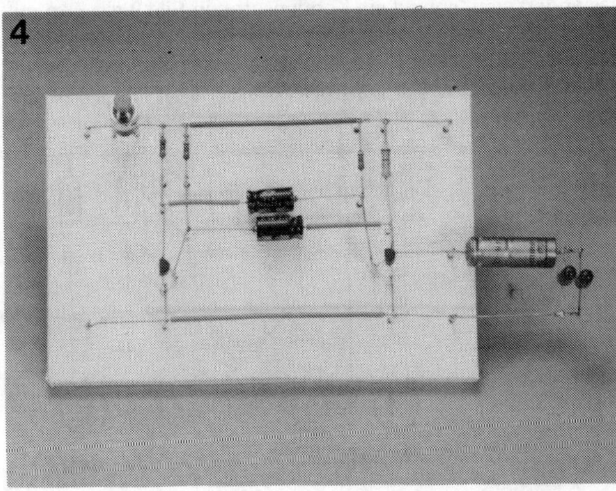

Foto 4. Fliegende Verdrahtung mit Elko.

Der Entladestrom eines Kondensators I_{el} fließt, wie bereits im ersten Band erläutert, entgegengesetzt zum Ladestrom I_l. Er aktiviert dabei LED 2, während LED 1 sperrt. Eine weitere halbe Sekunde später steigt die Ausgangsspannung erneut auf 4,5 V, der Kondensator wird wieder geladen, und LED 1 leuchtet anstelle LED 2. Die Ausgangs-Rechteckspannung bringt also, über einen Kondensator gekoppelt, beide gegenpolig angeschlossenen LEDs zum Blinken. Der Strom wechselt laufend seine Flußrichtung. Das bedeutet, daß die Spannung hinter dem Kondensator ebenfalls ihre Polarität gewechselt haben muß, denn jede LED leuchtet ja nur dann auf, wenn 1,6 V (2,4 V) in ihrer Durchlaßrichtung anliegen. Das abwechselnde Aufleuchten der LEDs läßt also auf folgendes Zeitdiagramm der Spannung an der Antiparallelschaltung schließen.

12

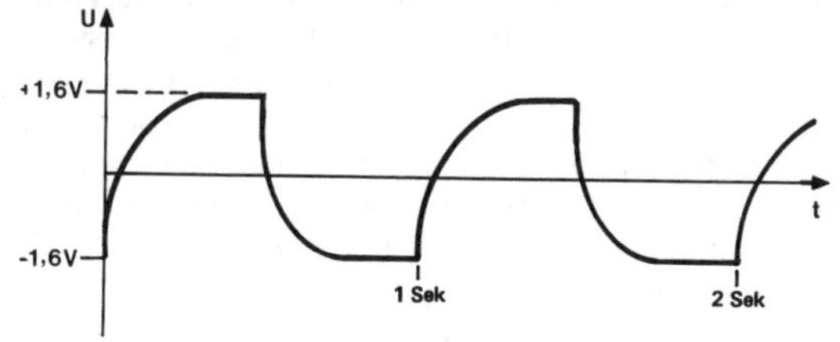

Bild 12. Das Blinken der antiparallelen Dioden läßt auf Wechselspannung schließen.

Durch den Kondensator ist die Multivibrator-Ausgangsspannung so nach unten verschoben, daß die Polarität vollständig wechselt. Es handelt sich um eine echte Wechselspannung. (Die Spannungswerte sind etwas niedriger als ursprünglich, da die LEDs auf 1,6 V begrenzen.) Eine Wechselspannung mit idealer Rechteckform ist in Bild 13 dargestellt.

13

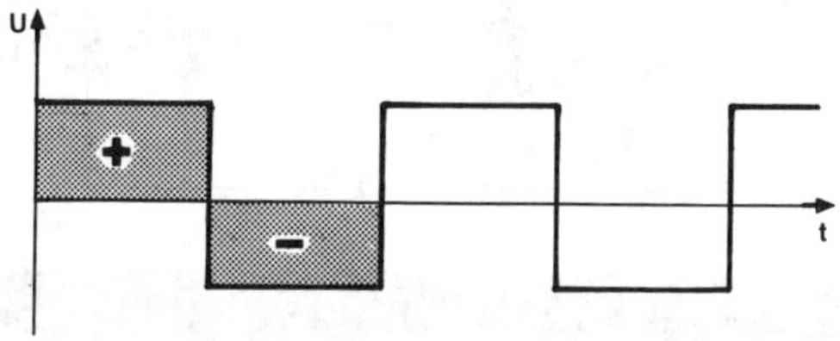

Bild 13. Eine ideale Rechteck-Wechselspannung.

Es fällt auf, daß die Flächen der positiven Spannungsteile gleich denen der negativen sind; dies ist das charakteristische Merkmal aller Wechselspannungen.
In der Elektrotechnik werden alle Spannungen nach Wechselspannungen oder Gleichspannungen unterschieden. Vielleicht werden Sie Sich jetzt fragen, wozu die Rechteckspannung nach Bild 3 gehört, Weohselspannung oder Gleichspannung? Für den Techniker ist diese Spannung, gelegentlich auch pulsierende Gleichspannung genannt, eine Zusammensetzung (Überlagerung) aus einer Gleich- und einer Wechselspannung.

14

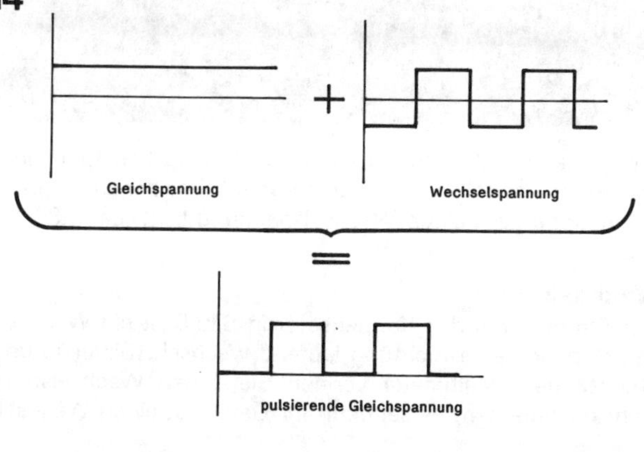

Bild 14. Eine pulsierende Gleichspannung ist die Summe einer Gleich- und einer Wechselspannung.

Der Gleichspannungsanteil ist halb so groß wie die Wechselspannung (vom Höchst- bis zum Tiefstwert gemessen). Er hebt die Wechselspannung so weit in den positiven Bereich, daß keine negativen Spannungen mehr vorkommen können. Der Kondensator in Bild 9 filtert den Wechselspannungsanteil aus diesem Gemisch. Doch wo bleibt der Gleichspannungsteil? Man kann ihn mit dem Multimeter über dem 1000-µF-Kondensator messen.

15

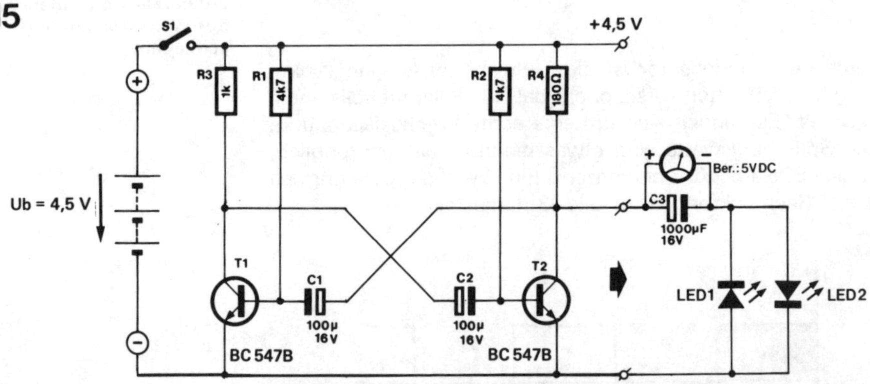

Bild 15. Die Wechselspannung liegt an den beiden Leuchtdioden. Folglich muß der Gleichspannungsanteil im Kondensator "stecken", was mit dem Multimeter zu beweisen ist.

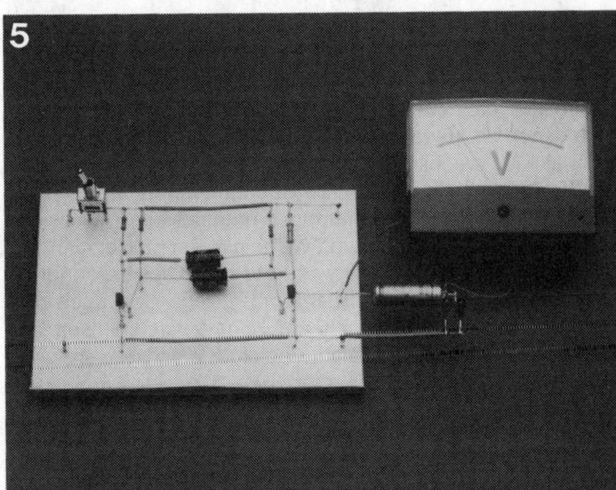

Foto 5. So wird der Gleichspannungsanteil gemessen.

Die gemessene Spannung ist nicht 100%-ig konstant, aber man kann feststellen, daß der gesuchte Gleichspannungsanteil in Höhe der halben Wechselspannung liegt (ca. 0,8 V).

Wechselstrom

Der Strom durch den Kondensator in Bild 9 ist ein Wechselstrom, denn seine Richtung laufend wechselt (Bilder 10 und 11). Mit dem Multimeter können Sie diesen Wechselstrom nicht nachmessen, es sei denn Ihr Gerät hat einen Wechselstrombereich. Aber auch ohne dies kann man sich leicht klarmachen, daß für Wechselströme Ähnliches wie für Wechselspannungen gilt. Ein reiner Wechselstrom besitzt gleichgroße positive wie negative Anteile (d.h. Flächen im Zeitdiagramm).

Wechselnde Ströme, bei denen dies nicht der Fall ist, zum Beispiel pulsierende Gleichströme, faßt man als Zusammensetzungen aus reinen Wechsel- und Gleichströmen auf. Angenommen, statt der LEDs in Bild 8 wäre ein Widerstand an den Testgenerator gelegt.

16

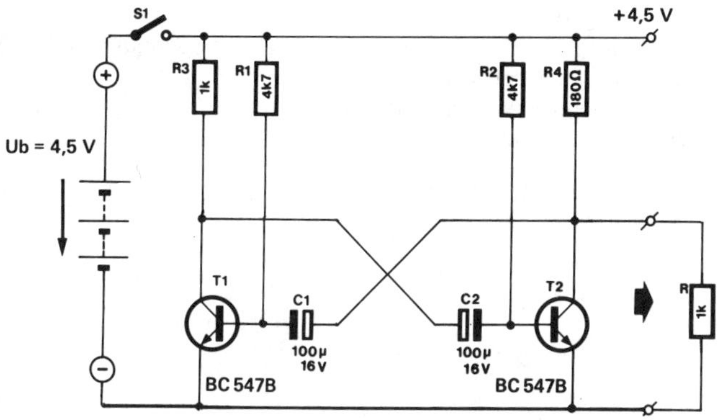

Bild 16. Ein Widerstand am Testgenerator. Die pulsierende Gleichspannung verursacht einen pulsierenden Gleichstrom.

Am Widerstand R liegt die pulsierende Ausgangsspannung des astabilen Multivibrators. Nach dem Ohmschen Gesetz ist der Strom durch einen Widerstand immer proportional zur Spannung daran. Folglich muß durch den Widerstand auch ein Strom fließen, der die gleiche Form, genauer: Zeitfunktion hat wie die Spannung, also ein pulsierender Gleichstrom.

17

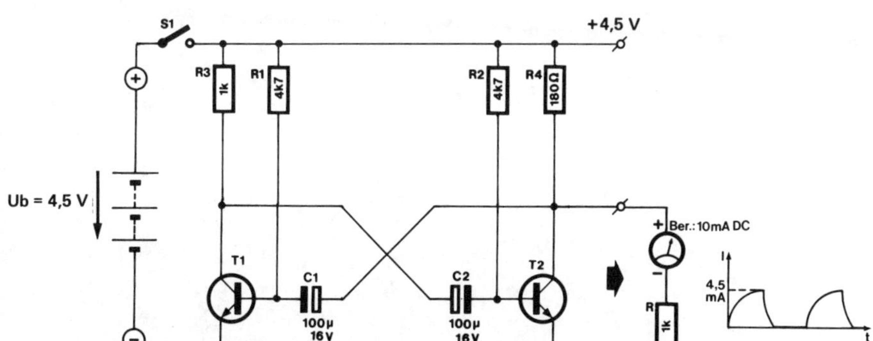

Bild 17. Das Multimeter zeigt den pulsierenden Gleichstrom an.

Ein Multimeter zeigt diesen pulsierenden Gleichstrom an. Nur am Widerstand haben Wechselstrom und Wechselspannung die gleiche Zeitfunktion. Andere Bauelemente, vor allem Halbleiter, verändern die Form des Stroms, doch davon später mehr.

Zusammenfassung

* Die Ausgangsspannung eines AMV wechselt zwischen etwa 0 V und Betriebsspannung, es ist eine pulsierende Gleichspannung.
* Eine pulsierende Gleichspannung setzt sich aus einer Wechselspannung (mit wechselnder Polarität) und einer Gleichspannung zusammen.
* Mit einem Kondensator wird der Wechselspannungsanteil einer pulsierenden Gleichspannung ausgefiltert.
* Eine Wechselspannung verursacht an einem Widerstand einen Wechselstrom.

4. Wechselstrom im Zahlen

Werte

Während man zur Beschreibung einer Gleichspannung nur den Spannungswert angeben muß, ist es bedeutend schwieriger, Wechselspannungen eindeutig zu messen und zu charakterisieren. Die drei wesentlichen Kennzeichen sind:

1. Die Kurvenform
2. Die Spannungswerte
3. Die Zeit für eine Periode

1. Die Kurvenform

Eine mathematisch exakte Beschreibung der Kurvenformen, auch Funktionen genannt, ist oft schwierig (aber generell möglich). Deshalb beschreibt man meistens das Aussehen der Spannungsform. In der folgenden Tabelle sind häufige Wechselspannungsformen aufgeführt.

Tabelle 1. Vier wichtige Wechselspannungs-Kurvenformen.

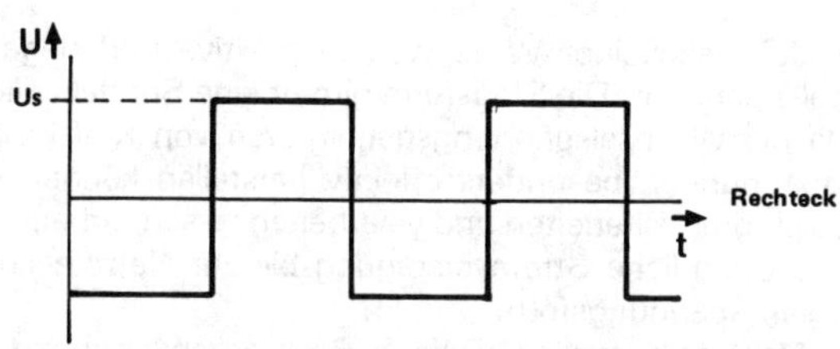

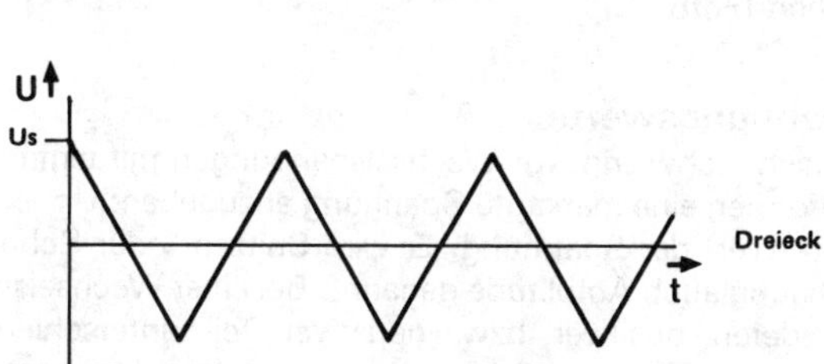

Fortsetzung
Tabelle 1.

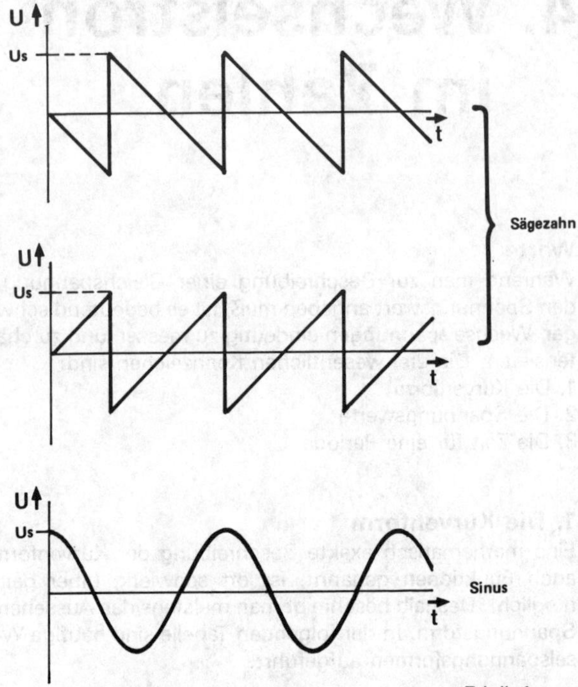

Tabelle 1

Die beiden Teile einer Welle werden positive und negative Halbwelle genannt. Die Sinusform nimmt eine Sonderstellung ein. Da die Wechselspannungsgeneratoren von Kraftwerken Sinusspannungen besonders effektiv herstellen können und da sie sich gut weiterleiten und verarbeiten lassen, arbeitet die gesamte öffentliche Stromversorgung bis zur Netzsteckdose mit dieser Spannungsform.
In der Elektronik werden vielfach Rechteckspannungen angewandt.
Manche exotische Kurvenform, zum Beispiel die eines Video-Signals im Fernseher, läßt sich nur noch mit einem Foto beschrieben (Foto 1).

2. Spannungswerte

Es ist nicht schwierig, für Wechselspannungen mit einfachen Signalformen eine markante Spannung anzugeben: U_S ist der höchste Wert der Spannung. Er wird Spitzen- oder Scheitelwert, häufig auch Amplitude genannt. Bei einer Wechselspannung, deren positiver bzw. negativer Teil unterschiedlich geformt sind, gibt man die Spannung zwischen dem postiven und dem negativen Maximalwert an, die sogenannte Spitze-Spitze-Spannung U_{SS}. Der Spitze-Spitze-Wert der unsymmetrischen Rechteckspannung in Bild 1 beträgt 4 V.

1

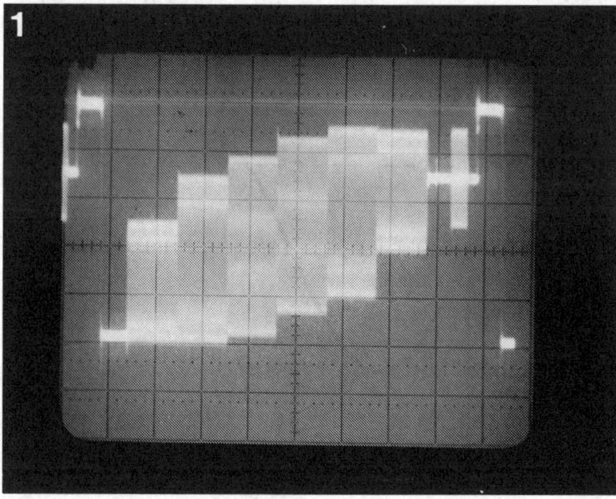

Foto 1. Dieses Schirmbildfoto eines Oszilloskops zeigt ein Fernsehsignal. Die Spannungskurve enthält die gesamte Information einer Zeile des Fernsehbildes.

1

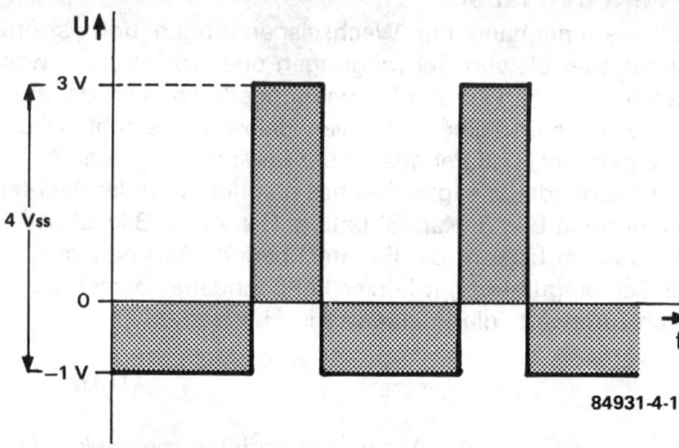

Bild 1. Bei einer unsymmetrischen Wechselspannung gibt man statt zwei Amplitudenwerten den Spitze-Spitze-Wert an, hier 4 V.

Es gibt darüber hinaus eine Vielzahl anderer Spannungsdefinitionen. Nur eine besonders wichtige sei hier aufgeführt, die Effektivspannung U_{eff}. Sie wird aus einem Leistungsvergleich gewonnen. Das auch eine Wechselspannung eine Leistung abgeben kann, erleben wir tagtäglich beim Einschalten des Lichts, des E-Herdes oder der Handbohrmaschine. Allerdings schwankt die Leistung, weil ja auch die Spannung schwankt. Diese Schwankungen sind zu schnell, um bei Benutzen der Geräte bemerkbar zu werden. Der Effekt einer Wechselspannung ist von dem einer Gleichspannung nicht zu unterscheiden. Der Techniker weiß jedoch, das eine Gleichspannung erheblich geringer als eine Wechselspannung ist, wenn beide den gleichen Effekt erzielen, eben weil die Gleichspannung nicht schwankt. Unter Effektivwert einer Wechselspannung versteht man solch eine Vergleichs-Gleichspannung. Netzspannung 220 V_{eff} heißt, sie leistet das gleiche wie eine Gleichspannung von 220 V. Das bedeutet andererseits, daß die Netzwechselspannungsspitzen viel höher sind, ca. 310 V ($\sqrt{2} \cdot U_{eff}$).

2

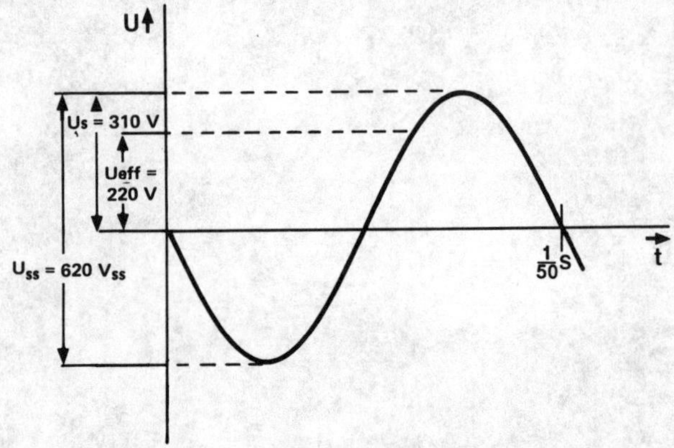

Bild 2. Amplitude, Spitze-Spitze-Wert und Effektivwert einer Sinuswechselspannung.

3. Periodendauer

Im Zusammenhang mit Wechselspannungen und -strömen spricht man oft von Schwingungen oder von Wellen, was ja auch anschaulich ist. Ein Schwingungsdurchgang, der aus einer positiven und einer negativen Halbwelle besteht, wird Periode genannt, und Periodendauer heißt die Zeit einer Periode. Die Periodendauer τ (griechisches t; sprich: tau) der Rechteckspannung in Bild 3 (Kap. 3) beträgt 2 s, die in Bild 12 (Kap. 3) 1 s. Danach beginnt die Rechteckperiode von neuem.

Bei Schwingungen mit kurzer Periodendauer berechnet man deren Kehrwert, die Frequenz f in Hz (Hertz).

$$f = \frac{1}{\tau} \qquad (1\ \text{Hz} = \frac{1}{\text{s}})$$

Die Frequenz gibt die Anzahl der Perioden pro Sekunde an. Bei einer Periodendauer von einer halben Sekunde beträgt die Frequenz 2 Hz. Hohe Frequenzangaben werden genau wie hohe Widerstandsangaben mit Buchstaben abgekürzt.

1 kHz = 1000 Hz
1 MHz = 1000 kHz = 1 000 000 Hz
1 GHz = 1000 MHz = 1 000 000 000 Hz

Frequenzen gibt man nicht nur bei elektrischen Wechselspannungen an. Auch Luftdruckschwingungen zum Beispiel werden in Hz gemessen. 1000 Luftdruckschwingungen pro Sekunde, also 1 kHz, werden vom menschlichen Ohr als (mittelhoher) Ton wahrgenommen. Je höher ein Ton klingt, um so höher ist seine Frequenz. Der Verwendungszweck elektrischer Wechselspannungen hängt stark von der Frequenz ab.

Glühbirnen und Leuchtstofflampen im Haus werden mit 50-Hz-Netzwechselspannung betrieben. Da sie pro Halbwelle einmal aufleuchten und wieder (nahezu) verlöschen, "flackert" das Licht mit 100 Hz, was wir jedoch nicht wahrnehmen, denn das menschliche Auge erkennt Lichtschwankungen nur bis ca. 20 Hz. Auch das Fernsehbild erscheint kontinuierlich, obwohl es mit 50 Hz erneuert wird. Beim Schmalfilm mit nur 18 Bildern pro Sekunde muß man einen Trick anwenden: Jedes Bild wird zweimal hintereinander auf die Leinwand projiziert.

- Wechselspannungen mit etwa 12 Hz...16 kHz lassen sich mit Lautsprechern oder Kopfhörern hörbar machen. Die Hörgrenzen sind jedoch individuell verschieden, und mit zunehmendem Alter wird das Gehör für hohe Frequenzen unempfindlicher.

Hörbare Frequenzen werden technisch Audiofrequenzen oder Niederfrequenzen genannt, die folgenden zählen zu den Hochfrequenzen.

- Lang-, Mittel- und Kurzwellen-Rundfunksender benutzen Wechselspannungen mit 100 kHz...40 MHz, die sich, von speziellen Antennen abgestrahlt, zur drahtlosen Funkübertragen ausnutzen lassen. Die Reichweiten sind unter anderem frequenzabhängig. Besonders auf Kurzwelle ist bei günstigen Ausbreitungsbedingungen weltumspannender Funkbetrieb möglich.
- Wechselspannung von 80 MHz...854 MHz werden u.a. zur UKW-Rundfunk- und VHF/UHF-Fernsehübertragung gebraucht.
- Sogar Licht ist eine (elektromagnetische) Schwingung. Frequenz: 400 000 GHz...750 000 GHz (sichtbares Licht).

(Eine detaillierte Frequenzliste befindet sich im Anhang.)

Der AMV als Tonerzeuger

Lautsprecher oder Kopfhörer wandeln Frequenzen des Bereichs 12 Hz bis ungefähr 20 kHz in Schallwellen. Die Membran des Lautsprechers (oder Kopfhörers) bewegt sich im Rhythmus der Wechselspannung vor und zurück und erzeugt so die Druckschwingungen, sprich Schallwellen.

3

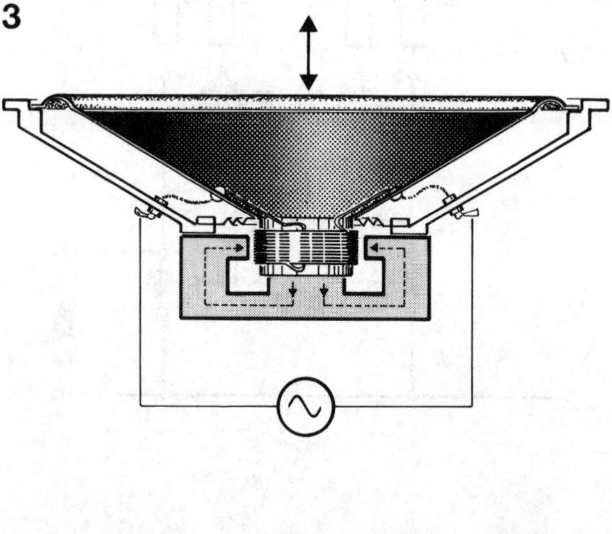

Bild 3. Querschnitt durch einen Lautsprecher. Durch die Wechselspannung wird die Spule in Schwingungen versetzt. Sie treibt die Membran an, die wiederum hörbare Schallwellen erzeugt.

Beim folgenden Versuch wird die Wechselspannung für einen Kopfhörer mit der bereits bekannten Multivibrator-Schaltung erzeugt. Allerdings muß der AMV (in Bild 4) erheblich schneller schwingen als der Blink-Testgenerator, mit etwa 500 Hz...10 kHz statt 0,5...5 Hz je nach Potistellung. Deshalb sind die verwendeten Kondensatoren erheblich kleiner. Die Potis wurden vergrößert, damit der Frequenzeinstellbereich breiter ist. Auch dies machen die kleineren Kondensatoren wett.

4

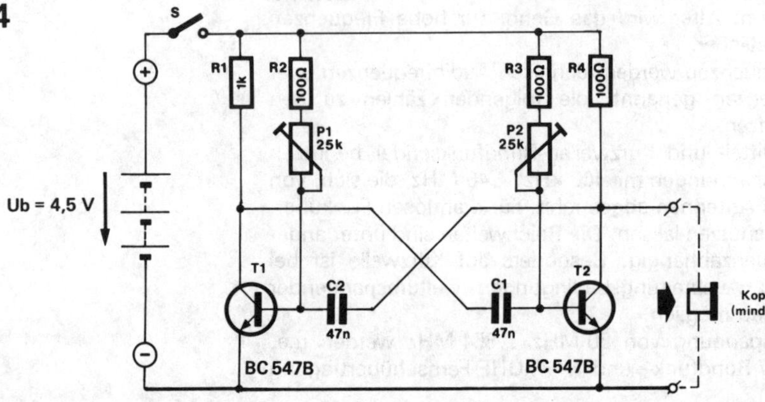

Bild 4. Diese Version der Multivibratorschaltung schwingt im hörbaren Frequenzbereich.

Statt der beiden Trimmer kann man auch ein Stereopoti (2 × 25 kΩ lin.) einbauen. Es beinhaltet zwei Potis, die mit der Achse verbunden sind. Die 47-nF-Kondensatoren sind gewöhnliche Folienkondensatoren.

5

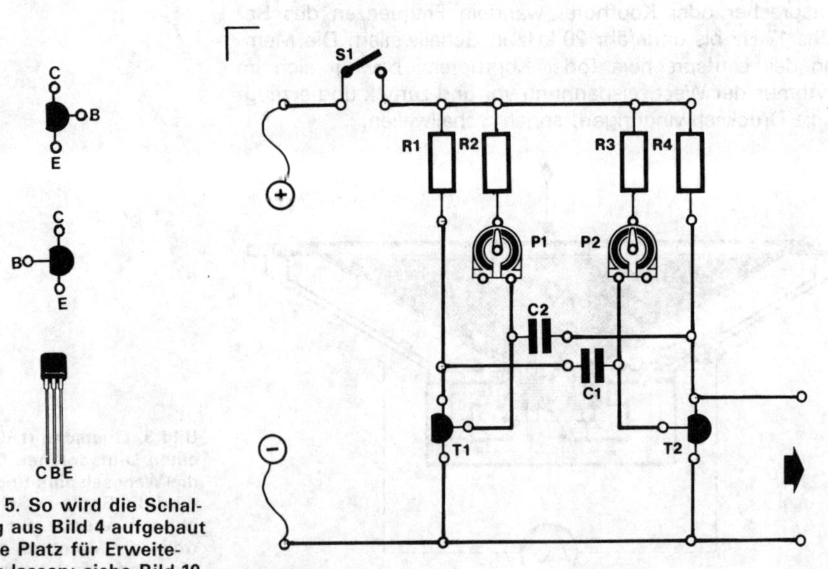

Bild 5. So wird die Schaltung aus Bild 4 aufgebaut (bitte Platz für Erweiterung lassen; siehe Bild 10 bzw. Anhang).

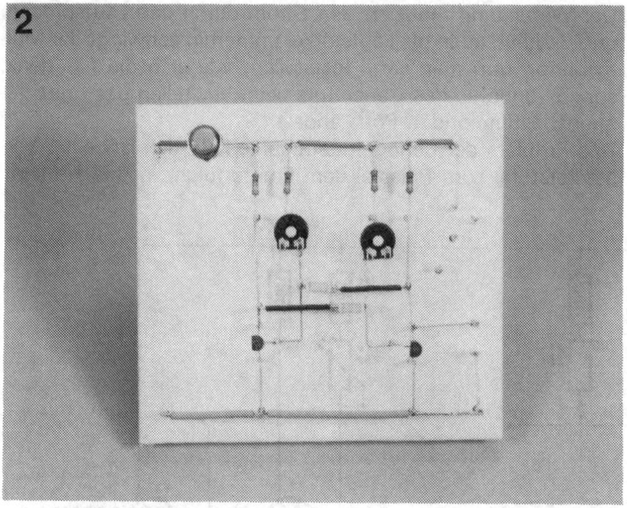

Foto 2. Der Tongenerator aus Bild 4.

Der Kopfhörer kann direkt an die Ausgangsanschlüsse des Multivibrators angeschlossen werden, allerdings muß die Hörerimpedanz (Aufdruck in Ω) mindestens 100 Ω betragen. Die Impedanz eines Kopfhörers oder Lautsprechers, ein Widerstandswert, mit dem wir uns später noch ausführlicher befassen werden, kennzeichnet das Verhältnis zwischen der Spannung, die an den Lautsprecher gelegt wird, und dem Wechselstrom, der dann fließt. Leider ist die Impedanz vieler Kopfhörer und fast aller Lautsprecher mit 4...8 Ω zu niedrig für unsere Schaltung. Sie belastet die Kollektorspannung so stark, daß der Multivibrator nicht mehr schwingt. Beim Verwenden eines preiswerten 8-Ω-Kleinlautsprechers (mind. 0,2 W; z.B. aus einem defekten Taschenradio) muß daher ein 100-Ω-Widerstand vorgeschaltet werden.

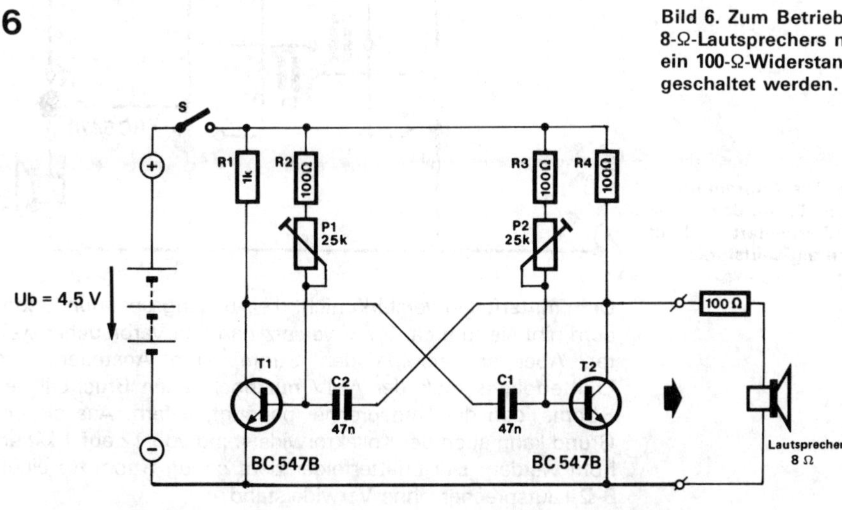

Bild 6. Zum Betrieb eines 8-Ω-Lautsprechers muß ein 100-Ω-Widerstand vorgeschaltet werden.

Der Widerstand reduziert den Strom durch den Lautsprecher und dadurch auch die Lautstärke. Immerhin schwingt der Multivibrator, und man kann feststellen, wie sich die Frequenz, sprich Tonhöhe, des Generators beim Verstellen des (mit) frequenzbestimmenden Potis ändert.
Das Problem der geringen Lautstärke läßt sich mit einer Verstärkerstufe, zum Beispiel dem Emitterfolger in Bild 7 lösen.

7

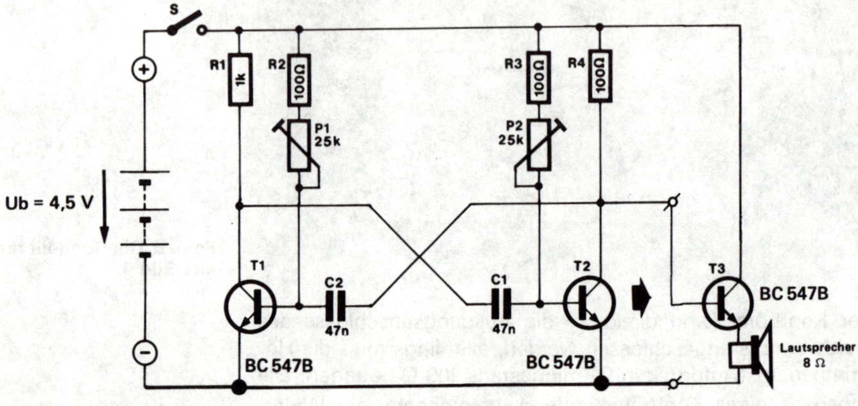

Bild 7. Besser als ein Vorwiderstand ist eine zusätzliche Verstärkerstufe. T3 ist als Emitterfolger geschaltet.

8

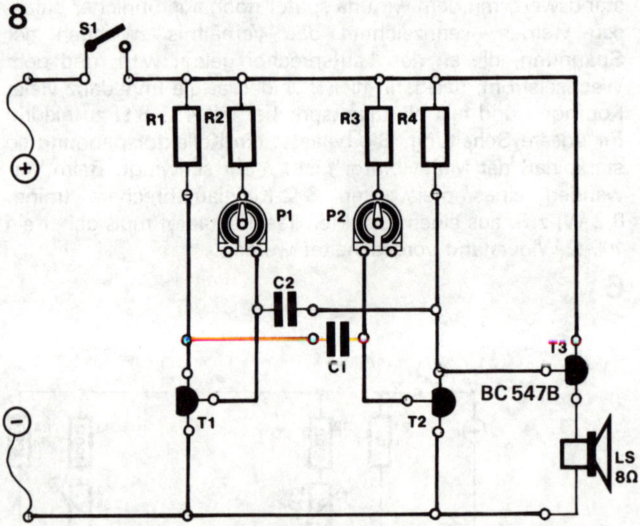

Bild 8. Die Anordnung aus Bild 5, um den Transistor T3 erweitert. Es fehlt jedoch ein Lautstärkeregler.

Der Emitterfolger verstärkt nicht die Ausgangsspannung, sondern gibt sie (um ca. 0,7 V versetzt) an den Verbraucher weiter. Aber er verstärkt den Strom. Zum Ansteuern des Emitterfolgers muß der AMV nur noch einen Bruchteil des Stroms, den der Lautsprecher benötigt, liefern. Aus diesem Grund kann auch der Kollektorwiderstand von T2 auf 1 kΩ erhöht werden. Der Emitterfolger zieht genug Strom für einen 8-Ω-Lautsprecher ohne Vorwiderstand.

9

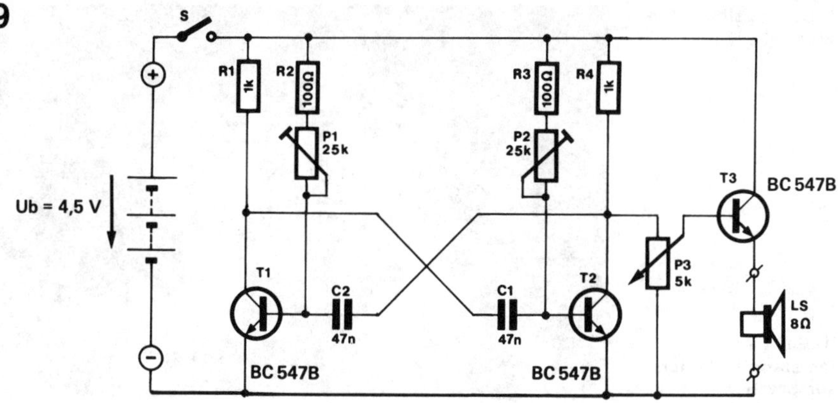

In Schaltbild 9 ist ein zusätzliches Poti als Lautstärkeregler zwischen Multivibrator und Emitterfolger geschaltet. Das Poti teilt die Ausgangsspannung des Multivibrators, das heißt, es verkleinert je nach Einstellung die Spannung an der Basis und folglich am Emitter. Lautsprecherstrom und Lautstärke werden ebenfalls kleiner.

Bild 9. Das Poti teilt die Ausgangsspannung des AMVs, es ist der Lautstärkeregler.

10

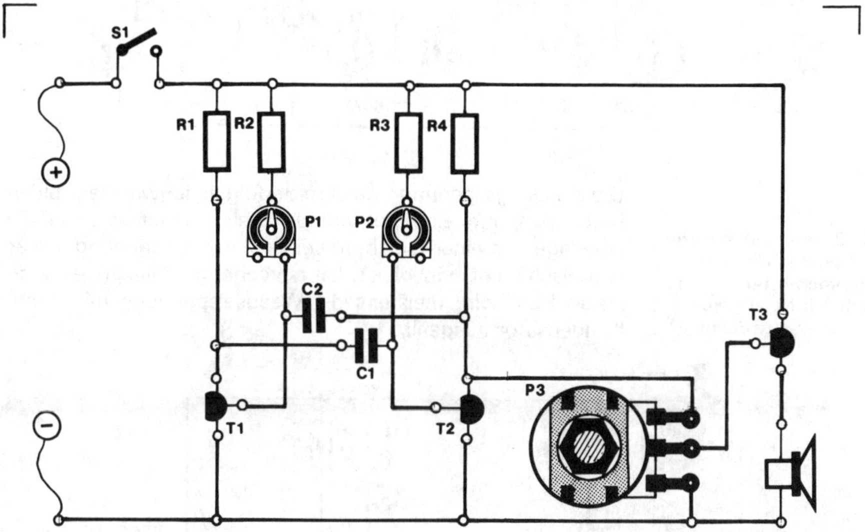

Bei Dauerbetrieb der Schaltung wird T3 sehr warm. Ein 10-Ω-Widerstand in der Kollektorleitung reduziert die Wärmeentwicklung. Bei Verwendung eines 4-Ω-Lautsprechers sollte ein kleiner Widerstand (einige Ω) in Serie vorgeschaltet werden.

Bild 10. Beim Aufbau des AMV mit Emitterfolger evtl. Lötnägel für einen Widerstand in der Kollektorleitung von T3 vorsehen.

Foto 3. Der regelbare Tongenerator.

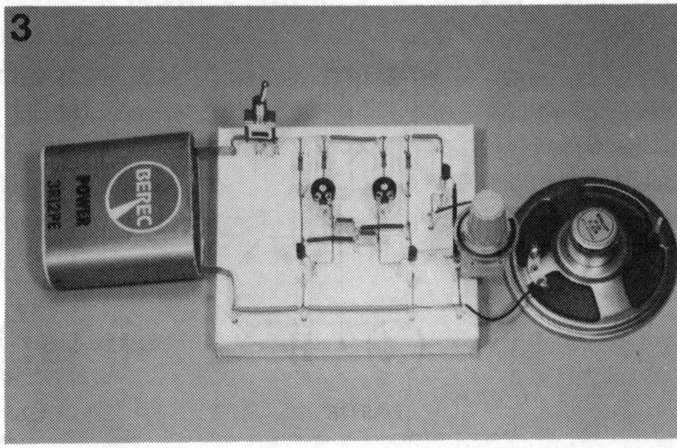

Bild 11. Ein 4,7-Ω-Vorwiderstand für einen 4-Ω-Lautsprecher.

11

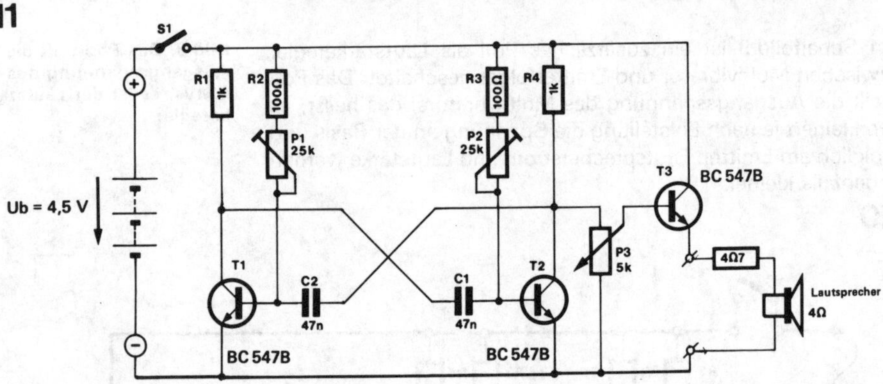

Die Ausgangsspannung des Emitterfolgers ist wie die Multivibratorspannung eine pulsierende Gleichspannung, also die Überlagerung einer Gleich- mit einer Wechselspannung. Da es technisch nicht sinnvoll ist, Lautsprecher mit Gleichspannung zu speisen, wird meistens die Wechselspannung mit einem Kondensator ausgefiltert.

Bild 12. Der Kondensator hält Gleichstrom vom Lautsprecher fern. Diese Schaltung ist als Morseübungsgerät gedacht.

12

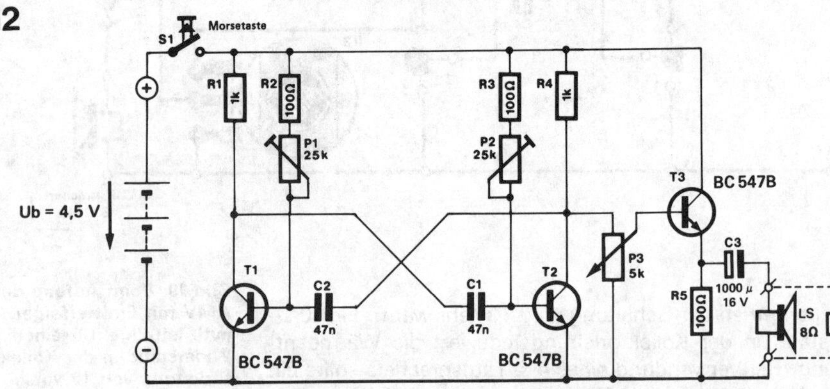

Der Gleichanteil fließt über den 100-Ω-Widerstand.
Sicher haben Sie bei den letzten Experimentierschaltungen festgestellt, daß die Frequenz des Multivibrators nicht nur von den Basiswiderständen und -kondensatoren abhängig ist, sondern auch von der Belastung des Ausgangs. Das dürfte zwar theoretisch nicht sein, aber in der Wirklichkeit verhalten sich die Bauteile nicht ideal.
Das Gerät in Bild 12 eignet sich als Tongenerator für Morseübungen. Statt des Schalters ist eine Morsetaste eingesetzt. Beim Drücken des Knopfs wird der Kontakt der Taste geschlossen, und der Ton erklingt aus dem Lautsprecher.

13

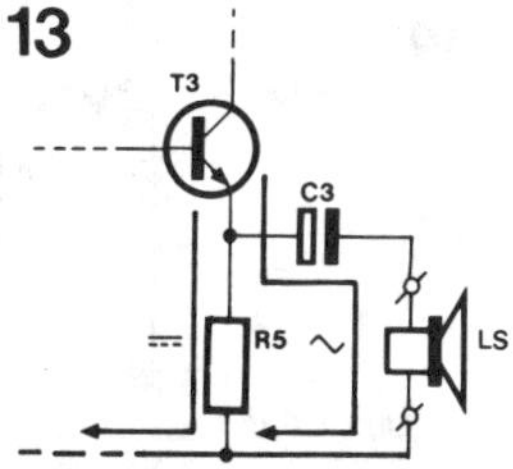

Bild 13. Gleich- und Wechselstrom gehen getrennte Wege.

4

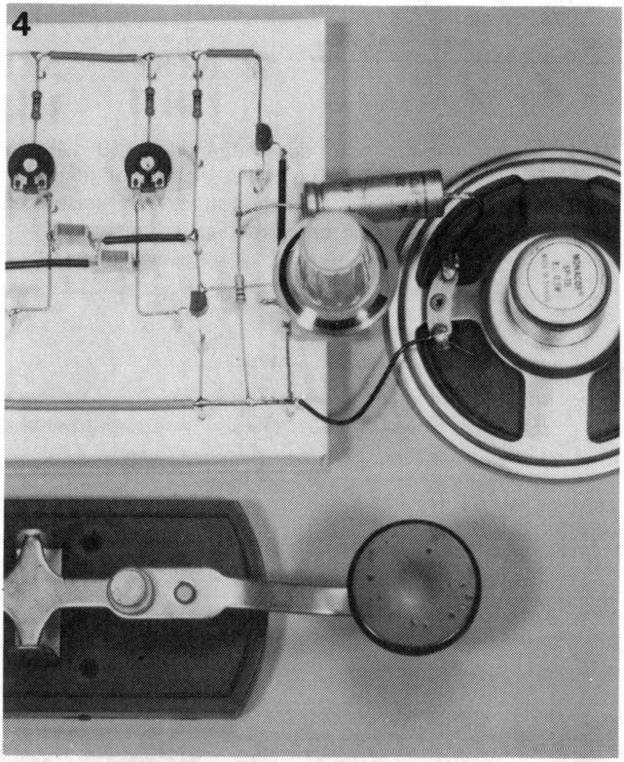

Foto 4. Die Morsetaste schaltet die Betriebsspannung des Morseübungsgeräts.

Wenn Sie Spaß an der Funkerei haben, können Sie mit der Anordnung ihre ersten "Trockenübungen" machen. (Der Morse-Kode ist im Anhang aufgelistet.)
Eine andere Version dieser Schaltung dürfte besonders für die Freunde avantgardistischer Musik interessant sein. Die Tonhöhe dieses Multivibrators wird vom Lichteinfall auf die LDRs bestimmt (Bild 14).

Haben Sie den Testgenerator aus dem zweiten Kapitel noch zur Hand? Mit dem langsamen Testgenerator können Sie den Tongenerator ansteuern.

14

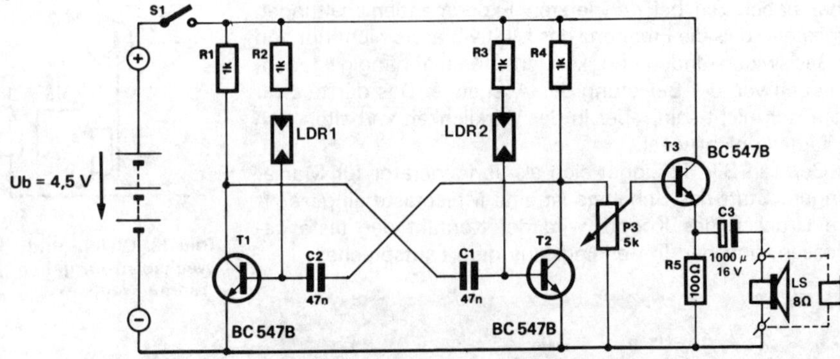

Bild 14. Ein lichtempfindliches Musikinstrument: Die Frequenz hängt vom Lichteinfall auf die LDRs (lichtabhängige Widerstände) ab.

Wenn der Ausgangstransistor des Testgenerators (Bild 15) leitend wird, schließt er die Basis des ersten Tongenerator-Transistors über den 1-kΩ-Widerstand kurz. Der Kreisprozeß des Tongenerators ist dann unterbrochen, er verstummt.

15

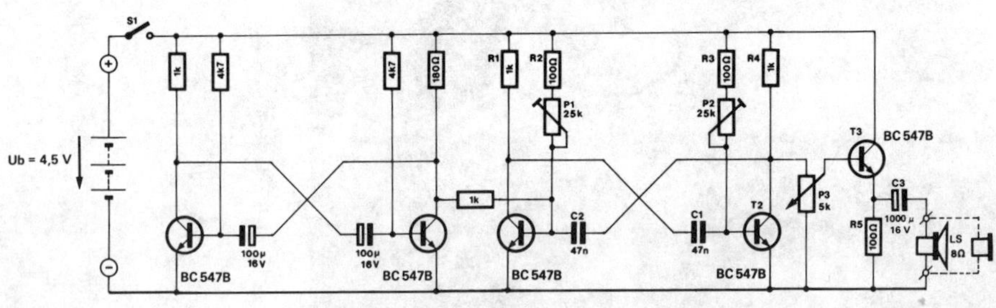

Bild 15. Ein langsamer und ein schneller AMV hintereinandergeschaltet: Der ehemalige Testgenerator unterbricht den Tongenerator periodisch.

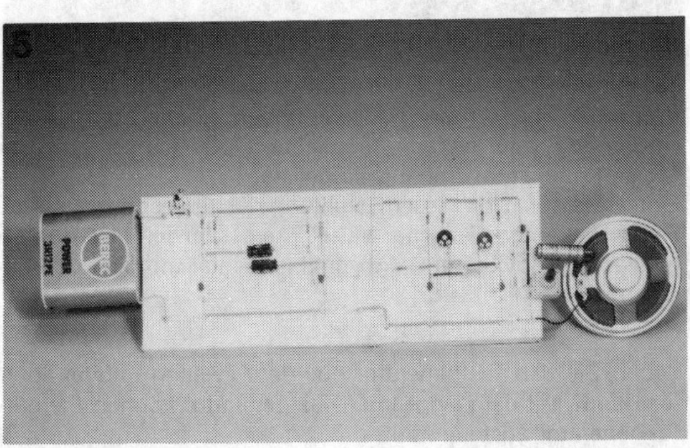

Foto 5. Über einen 1-kΩ-Widerstand werden die beiden Experimentierbrettchen verbunden.

Das Oszilloskop

Wer viel mit Wechselspannungen arbeitet, möchte möglichst alle drei Merkmale, also Kurvenform, Spannungswert und Periodendauer (Frequenz) auf einen Blick feststellen können. Dazu dient ein Oszilloskop.

6

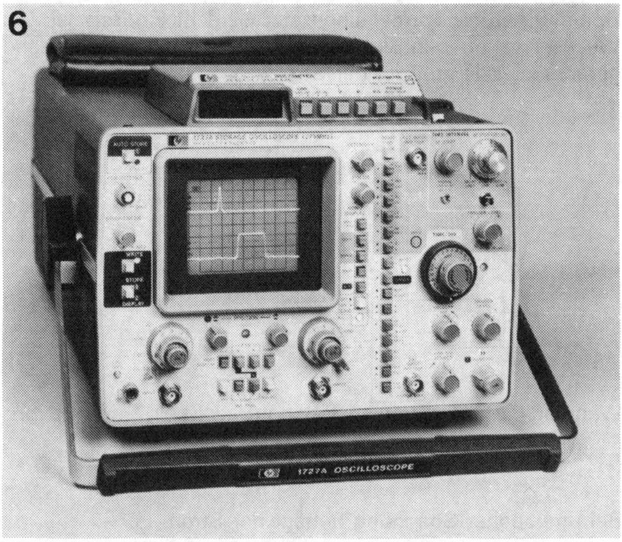

Foto 6. Zum Abbilden von Wechselspannungs-Zeitkurven wird ein Oszilloskop eingesetzt, hier ein Zwei-Kanal-Modell.

Es besitzt einen kleinen Bildschirm, auf dem die Kurvenform der gemessenen Wechselspannung dargestellt wird. Dieser Darstellung kann man auch die Spannungs- und Periodenwerte entnehmen.

7

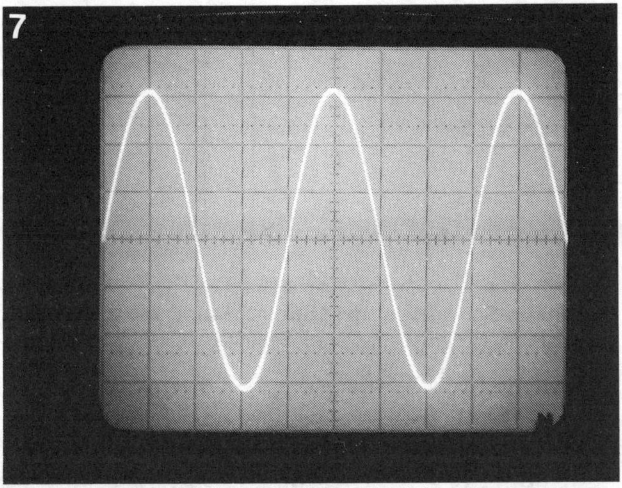

Foto 7. Schirmbildfoto der Netzwechselspannung. An den Rasterlinien kann man Spannungs- und Zeitwerte "abzählen".

Das Foto zeigt die Netzwechselspannung. Jedes Kästchen des Rasters entspricht 100 V in senkrechter und 5 ms in waagerechter Richtung.

Ohmsches Gesetz und Wechselspannung

Wie bereits in Kapitel 2 erwähnt, ist das Ohmsche Gesetz prinzipiell auch für Wechselspannungswerte gültig. Die Formel gilt allerdings immer nur für einen Teil der Periode, manchmal sogar nur für einen kurzen Augenblick (Sinus). Ändert sich der Augenblickswert einer Wechselspannung, muß die neue Spannung in die Formel eingesetzt werden. Ein Beispiel: Die Wechselspannung in Bild 16 wird an einem 100-Ω-Widerstand gemessen. Wie groß ist der Strom?

16

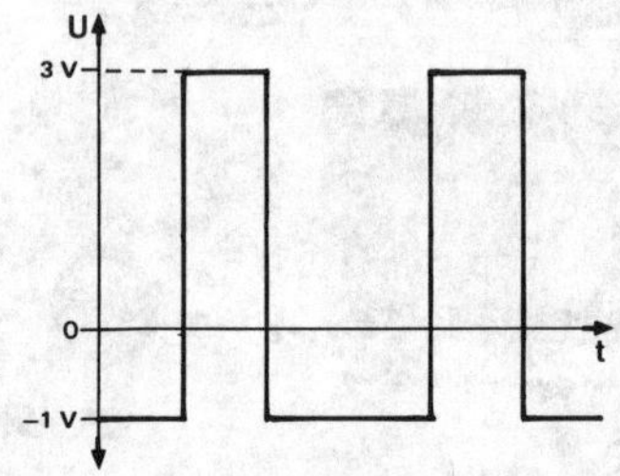

Bild 16. Nochmal die bereits erwähnte unsymmetrische Rechteckspannung.

Während die Spannung —1 V beträgt, fließt ein Strom I_1 von:

$$I_1 = \frac{U_1}{R} = \frac{-1\ \mathrm{V}}{100\ \Omega} = -10\ \mathrm{mA}$$

Bei umgepolter Spannung beträgt der Strom I_2:

$$I_2 = \frac{U_2}{R} = \frac{3\ \mathrm{V}}{100\ \Omega} = 30\ \mathrm{mA}$$

Mit diesen beiden Stromwerten läßt sich ein Zeitdiagramm für den Strom skizzieren.

17

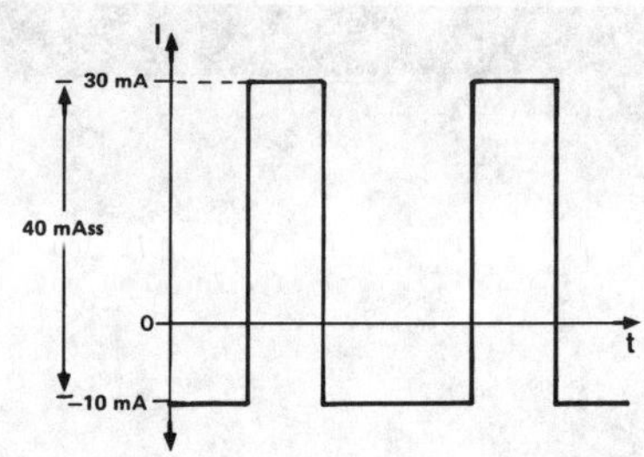

Bild 17. So sieht die Zeitfunktion des Stroms aus, den die Spannung aus Bild 16 an einem 100-Ω-Widerstand hervorruft.

Der Spitze-Spitze-Wert des Stroms kann, wie man sieht, ebenfalls nach dem Ohmschen Gesetz berechnet werden.

$$I_{SS} = \frac{U_{SS}}{R} = \frac{4\ V_{SS}}{100\ \Omega} = 40\ \mathrm{mA}_{SS}$$

Bild 18 zeigt einen sinusförmigen Spannungs- und Stromverlauf. U_{SS} beträgt ebenfalls 4 V_{SS} und I_{SS} dementsprechend 40 mA_{SS}.

Das Ohmsche Gesetz läßt sich auf Spitzenwerte, Spitze-Spitze-Werte und Effektivwerte anwenden.

18

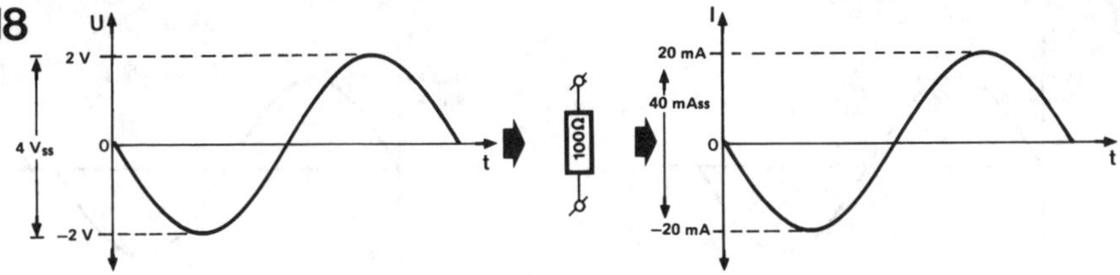

Leistung

Daß Wechselspannungen und -ströme auch Leistungen übertragen, scheint entgegen der allgemeinen Erfahrung zunächst fragwürdig. Müßte sich die Leistung nicht ebenso wie Strom und Spannung laufend umkehren? Also beispielsweise mal in eine Lampe hineinfließen, mal zurück in die Steckdose? Offensichtlich ja nicht, denn die Lampe kann das einmal ausgestrahlte Licht nicht zurückholen und wieder in Strom verwandeln. Betrachten wir noch einmal Strom und Spannung aus den Bildern 16 und 17. Die Leistung, die der 100-Ω-Widerstand in Wärme verwandelt, berechnet sich nach:

$P = U \cdot I$

Während U = 3 V ist, fließt I_2 = 30 mA Strom. Die Leistung beträgt demnach P = 90 mW (Milliwatt). Springt die Spannung auf −1 V, fließt auch der Strom entgegengesetzt mit −10 mA. Beim Multiplizieren heben sich die beiden Minuszeichen auf, und das Produkt, die Leistung, ist positiv.

$P = -1\,V \cdot -10\,mA = 10\,mW$

Trotz wechselnder Strom- und Spannungsrichtungen fließt die Leistung dauernd zum Verbraucher. Jedoch wechselt ihre Stärke, wie das Beispiel zeigt.

Bild 18. Auch die charakteristischen Stromwerte einer sinusförmigen Wechselspannung können mit dem Ohmschen Gesetz berechnet werden.

19

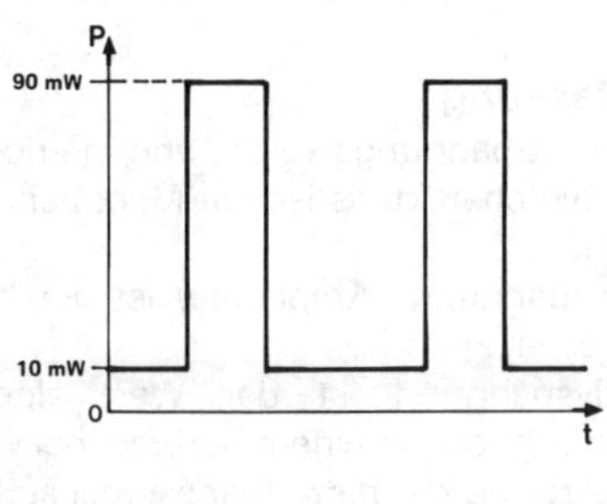

Bild 19. So sieht die Leistung der Spannung aus Bild 16 aus. Bemerkenswert: Die Leistung ist immer positiv! (Gilt nur an Omschen Widerständen.)

Die Leistung einer sinusförmigen Spannung, also zum Beispiel der Netzspannung, wird sogar kurzzeitig Null (Bild 20).
Die Amplituden von Spannung und Strom an einer 100-W-Birne sind ($\sqrt{2}$-fach) höher als die angegebenen Effektivwerte. Die Amplitude der Leistung ist also doppelt so groß. Wenn sie Bild 20 genau betrachten, können Sie erkennen, daß die Leistungsbereiche über der gestrichelten 100-W-Linie die Täler darunter genau ausfüllen. Im Mittel beträgt die Leistung also 100 W, und so soll's ja sein. Man sieht, Leistungsberechnun-

20

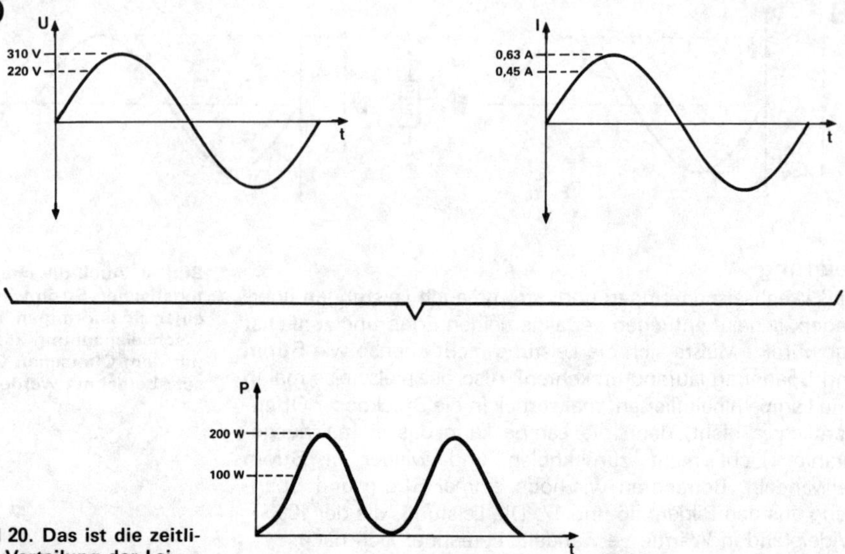

Bild 20. Das ist die zeitliche Verteilung der Leistung an einer 220-V-100-W-Birne. Die Leistung geht kurzzeitig auf Null zurück, wird jedoch auch nicht negativ.

gen sind in der Wechselstromtechnik nicht ganz unproblematisch. Schwierig wird es vor allem, wenn Strom- und Spannungsperioden zeitlich verschoben sind. Das ist bei Verbrauchern wie Glühbirnen und Heizgeräten nicht der Fall. Dort gilt die Formel:

$P_{eff} = U_{eff} \cdot I_{eff}$

Zusammenfassung

— Kurvenform, Spannungswerte und Periodendauer/Frequenz sind die charakteristischen Merkmale von Wechselspannungen.
— Die Spitzenspannung (Amplitude) ist der höchste Spannungswert einer Periode.
— Die Effektivspannung ist der Wert einer Vergleichs-Gleichspannung, die an einem Verbraucher die gleiche Leistung umsetzt wie die betreffende Wechselspannung.
— Periodendauer ist die Zeit eines Wechselspannungsdurchgangs.
— Frequenz ist der Kehrwert der Periodendauer, also die Anzahl der Perioden pro Sekunde.
— Die Verwendungsmöglichkeiten von Wechselspannungen hängen wesentlich von der Frequenz ab.
— Lautsprecher oder Kopfhörer verwandeln Wechselspannungen geeigneter Frequenz in hörbare Töne.
— Die Leistung von Wechselspannung und -strom ist zeitabhängig.

5. Der Kondensator

Im ersten Band war der Kondensator als Bauteil zum Speichern elektrischen Stroms vorgestellt worden. Hier noch einmal die Schlußfolgerungen:

- Kondensatoren speichern Ladungen (Ladung ist von der Ladestromstärke und der Ladezeit abhängig).
- Lade- und Entladestrom fließen nur begrenzte Zeit (bis der Kondensator ge- bzw. entladen ist).
- Die Spannung am Kondensator ist der Pegel der Ladung. Sie kann sich nicht sprunghaft ändern.
- Die Kapazität ist das Speichervermögen des Kondensators. Ein Kondensator mit hoher Kapazität enthält mehr Ladung als einer mit kleiner Kapazität, wenn die Spannung an beiden gleich ist.
- Kondensatoren bestehen aus zwei sich gegenüberstehenden, voneinander isolierten Metallflächen (2 Anschlüssen).

Darüberhinaus hatten wir in den vorigen beiden Kapiteln festgestellt, daß Kondensatoren Wechselspannungen ausfiltern können.

1

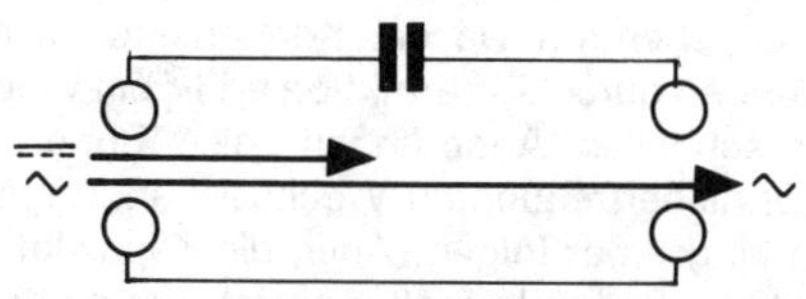

Bild 1. Der Kondensator ist nur für Wechselspannung durchlässig. Aus einem Gemisch aus Gleich- und Wechselspannung filtert er die Wechselspannung heraus.

Für Gleichströme sind die Kondensatoren undurchlässig, da zwischen den beiden Anschlüssen keine leitfähige Verbindung besteht.
Für Wechselströme sind sie jedoch durchlässig. Jede Änderung von Spannung und Polarität ruft einen Lade- bzw. Entladestrom hervor. Da der Ladestrom nur begrenzte Zeit fließt, kann nur eine Spannung, die sich dauernd ändert, eben eine Wechselspannung, laufend Ströme (Wechselstrom) durch den Kondensator treiben. Aufgrund der Wechselstromdurchlässigkeit erscheint hinter dem Kondensator in Bild 1 nur die Wechselspannung. Dieses interessante Verhalten wird an folgender Modellvorstellung, dem Membranmodell zum Betrieb mit Wasser besonders anschaulich.

2

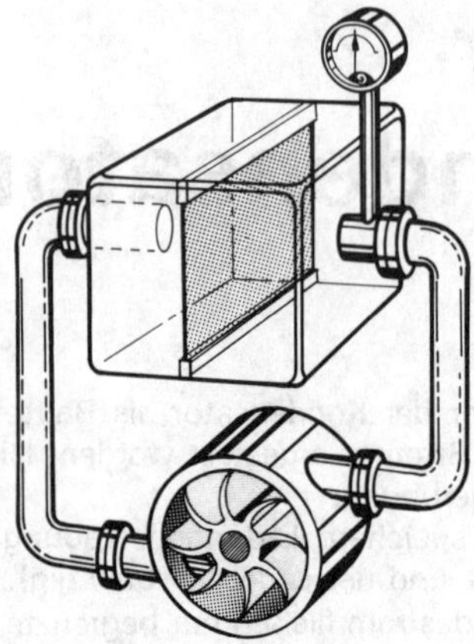

Bild 2. Der Innenraum des Membranmodells für den Kondensator ist durch die Membrane aufgeteilt. Es kann kein stetiger Wasserstrom durchfließen, aber Druckschwankungen werden übertragen.

Die Gummimembrane in der Mitte des Behälters läßt keinen kontinuierlichen Wasserfluß (Gleichstrom) zwischen den beiden Rohren zu. Wird das Wasser in eine Seite abwechselnd eingepumpt und wieder abgesogen, überträgt sich der wechselnde Wasserdruck von einer auf die andere Kammer (Wechselspannung). Im gegenüberliegenden Stutzen fließt Wasser herein und heraus (Wechselstrom).
Und in noch einem anderen Punkt stimmen Modell und Vorbild überein: Wenn der Wasserdruck zu hoch wird, platzt die dünne Membrane, ebenso wie der Kondensator bei zu hoher Spannung durchschlägt.
Aber auch die Wechselgrößen passieren den Kondensator nicht völlig ungehemmt. Da der Kondensator ja nur Spannungsänderungen durchläßt, funktioniert er bei Wechselspannungen mit schnellen Änderungen, also hoher Frequenz, besser als bei niederfrequenten Wechselspannungen, wo die Änderungen langsamer folgen. Auch die Kapazität spielt hier eine einflußreiche Rolle: Je größer sie ist, um so besser überträgt der Kondensator Wechselspannungen.
Man kann zusammenfassend sagen, daß Kondensatoren den Wechselströmen einen kleinen Widerstand entgegensetzen, der von der Frequenz der Wechselspannung und von der Kapazität des Kondensators abhängt. Dieser Wechselstromwiderstand (X_C) muß vom bisher besprochenen, sogenannten Ohmschen Widerstand deutlich unterschieden werden. Er gehorcht der Formel:

$$X_C = \frac{1}{2\pi \cdot f \cdot C} \qquad \left(\text{Dimension: } 1F = \frac{1\,As}{V}\right)$$

($2\pi = 6{,}28\ldots$; f = Frequenz in Hz; C = Kapazität in F)

Wird ein Kondensator an eine Wechselspannungsquelle angeschlossen, läßt sich mit der Formel der fließende Wechselstrom berechnen. Dazu ein Beispiel:

3

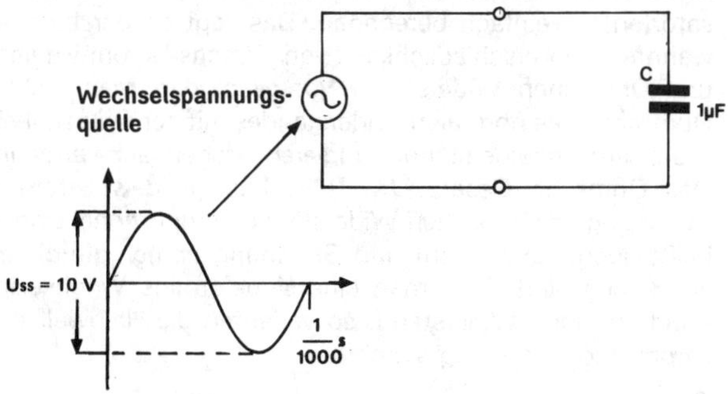

Bild 3. Hier fließt Strom, obwohl keine leitende Verbindung herrscht: Der Kondensator ist für die Wechselspannung der Quelle durchlässig.

Die Schaltung in Bild 3 scheint zunächst unsinnig, weil die Spannungsquelle vom Kondensator, der ja für Wechselströme leitfähig ist, kurzgeschlossen wird. Da der Kondensator jedoch einen gewissen Wechselstromwiderstand aufweist, fließt nur ein begrenzter Wechselstrom I_C. Die Wechselspannungsquelle hat eine Spitze-Spitze-Spannung von 10 V und eine Frequenz von 1 kHz. Zunächst wird der Wechselstromwiderstand berechnet.

$$X_C = \frac{1}{2\pi \cdot 1\text{kHz} \cdot 1\mu\text{F}}$$

Hz werden als $\frac{1}{s}$ und F als $\frac{A\,s}{V}$ geschrieben.

$$X_C = \frac{1}{2\pi \cdot 1000\frac{1}{s} \cdot 0{,}000\,001\,\frac{As}{V}} = \frac{1}{2\pi \cdot 0{,}001\,\frac{A}{V}}$$

Der Kehrwert von $0{,}001\,\frac{A}{V}$ beträgt $1000\,\frac{V}{A}$ bzw. 1000 Ω oder 1 kΩ.

$$X_C = \frac{1}{2\pi} \cdot 1\,\text{k}\Omega = 159\,\Omega$$

Der Wechselstromwiderstand hat, nach der Formel berechnet, tatsächlich die Widerstandsdimension Ohm. Dennoch darf man diesen Wert nicht mit den klassischen Ohmschen Widerständen verwechseln. Diese wirken auf Wechsel- und Gleichstrom gleichermaßen. Kondensatoren und andere Bauelemente mit Wechselstromwiderständen, häufig spricht man auch von "Scheinwiderständen", wirken **nur** auf Wechselstrom.
Zur Berechnung des Wechselstroms, den die Spannungsquelle durch den Kondensator treibt, benutzen wir hier einfach das Ohmsche Gesetz.

$$I_{SS} = \frac{U_{SS}}{X_C}$$

$$I_{SS} = \frac{10V_{SS}}{159\,\Omega} = 0{,}0628\,A_{SS} = 62{,}8\,\mu A_{SS}$$

Leider kann man nur die wenigsten Schaltungen mit Kondensator(en) so einfach berechnen. Das liegt an der bereits erwähnten Unterschiedlichkeit von Wechselstromwiderstand und Ohmschen Widerstand. Vor allem darf man nicht die Ohmzahl eines normalen Widerstandes mit der Ohmzahl eines Wechselstromwiderstandes addieren oder einfach verrechnen. Das Ohmsche Gesetz $U = R \cdot I$ besagt, daß Strom und Spannung an Ohmschen Widerständen proportional sind, das heißt auch, daß Strom und Spannung immer **gleichzeitig** vorhanden sind. Legt man eine sinusförmige Wechselspannung an einen Widerstand, so verlaufen die Halbwellen von Strom und Spannung synchron.

4

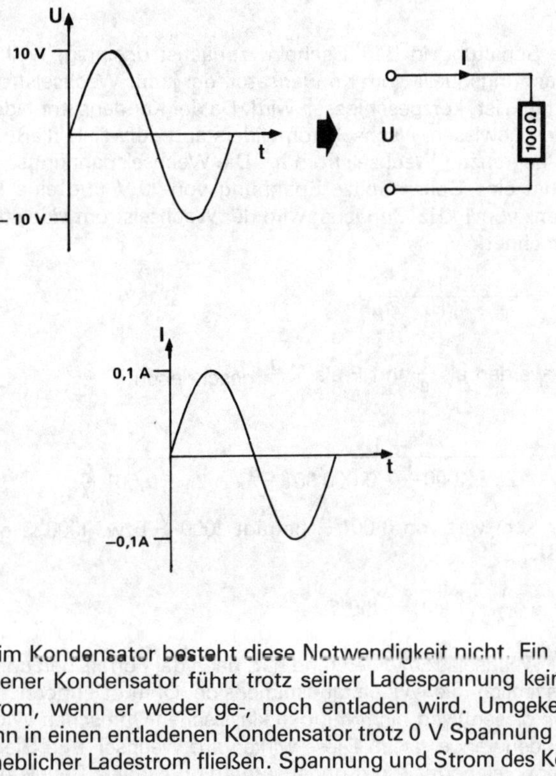

Bild 4. Der Wechselstrom, der durch einen Widerstand fließt, hat die gleiche Form wie die Wechselspannung, die ihn verursacht; so will es das Ohmsche Gesetz.

Beim Kondensator besteht diese Notwendigkeit nicht. Ein geladener Kondensator führt trotz seiner Ladespannung keinen Strom, wenn er weder ge-, noch entladen wird. Umgekehrt kann in einen entladenen Kondensator trotz 0 V Spannung ein erheblicher Ladestrom fließen. Spannung und Strom des Kondensators sind also ungleichzeitig. Im folgenden Experiment wird dies deutlich.

Die Schaltung besteht aus unserem Testgenerator (siehe 3. Kapitel), der wahlweise den Widerstand R6 oder den Kondensator C3 speist. LED1 blinkt im Rhythmus der Generatorwechsel**spannung** auf, LED2 zeigt den **Strom** im Widerstand bzw. Kondensator an. D1 führt den Entladestrom des Kondensators, wenn dieser angeschlossen ist.

Zunächst wird der 100-Ω-Widerstand angekoppelt. Beide LEDs leuchten gleichzeitig, das heißt der Strom fließt gleichzeitig mit der Spannung.

5

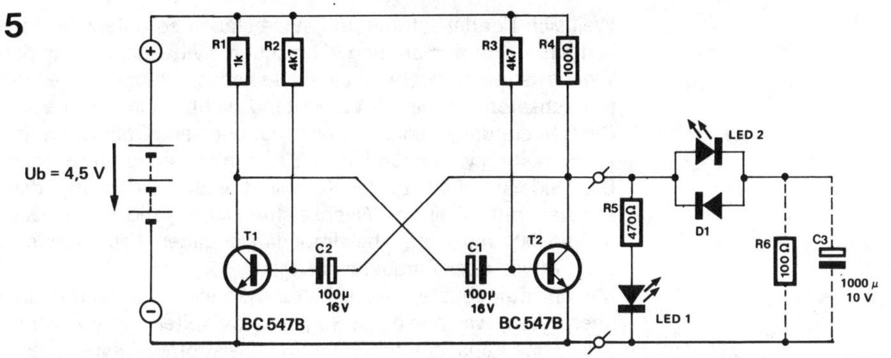

Der Ladestrom des anstelle R6 eingeschalteten Kondensators hingegen fließt nicht mehr gleichzeitig, sondern nur beim Einschalten der LED1. Sobald der Kondensator aufgeladen ist, versiegt der Strom, obwohl die Generatorspannung noch anliegt. Strom und Spannung sind, wie gesagt, ungleichzeitig. Dieser Effekt wird bei Sinus-Wechselspannungen besonders deutlich. Bild 6 zeigt den Strom eines Kondensators, der mit Sinusspannungen betrieben wird.

Bild 5. Hier dient der Testgenerator aus dem dritten Kapitel als Wechselspannungsquelle. LED 1 zeigt ihre Spannung an, und LED 2 leuchtet, wenn Strom in den Widerstand R6 oder Kondensator C3 fließt. Beim Kondensator sind Strom und Spannung nicht gleichzeitig.

6

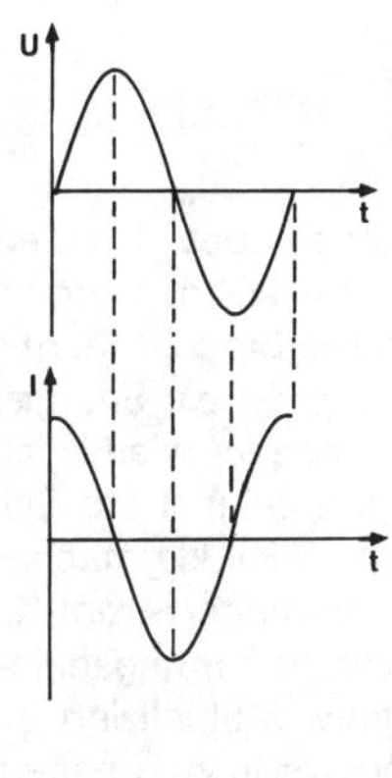

Bild 6. Für eine Sinusspannung gilt das Versuchsergebnis aus Bild 5 entsprechend: Der Strom eilt der Spannung um eine viertel Welle voraus (kommt früher). Man nennt dies Phasenverschiebung.

Die beiden Kurvenzüge sind um eine Viertelperiode verschoben. Der Fachmann beziffert Perioden mit Winkelgraden, 360° für eine ganze Periode. Demnach entspricht die Viertelperiode 90°. Die Verschiebung zwischen den beiden Sinuswellen wird Phasenverschiebung genannt. Die Phasenverschiebung zwischen Spannung und Strom am Kondensator beträgt also 90°, wobei der Strom der Spannung voreilt (zuerst kommt). Die Strom-Spannungs-Phasenverschiebung am Widerstand ist immer 0°.
Daraus wird deutlich, warum die Ohmzahl eines normalen Widerstandes mit der eines Kondensators nicht ohne weiteres vergleichbar ist. Zwar geben beide das Verhältnis zwischen Spannung und Strom an, aber die unterschiedliche Phasenverschiebung bleibt unberücksichtigt.

Weil sich Kondensatoren und Widerstände so unterschiedlich verhalten, kann man den Ohmschen Widerstand und den Wechselstromwiderstand einer Reihenschaltung aus einem Kondensator und einem Widerstand nicht einfach addieren. Die Berechnungen solcher Kombinationen aus Ohmschen und Wechselstromwiderständen soll hier nicht erläutert werden. Die Widerstandswerte der Kombinationen werden Impedanzen genannt. Weil der Wechselstromwiderstand frequenzabhängig ist, muß man bei Impedanzangaben korrekterweise auch etwas über Frequenzen sagen.
Mit der aufgebauten Testschaltung können Sie nachträglich überprüfen, was bereits zu Beginn des Kapitels gesagt wurde: daß kleine Kapazitäten höhere Wechselstromwiderstände aufweisen als hohe Kapazitäten. Ein 1-μF-Elko anstelle C3 bringt LED2 nur kurz und schwach zum Leuchten, durch den höheren Wechselstromwiderstand fließt weniger Wechselstrom.

7

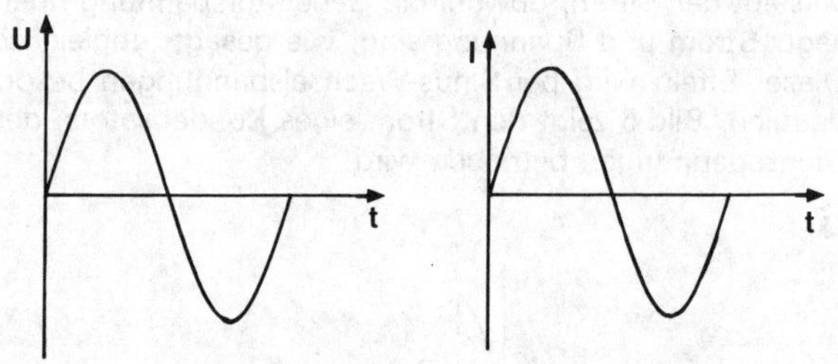

Bild 7. Am Widerstand haben Spannung und Strom keine Phasenverschiebung, sie sind gleichzeitig vorhanden.

Noch eine Besonderheit des Kondensator-Wechselstromwiderstandes muß hier erwähnt werden: Im Gegensatz zum Ohmschen Widerstand verbraucht (richtiger: wandelt) er keine Energie! Der Kondensator ist ein Energiespeicher, der die einmal aufgenommene Energie wieder abgibt, und zwar bei Wechselspannungen je zwei mal pro Schwingung. Man kann sich das am Membranmodell klarmachen, es geht aber auch aus dem Wechselspannungs/Strom-Kurven Bild 6 hervor. Während einer positiven Spannungshalbwelle fließt der Strom teils positiv, teils negativ. Multipliziert man Strom und Spannung, um die Leistungswerte zu erhalten, kommen gleichgroße positive wie negative Werte heraus, unterm Strich also Null. Bei negativen Spannungshalbwellen ist es genauso. Daraus kann man schließen, daß es bei Wechselspannungen am Kondensator nur ein Hin- und Herfließen der Energie gibt.

8

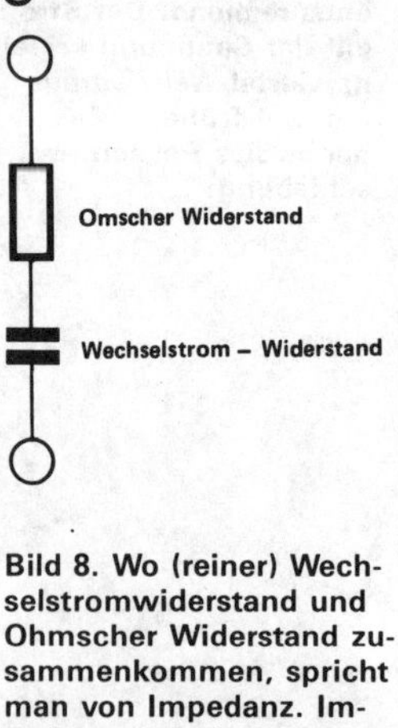

Bild 8. Wo (reiner) Wechselstromwiderstand und Ohmscher Widerstand zusammenkommen, spricht man von Impedanz. Impedanzen sind nicht so ohne weiteres zu berechnen.

Serien- und Parallelschaltungen von Kondensatoren

Beim in Serie oder Parallelschalten von Kondensatoren entstehen neue Kapazitätswerte, jedoch nach einem anderen Muster als bei Widerständen. Probieren Sie zwei 1000-μF-Elkos mit der letzten Testschaltung aus, einmal in Serie, einmal parallel.
Bei der Parallelschaltung leuchtet LED2 deutlich heller und länger auf als mit einem 1000-μF-Kondensator, ein Zeichen dafür, daß die Gesamtkapazität höher wurde.

9

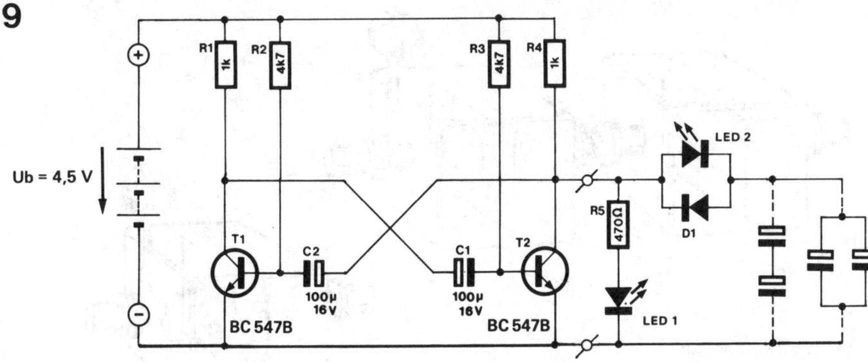

Bild 9. So testet man mit dem Testgenerator, wie sich die Serien- und Parallelschaltung aus zwei Kondensatoren verhalten. An LED 2 beobachtet man die Stärke des Kondensatorstroms.

Umgekehrt reagiert die LED auf die Serienschaltung weniger intensiv. Daran kann man sehen, daß die Serienschaltung kapazitätsarmer als ein Einzelkondensator ist. Zur Klärung dieses Phänomens ist es günstig, sich das Membranmodell noch einmal ins Gedächtnis zu rufen. Statt zwei Membranmodelle parallel zu schalten, könnte man sicherlich ein Modell mit doppelt so großer Membrane bauen.
Das vergrößerte Modell entspricht einem Kondensator mit höheren Kapazität. Beim ersten Versuch hatte dies höheren Kondensatorstrom zur Folge. Die Formel für die Gesamtkapazität von zwei parallelgeschalteten Kondensatoren C1 und C2 lautet:

$C_{ges} = C1 + C2$ Parallelschaltung

Sie ähnelt offensichtlich der Formel für hintereinandergeschaltete Widerstände. Das läßt vermuten, daß in Reihe geschalte-

10

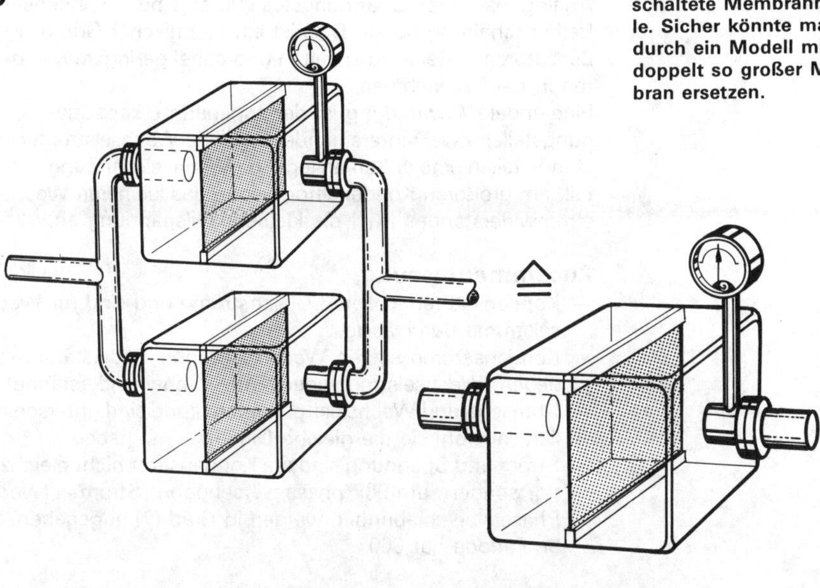

Bild 10. Zwei parallelgeschaltete Membranmodelle. Sicher könnte man sie durch ein Modell mit doppelt so großer Membran ersetzen.

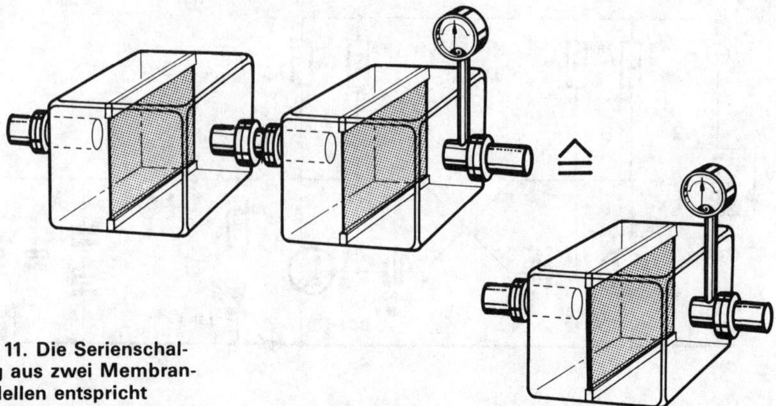

Bild 11. Die Serienschaltung aus zwei Membranmodellen entspricht anschaulich einem Modell mit verstärkter Membran.

te Kondensatoren ähnlich wie parallelgeschaltete Widerstände berechnet werden. Der Versuch mit 2× 1000 μF in Serie bestätigte die Vermutung. Die Formel lautet:

$$\frac{1}{C_{ges}} = \frac{1}{C1} + \frac{1}{C2} \qquad \text{Reihenschaltung}$$

oder:

$$C_{ges} = \frac{C1 \cdot C2}{C1 + C2}$$

Zwei in Serie geschaltete Membranmodelle könnte man durch ein Modell mit doppelt starker Membran ersetzen, und dies würde die ''Wechseldruck-Übertragbarkeit'' beeinträchtigen. Andererseits hält eine dickere Membran höhere Drücke aus. Analog ist die Spannungsfestigkeit einer Kondensator-Reihenschaltung höher. Dies ist ein technischer Grund, Kondensatoren in Reihe zu schalten und dabei geringere Kapazitäten in Kauf zu nehmen.
Eine andere Anwendung ist der sogenannte kapazitive Spannungsteiler. Zwei hintereinander liegende Wechselstromwiderstände teilen eine außen anliegende Wechselspannung. Dabei fällt am größeren Kondensator wegen des kleineren Wechselstromwiderstandes (X_C) die kleinere Teilspannung ab.

Zusammenfassung

- Kondensatoren isolieren Gleichströme und sind für Wechselströme durchlässig.
- Kondensatoren setzen Wechselströmen Widerstände entgegen, Wechselstromwiderstände (Scheinwiderstände).
- Ohmsche und Wechselstromwiderstände sind unterschiedlich, obwohl sie die gleiche Dimension Ω haben.
- Strom und Spannung sind am Kondensator nicht gleichzeitig, sondern um 90° phasenverschoben (Strom eilt vor).
- Phasenverschiebungen werden in Grad (°) angegeben. Eine Periode hat 360°.

- Der Gesamtwiderstand von Ohmschen und Wechselstromwiderständen heißt Impedanz (Dimension: Ω).
- Die Gesamtkapazität einer Parallelschaltung von Kondensatoren lautet:
  $C_{ges} = C1 + C2 + \ldots$
- Die Gesamtkapazität einer Serienschaltung beträgt:

  $$\frac{1}{Cges} = \frac{1}{C1} + \frac{1}{C2} + \ldots$$

- Die Spannungsfestigkeit der Serienschaltung ist größer als die der Einzelkondensatoren.
- Serienschaltungen aus Kondensatoren teilen Wechselspannungen (kapazitive Spannungsteiler).

6. Verstärker

In diesem Kapitel wird die Schaltungstechnik von Verstärkern vorgestellt, die Wechselspannungen mit Frequenzen des hörbaren Bereichs, des sogenannten Audiobereichs (12 Hz.. ..20 kHz), verarbeiten. Rundfunk- und Hi-Fi-Geräte beispielsweise enthalten solche Schaltungen.
Bild 9 (Kap. 4; rechts) zeigte bereits eine einfache Verstärkerstufe. Sie konnte so einfach gehalten werden, weil nur geringe Anforderungen gestellt wurden. Ein "richtiger" Verstärker soll die Eingangswechselspannung möglichst originalgetreu verstärken. Er muß außerdem die Spannungen (in der Regel) unabhängig von ihren Frequenzen gleichmäßig verarbeiten. Nur so läßt sich eine originalgetreue Wiedergabe von Musik- oder Sprachsignalen erzielen, beides besteht ja aus Wechselspannungen unterschiedlicher Frequenzen (Töne).

1

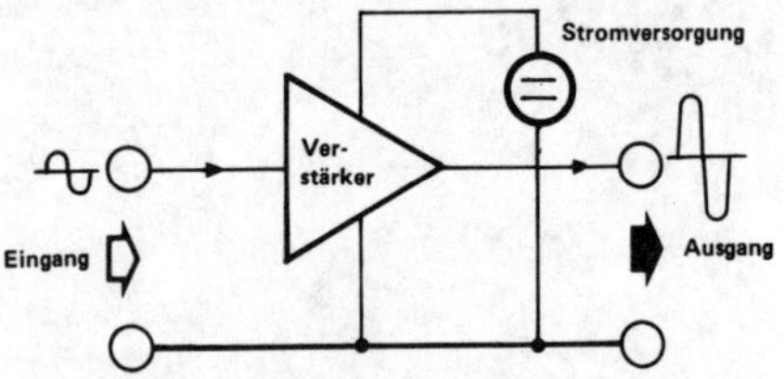

Bild 1. Damit eine Verstärkerschaltung ein Signal verstärken kann, muß Energie zugeführt werden. Sie stammt aus einer Stromquelle.

Bild 1 macht das Funktionsprinzip eines Verstärkers deutlich. Außer der zu verstärkenden Wechselspannung muß der Schaltung die nötige Energie in Form einer Gleichspannung zugeführt werden. Die Ausgangsspannung ist jedoch wieder eine Wechselspannung. Es läßt sich also bereits absehen, daß Kondensatoren mit ihrer Fähigkeit, Wechsel- und Gleichspannungen zu trennen, eine wichtige Rolle spielen.

2

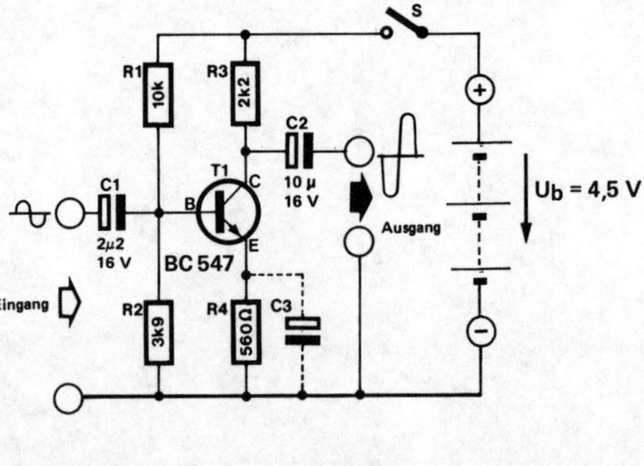

Bild 2. Eine Verstärkerstufe in Emitterschaltung.

In Bild 2 ist eine vollständige Verstärkerstufe zu sehen. Es handelt sich um eine modifizierte Emitterschaltung.
Zur Erinnerung noch einmal kurz die Funktion der Emitterschaltung anhand des Prinzipschaltbilds.
Ein Strom an der Basis verursacht einen Kollektorstrom. Der ruft einen Spannungsabfall am Kollektorwiderstand R_C hervor. Die Ausgangsspannung der Stufe, die Kollektorspannung, ist die Differenz aus Batteriespannung und Spannungsabfall an R_C. Beim Ansteuern mit Wechselspannung versagt diese Grundschaltung. Weil die Basis mindestens 0,7 V benötigt, bevor die Basis-Emitter-Diode öffnet, werden die negativen Halbwellen gar nicht verstärkt und die positiven auch nur oberhalb 0,7 V. Auf Wechselspannungen mit einem Scheitelwert unter 0,7 V würde der Transistor überhaupt nicht reagieren.
Aus diesem Grund ist die Basis in Bild 2 an einen Spannungsteiler (R1/R2) gelegt. Er sorgt dafür, daß die Basisspannung über 0,7 V (gegen Minuspol) liegt, also daß der Transistor immer geöffnet ist. Es fließt folglich auch immer Strom im Emitter-Kollektor-Kreis. Dieser Strom ruft an R3 und R4 Spannungen hervor. Die Schaltung wird meist so dimensioniert, daß am Kollektor etwa die halbe Betriebsspannung liegt, die andere Hälfte an R3. Da sowohl am Eingang, der Basis, als auch am Ausgang, dem Kollektor, wegen der Kondensatoren kein Gleichstrom ein- oder ausfließen kann, sind alle Gleichströme und -spannungen an den Transistoranschlüssen konstant. Man nennt diese Strom- und Spannungswerte den Arbeitspunkt der Stufe.
Bauen Sie zur Ermittlung der Arbeitspunktdaten die Schaltung Bild 2 auf (Bauteileanordnung: siehe Bild 10, linker Teil). Für Meß- und Rechenwerte steht Ihnen Tabelle 1 zur Verfügung.

3

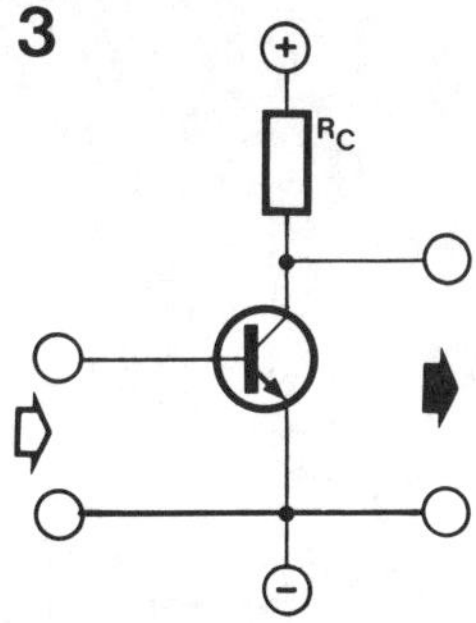

Bild 3. Das Prinzip der Emitterschaltung.

Größe	Meßpunkte	Wert
Messen (ohne Eingangssignal)		
Betriebsspannung U_b	⊕ − ⊖	V
Basisspannung U_B	B − ⊖	V
Basis-Emitter-Spannung U_{BE}	B − E	V
Kollektorspannung U_C	C − ⊖	V
Emitterspannung U_E	E − ⊖	V
Berechnen		
Kollektorstrom I_E	$\frac{U_E}{560\ \Omega}$	mA

Tabelle 1. Zum Eintragen der Arbeitspunktdaten.

Die Wechselspannung, die unser Verstärker verarbeiten soll, wird über C1 zugeführt. C1 hält die Gleichspannung der Basis vom Eingangsanschluß fern. Die zugeführte Wechselspannung erhöht und erniedrigt die Spannung des Teilers, und sie verursacht so ein Schwanken des Basisstroms. Genauer gesagt: Die Wechselspannung wird der Gleichspannung des Teilers überlagert. Demzufolge fließt ein Gleichstrom mit überlagertem Wechselstrom durch die Basis.

Der Transistor verstärkt diese Mischung. Der Kollektorstrom, ebenfalls ein Gleichstrom mit überlagertem Wechselstrom, ruft am Kollektorwiderstand einen schwankenden Spannungsabfall hervor: einen Gleichspannungsabfall mit überlagertem Wechselspannungsabfall. Daraus läßt sich die Kollektorspannung ermitteln, nämlich durch Abziehen dieses Spannungsabfalls von der Betriebsspannung.

Bild 4. Damit die Basisspannung nicht unter 0,7 V fällt, wird der Eingangswechselspannung eine Gleichspannung zugefügt.

4

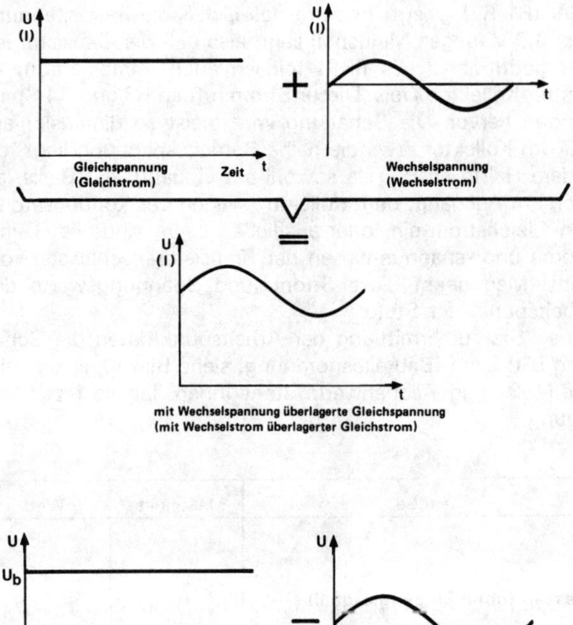

Bild 5. Die Kollektorspannung ist die Differenz aus Betriebsspannung und Spannungsabfall am Kollektorwiderstand, sie steht daher "auf dem Kopf".

5

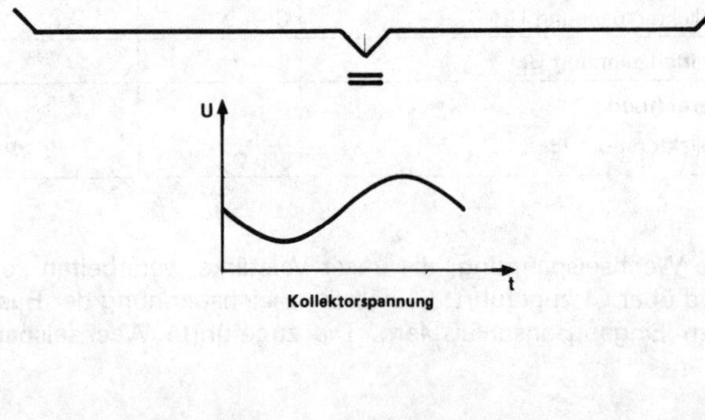

Bemerkenswerterweise steht der Wechselspannungsanteil der Kollektorspannung "auf dem Kopf". Dieser Anteil wird von C2 abgetrennt und steht am Ausgang als reine Wechselspannung zur Verfügung. Die Ausgangswechselspannung ist also nicht nur verstärkt, sondern ihre Polarität genau umgekehrt. Im Flußdiagramm (Bild 6) ist der Ablauf noch einmal anschaulich dargestellt.

6

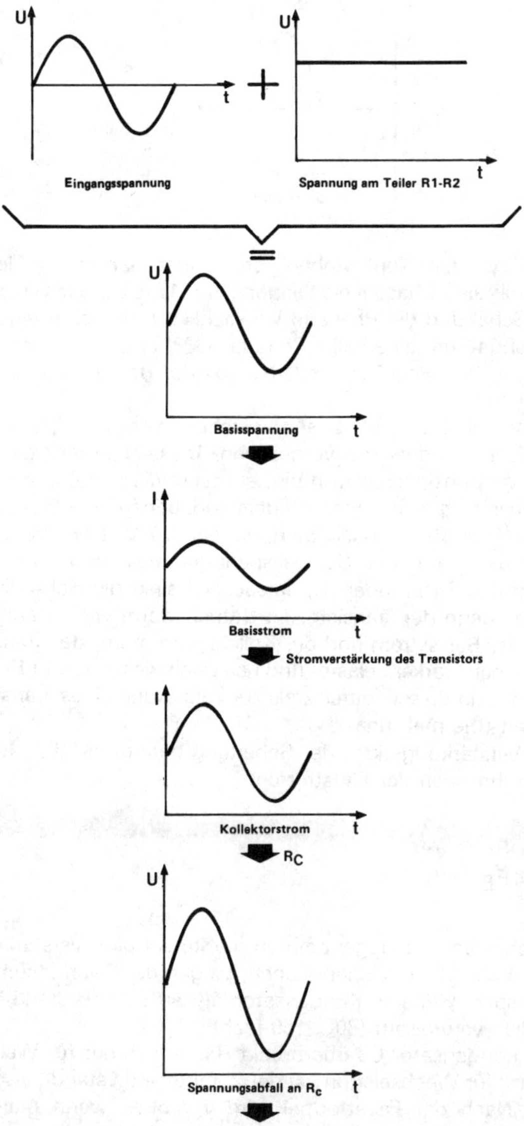

Bild 6. Das vollständige Flußdiagramm der Verstärkerstufe in Emitterschaltung.

Fortsetzung
Bild 6.

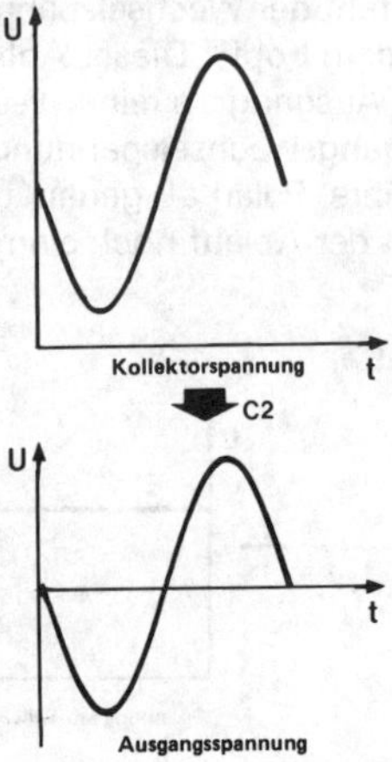

Das "Auf-dem-Kopf-Stehen" bezeichnet man in der Elektrotechnik als "Phasenverschiebung um 180°". Zwar verschiebt die Schaltung die Phase in Wirklichkeit nicht, aber eine Verschiebung um eine halbe Periode (180°) entspricht einer Umkehrung der Polarität, und das soll der Begriff hier deutlich machen.

In der Schaltung Bild 2 ist abweichend vom Prinzipschaltbild ein Emitterwiderstand vorgesehen. Dieser Emitterwiderstand ist zwar prinzipiell nicht nötig, er macht die Schaltung jedoch erheblich stabiler. Ohne Widerstand beträgt die Basisspannung (Basis – Minusleitung) immer 0,7 V. Der Basisstrom wird dann von der Schwellspannung bestimmt. Sinkt sie, steigt der Strom über R1. Tatsächlich sinkt die Schwellspannung, wenn der Transistor im Betrieb warm wird. Dann steigen der Basisstrom und der Kollektorstrom an, der Transistor wird noch stärker belastet und heizt sich weiter auf. In Extremfällen kann dieser Teufelskreis zur Zerstörung eines Transistors führen (thermal runaway).

Der Verstärkungfaktor der Schaltung beträgt ca. 3...4. Man kann ihn nach der Faustformel

$$v = \frac{R_C}{R_E} = \frac{R3}{R4}$$

abschätzen. Strenggenommen müßte vor dem Verstärkungsfaktor ein Minuszeichen stehen, wegen der Polaritätsumkehr. Mit einem weiteren Kondensator läßt sich die Verstärkung erheblich vergrößern (30-...60-fach).

Der Kondensator C3 überbrückt R4, jedoch nur für Wechselstrom; für Wechselstrom ist der "Emitterwiderstand" also kleiner. Nach der Faustformel wird v größer, wenn man den Emitterwiderstand verkleinert. Unsere Schaltung weist also zwei Verstärkungsfaktoren auf:

— den für Gleichspannung, er wird durch R4 (und R3) festgelegt, und
— einen größeren für Wechselspannung, der durch den Kondensator am Emitter bestimmt wird.

Die Gleichspannungsverstärkung spielt in der Praxis (beim Wechselspannungsverstärker) keine Rolle. Wenn vom Verstärkungsfaktor eines Wechselspannungsverstärkers die Rede ist, wird der Wechselspannungsverstärkungsfaktor gemeint.

Aufgrund ihrer hohen Wechselspannungsverstärkung ist die Schaltung in Bild 7 sehr empfindlich. Eine Spannung von 10 mV_{SS}, beispielsweise die Signalspannung eines Mikrofons, hebt die Stufe auf 300...400 mV_{SS} an. Und das sind in der Elektronik schon beträchtliche Werte.

Ein Mikrofon wandelt die Luftschwingungen (z.B. Sprache) in elektrische Wechselspannungen um. Es wirkt genau umgekehrt wie ein Lautsprecher. Übrigens kann man statt eines Mikrofons auch einen Lautsprecher umgekehrt benutzen, beim Besprechen der Membran erzeugt der Lautsprecher eine Wechselspannung. Zusammen mit dem 8-Ω-Lautsprecher arbeitet unsere Schaltung als Mikrofonverstärker.

7

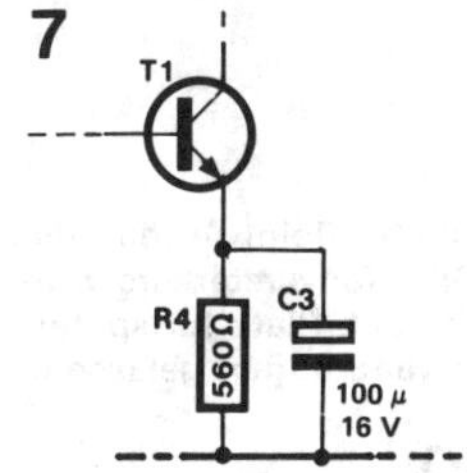

Bild 7. C3 erhöht die Wechselspannungsverstärkung der Stufe.

8

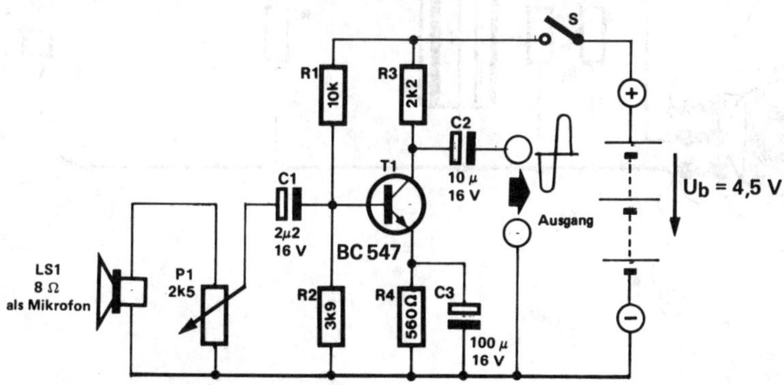

Bild 8. Hier dient ein Lautsprecher als Mikrofon.

9

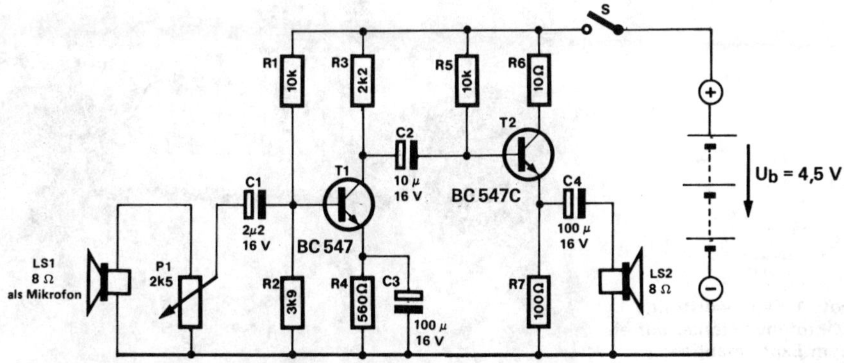

Bild 9. Der vollständige Mikrofonverstärker. Zum Betreiben des Ausgangslautsprechers ist ein Emitterfolger nachgeschaltet.

Die Ausgangsspannung der Stufe reicht aus, um einen Endverstärker (Radio, Stereo-Verstärker) anzusteuern. Das Poti P1 ist der Lautstärkeregler. Zum Anschluß eines Lautsprechers eignet sich die Schaltung nicht. Dazu muß erst eine Endstufe zugefügt werden.
T2 arbeitet als Emitterfolger; Bild 11 zeigt seine Prinzipschaltung.

Bild 10. Beim Aufbau des Mikrofonverstärkers wurde noch Platz für spätere Erweiterungen gelassen.

10

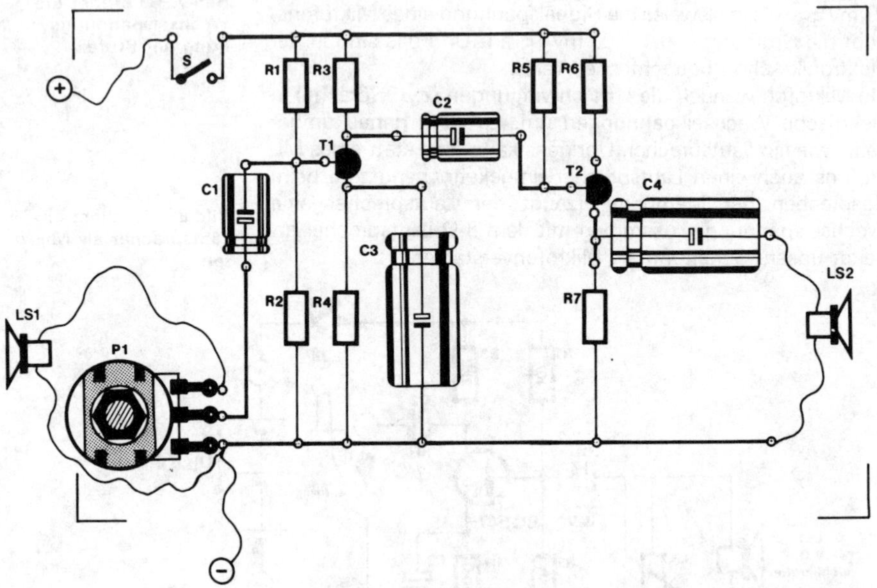

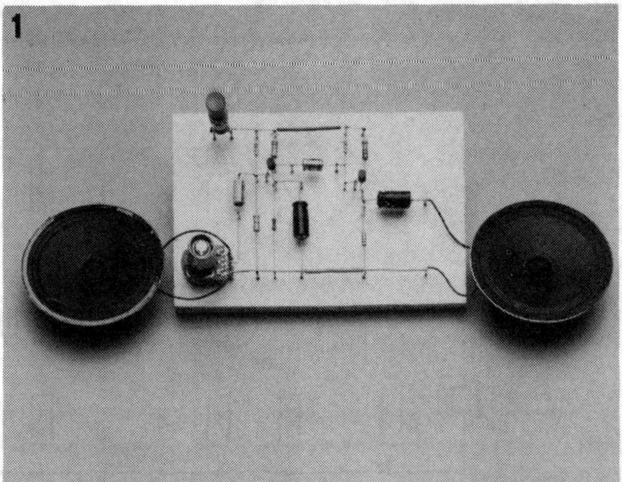

Foto 1. Der zweistufige Mikrofonverstärker auf einem Experimentierbrettchen.

Er verstärkt die Eingangsspannung nicht, aber das ist auch nicht nötig, denn eine Ausgangswechselspannung von 300...400 mV_{SS} reicht für unsere Zwecke aus. Der Emitterfolger mit T2 verkraftet jedoch mehr Strom als die Kollektorschaltung mit T1, genug für den Lautsprecher, der relativ viel Strom braucht (100 mA_{SS} und mehr). Bei der Schaltung in Bild 9 fehlt augenscheinlich der zweite Widerstand des Basisspannungsteilers. Dennoch existiert er: als R7. Sicher werden Sie einwenden, daß R7 doch in der Emitterleitung liegt und nicht an der Basis. Stimmt, trotzdem übernimmt er die gleiche Funktion wie R2 in Bild 2. Sobald Strom durch R5 in die Basis fließt, öffnet der Transistor und es fließt Kollektor-Emitter-Strom (= verstärkter Basisstrom) durch R5. Dort entsteht ein Spannungsabfall, und die Emitter- bzw. Basisspannung steigt. Die ansteigende Basisspannung verringert den Strom durch R5 wieder. Ein stabiles Gleichgewicht hat sich eingestellt, wenn die Spannung an der Basis gerade so groß ist, daß der Basisstrom ausreicht, genügend Emitterstrom für die Emitterspannung zu verursachen. Die Basisspannung ist folglich stabil, das aber war die Aufgabe des Basisspannungsteilers.
Außer dem Basisgleichstrom wird via Kondensator C2 ein Wechselstrom übertragen. Beide Ströme werden verstärkt.

11

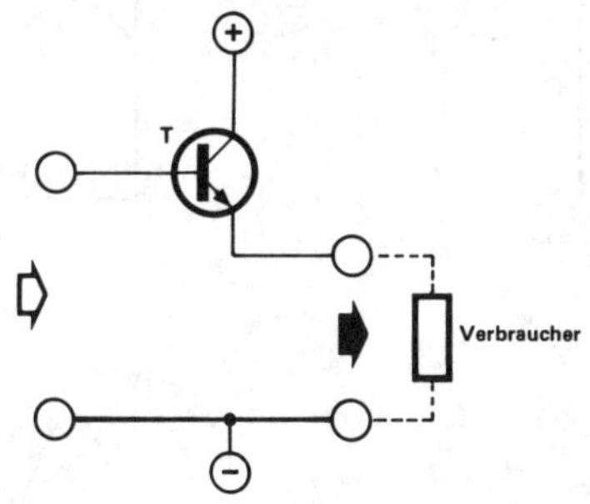

Bild 11. Beim Emitterfolger liegt der Verbraucher im Emitterkreis, ihm steht also der relativ hohe Kollektor-Emitterstrom zur Verfügung.

Am Emitter fließt also mit Wechselstrom überlagerter Gleichstrom. Beide Ströme teilen sich am Emitter auf: Der Gleichstrom fließt nur über R5 nach Minus, der Wechselstrom überwiegend durch den Kondensator C4 zum Lautsprecher, wo er hörbar gemacht wird. (Ein geringer Teil des Wechselstroms fließt ebenfalls über R5 nach Minus.) Die Halbwellen der Basis- und Emitterspannung haben immer gleiche Polarität, sie sind gleichphasig. R6 entlastet den Transistor, denn hier fällt ein Teil der Spannung ab, die der Lautsprecher nicht braucht. C2 kann eventuell sogar entfallen. Dann erzeugt die Vorstufe auch die Basisgleichspannung von T2. R5 wird überflüssig.
Bild 12 zeigt das Flußdiagramm eines Emitterfolgers im Wechselspannungsbetrieb. Man beachte, daß Eingangs- und Ausgangsspannung im Gegensatz zur Emitterschaltung gleichphasig sind.

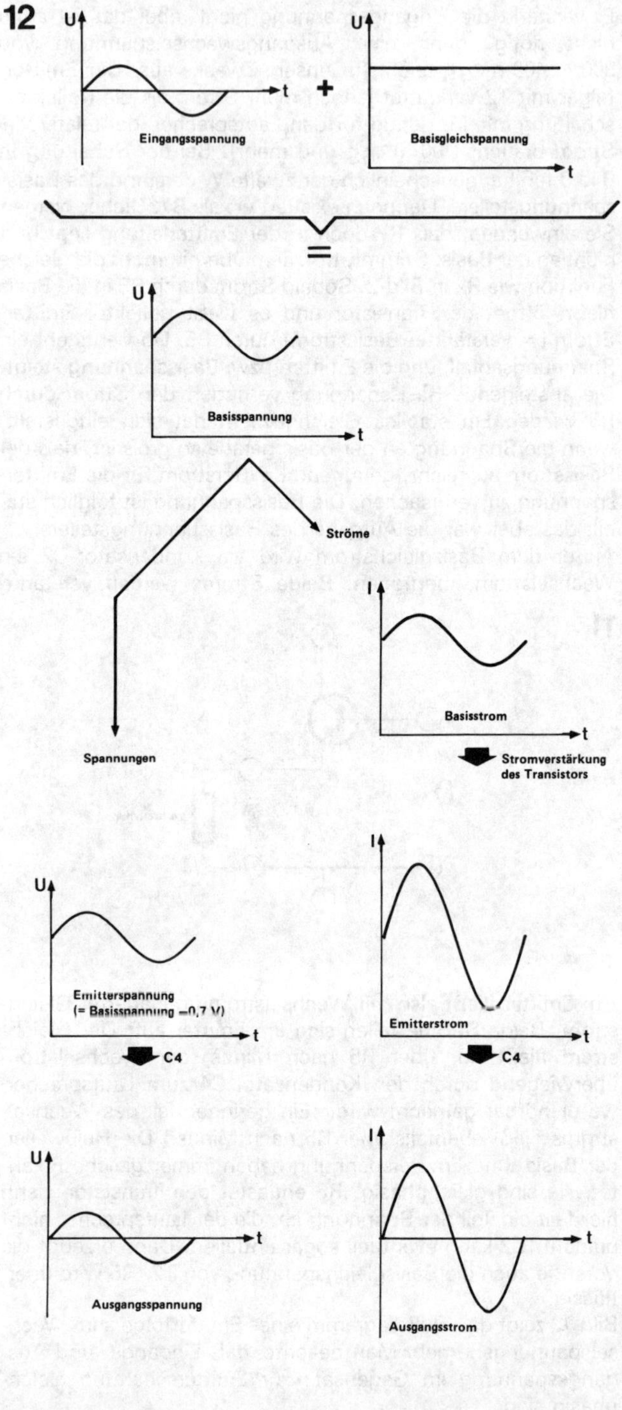

Bild 12. Das Flußdiagramm des Emitterfolgers (Kollektorschaltung). Der Emitterfolger ist eine Stromverstärkungsstufe.

Obschon die Verstärkerschaltung funktiontüchtig ist, kann sie einen anspruchsvollen Elektroniker nicht recht zufriedenstellen. Betrachten wir noch einmal den Kondensator C4 am Ausgang. Bei einer positiven Halbwelle der Basis- bzw. Emitterspannung fließt der Strom für den Lautsprecher vom Pluspol durch den Transistor.
Der Transistor vermag relativ kräftige Ströme zu führen. Während der negativen Halbwellen muß der Strom des Lautsprechers die umgekehrte Richtung haben, es handelt sich ja um Wechselstrom. Für diesen Strom liegt die Basis-Emitter-Diode jedoch in Sperrichtung, er fließt also nur durch R7.
In dieser Zeit liefert der Koppelelko vor dem Lautsprecher den Strom. Er hat sich ja während der positiven Halbwelle aufgeladen. Damit er genügend Strom aufbringen kann, muß dieser Elko eine sehr hohe Kapazität aufweisen, meist einige 1000 μF.
Der Emitterwiderstand darf nicht zu groß sein, damit er den erforderlichen Lautsprecherstrom nicht reduziert. Aber auch nicht zu klein, denn der Transistor muß beim Spannungsanstieg auch Strom durch diesen Widerstand aufbringen (gestrichelter Pfeil in Bild 13). R7 erfordert also einen konstruktiven Kompromiß.

13

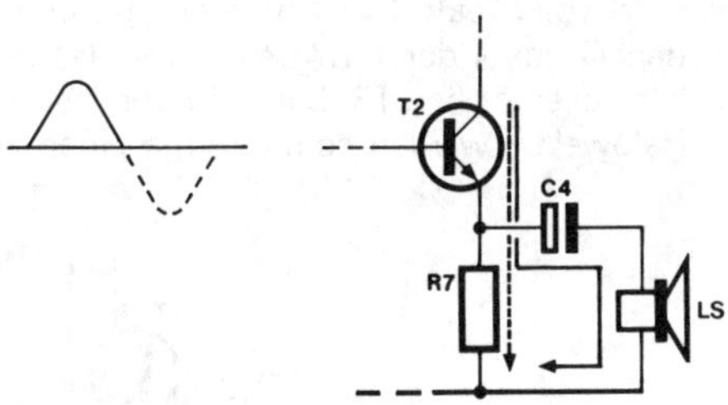

Bild 13. Bei den positiven Halbwellen leitet der Transistor den Strom über Kondensator und Lautsprecher.

14

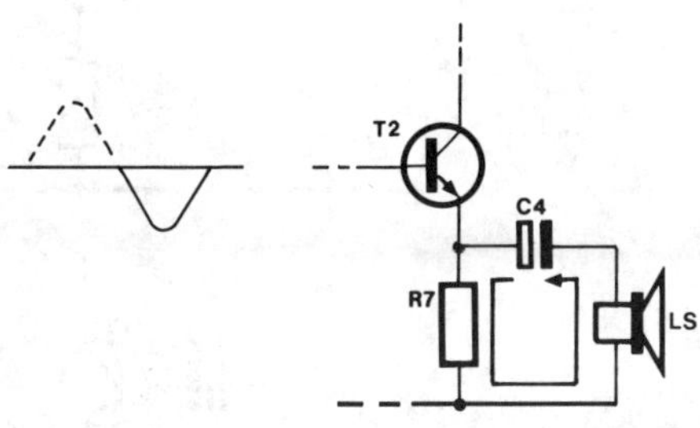

Bild 14. Bei den negativen Halbwellen sperrt der Transistor. Der Lautsprecherstrom fließt über den Emitterwiderstand ab. C4 erzeugt diesen Strom.

Viel günstiger ist es freilich, anstelle R7 einen weiteren Transistor einzubauen, der nur bei negativen Halbwellen leitet. Im folgenden Bild ersetzt ein zweiter Emitterfolger den Emitterwiderstand. Dieser Emitterfolger ist wegen der umgekehrten Polarität der negativen Halbwelle spiegelsymmetrisch zum ersten aufgebaut und mit einem PNP-Transistor ausgerüstet.

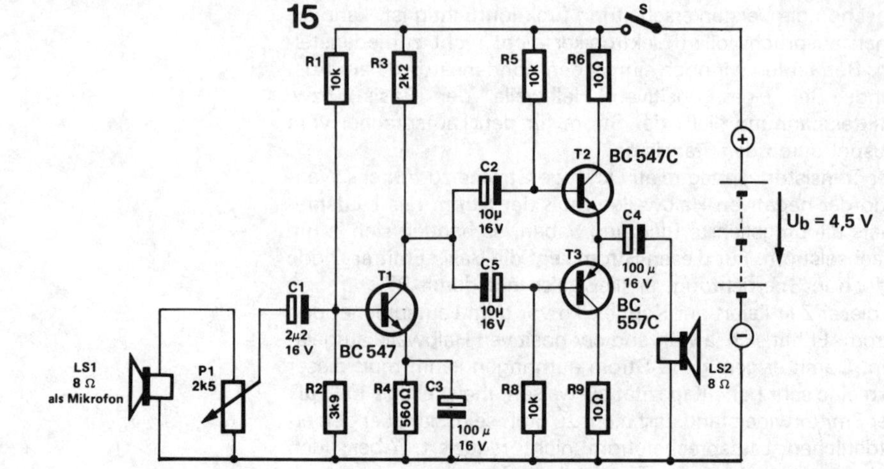

Bild 15. Hier wurde der Emitterwiderstand durch einen weiteren Transistor ersetzt.

Während der positiven Halbwellen arbeitet T2 in der schon beschriebenen Art (Bild 16a). T3 ist unterdes gesperrt, so daß der Strom, den T2 zuvor durch R7 treiben mußte, entfällt. Die negativen Halbwellen öffnen T3 (Bild 16b) und lassen T2 sperren. Beide Halbwellen werden somit von je einem Transistor verstärkt.

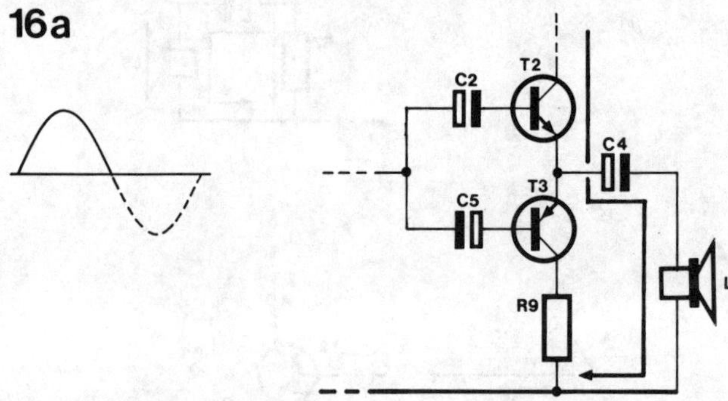

Bild 16a. Bei den positiven Halbwellen fließt der Lautsprecherstrom über T2; T3 sperrt.

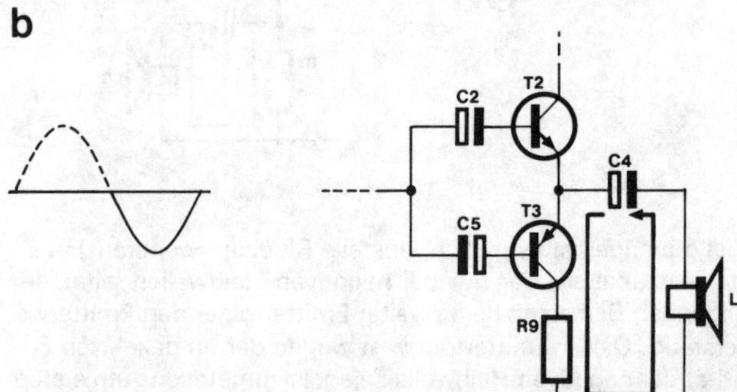

Bild 16b. T3 führt bei den negativen Halbwellen Strom, jetzt sperrt T2.

Gegentaktschaltung heißt diese Zusammensetzung aus zwei spiegelsymmetrischen Emitterfolgern. Wenngleich vielfach variiert, ist dies die Standardschaltung der Leistungsverstärker in Audioanlagen, zum Beispiel Hi-Fi-Geräten. In modernen Geräten wird die Gegentaktschaltung sogar mit symmetrischer Spannungsversorgung betrieben.

17

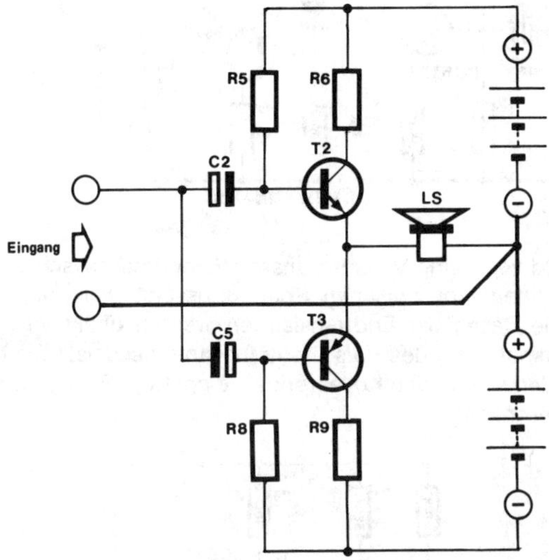

Bild 17. Bei Gegentaktschaltungen mit zwei Spannungsversorgungen ist der Lautsprecher-Koppelkondensator überflüssig. Das erhöht die Wiedergabequalität.

In dieser Schaltung produziert jeder Emitterfolger eine "echte" positive bzw. negative Halbwelle; deshalb erübrigt sich auch der Koppelkondensator am Ausgang.

Übrigens hat der Gegentaktverstärker unseres Experiments noch einen kleinen Schönheitsfehler: Weil beide Emitterfolger voneinander unabhängig über je einen Kondensator angesteuert werden, schließt der jeweils nicht benötigte Transistor nicht vollkommen. Es fließt also immer noch ein wenngleich sehr viel geringerer nutzloser Strom. Er wird Ruhestrom genannt, weil er auch ohne ein Eingangssignal fließt. Man könnte den Ruhestrom unterbinden, indem man beide Basen miteinander verbindet. Diese Methode ist jedoch nicht günstig, da die Transistoren erst leiten, wenn die jeweilige Basisspannung um ca. 0,7 V gestiegen bzw. gefallen ist. Der Bereich von −0,7 V bis +0,7 V der Wechselstromwellen wird unterschlagen. Verschiebt man die Basisspannung der NPN-Transistors um 0,7 V nach oben und die des PNP-Transistors um 0,7 V nach unten, öffnen der jeweilige Transistor, sobald die Wechselspannung über oder unter Null geht. Die Verschiebung erreicht man mit zwei Dioden zwischen den Basen der beiden Transistoren (Bild 18), es sind aber auch andere Schaltungsmöglichkeiten bekannt.

Gelegentlich findet man auch Gegentaktschaltungen, bei denen der Eingangskoppelkondensator fehlt. Das folgende

18

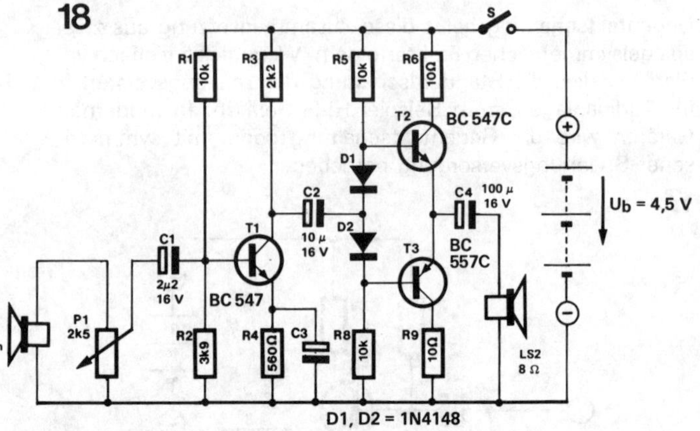

Bild 18. Damit nicht beide Transistoren zugleich leiten, werden die Basen verbunden. In der Verbindung befinden sich zwei Dioden, die dafür sorgen, daß die Schwellspannungen der Transistoren keinen Einfluß nehmen.

Schaltbild zeigt eine Variante unserer Experimentierschaltung ohne Kondensator zwischen Spannungsverstärker und Endstufe. Die Basen der Endtransistoren werden direkt von der Kollektorspannung des Vorstufentransistors gespeist. Die beiden Dioden sind in den Kollektorkreis eingefügt, R3 wurde auf 560 Ω gesenkt.

19

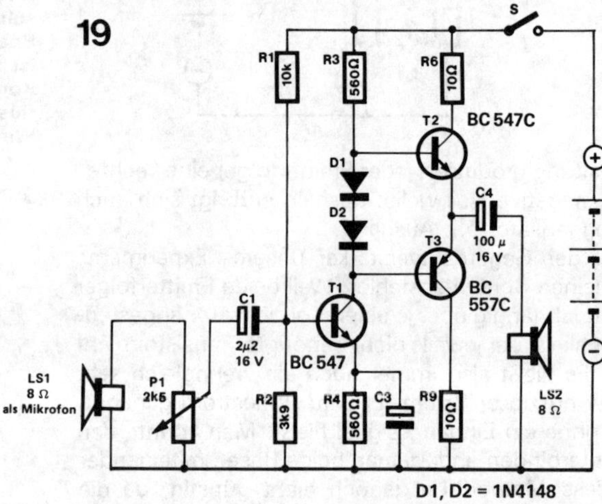

Bild 19. Die Dioden können auch in den Kollektorkreis des Vorstufentransistors verlegt werden, das erspart mehrere Bauteile.

Die Verstärkerschaltung, die mittlerweile auf dem Experimentierbrett entstanden ist, hat schon beträchtliche Ausmaße. Immerhin steht Ihnen ein recht passabler Verstärker mit bescheidener Ausgangsleistung für einen Lautsprecher zur Verfügung.
Aus zwei derartigen Verstärkern kann man eine Gegensprechanlage aufbauen. Das Schaltbild in Bild 21 zeigt, wie die beiden Verstärker, hier nur als Dreiecke mit **E**in- und **A**usgang sowie Massanschluß (Minus) dargestellt, über drei Leitungen aus Klingeldraht o.ä. verbunden werden. Ein Umschalter legt den Lautsprecher der jeweiligen Sprechstelle zum **H**ören an

die Leitung oder zum **S**prechen an den Verstärkereingang. Jede Sprechstelle ist auch bei abgeschalteter Batterie emp-

20

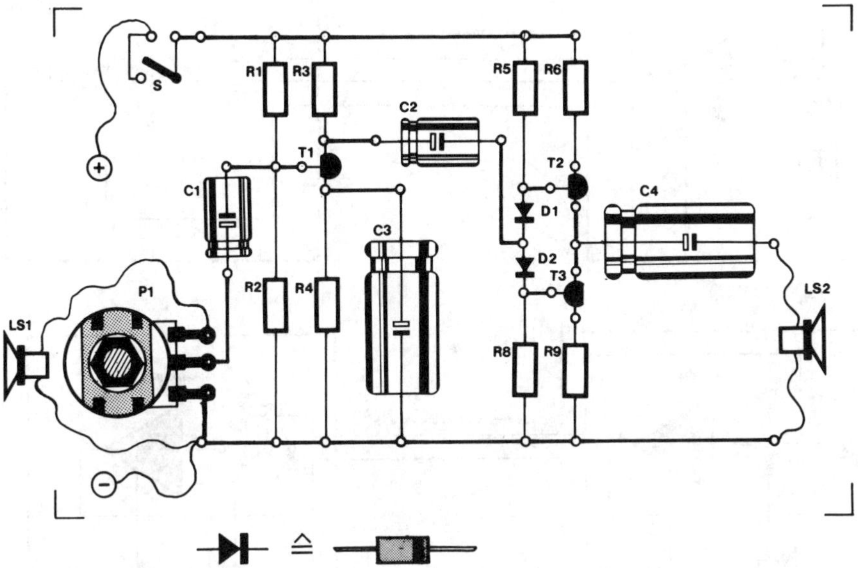

Bild 20. So paßt die komplette Verstärkerschaltung nach Bild 18 auf ein Experimentierbrettchen.

2

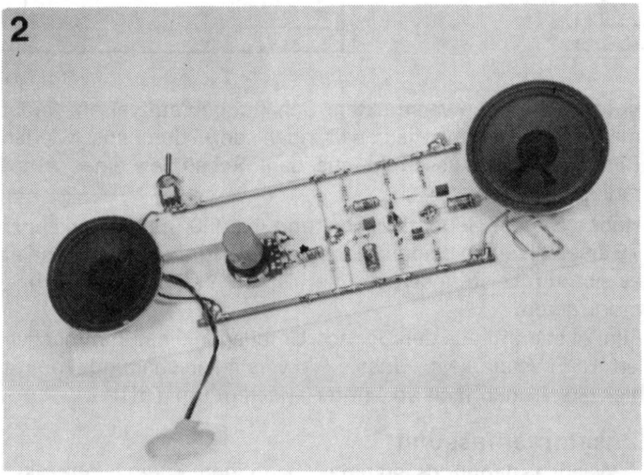

Foto 2. Die Verstärkerschaltung mit Gegentaktendstufe und Dioden-Vorspannungserzeugung nach Bild 18.

fangsbereit, das spart Batterieenergie. Auch eine Leitung kann man einsparen, wenn man doppelte Umschalter verwendet. Dann muß man allerdings aufpassen, daß nicht beide Sprechstellen zugleich auf **S** gestellt werden (Bild 22).
Möglicherweise ist Ihnen das ein oder andere in diesem Kapitel nicht auf Anhieb klar geworden. Tatsächlich sind die besprochenen Schaltungen recht kompliziert, sie kommen der Praxis schon sehr nahe. Wenngleich anspruchsvolle, industriell gefer-

21

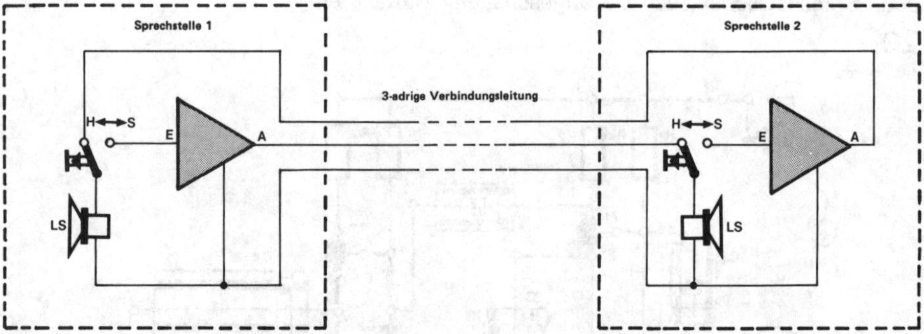

22

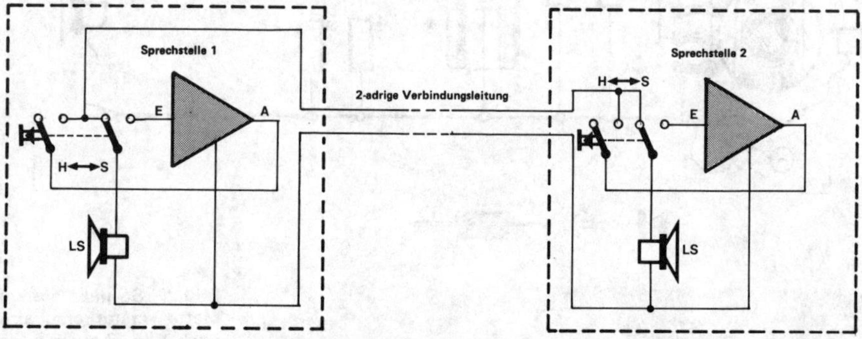

Bild 21. Eine Gegensprechanlage aus zwei Verstärkerschaltungen. Hinter den Dreiecken verbirgt sich je ein Verstärker ohne Lautsprecher, jedoch mit Batterie. In die Batterie-Plusleitung sollte zur Stromersparnis ein Ein/Aus-Schalter gelegt werden.

Bild 22. Diese Gegensprechanlage kommt sogar mit zwei Leitungen aus, aber man darf nicht bei beiden Stellen gleichzeitig auf "Sprechen" schalten.

tigte Geräte noch verstricktere Schaltungen aufweisen, findet man die Experimentierschaltungen dort durchaus wieder. Bild 23 ist ein Ausschnitt aus dem Schaltplan eines Autoradios.

Haben Sie die Gegentaktschaltung mit T10 und T11 erkannt? T9 ersetzt hier die beiden Dioden. Bei den Transistoren handelt es sich um Leistungstypen, die bis zu 7 W Ausgangsleistung produzieren.

Bild 24 stammt aus den Service-Unterlagen eines kommerziellen Hi-Fi-Verstärkers. Unsere Vorverstärkerschaltung kommt hier gleich mehrfach vor, unter anderem um T611.

Zusammenfassung

* Wechselspannungsverstärker benötigen Energie aus einer Gleichstromquelle.
* Kondensatoren entkoppeln Gleich- und Wechselspannungen in (Wechselspannungs-)Verstärkerschaltungen.
* Die Gleichspannungs- und -stromwerte einer Schaltung, die sich ohne Ansteuerung mit Wechselspannung einstellen, nennt man Arbeitspunkt.
* Die Emitterschaltung verstärkt Wechselspannung, kehrt aber die Polarität der Halbwellen um, was einer Phasenverschiebung um 180° entspricht.

23

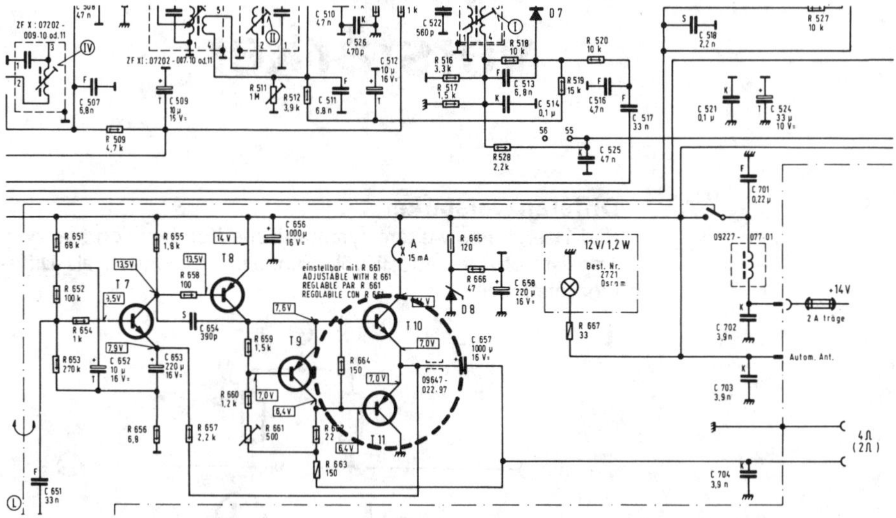

Bild 23. Ausriß aus dem Schaltplan eines Autoradios. Die Lautsprecherendstufe ist in Gegentaktschaltung ausgelegt.

24

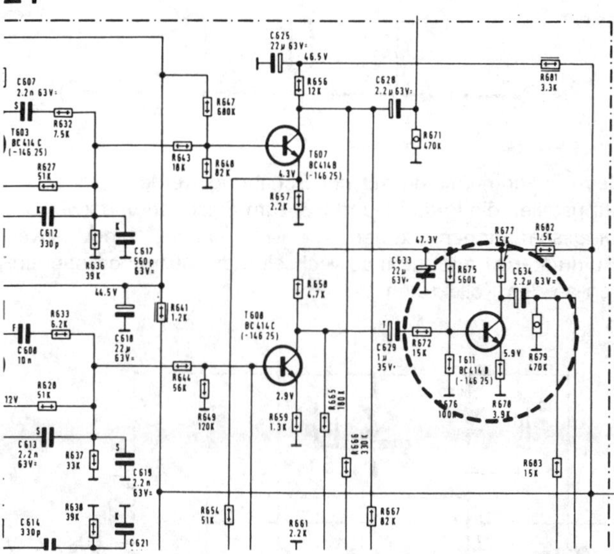

Bild 24. Die bekannte Vorverstärkerstufe in Emitterschaltung, hier in einem industriell gefertigten Hi-Fi-Verstärker.

* Die Kollektorschaltung (Emitterfolger) verstärkt die Eingangswechselspannung nicht (Verstärkungsfaktor v = 1), es können jedoch erhebliche Wechselströme gesteuert werden.
* Die Gegentaktschaltung besteht aus zwei symmetrisch angeordneten Emitterfolgern. Sie wird häufig in Audio-Endstufen eingesetzt.

7. Operationsverstärker

Differenzverstärker

Bild 1 zeigt eine weitere symmetrische Kombination aus zwei Transistoren, die jedoch völlig anders funktioniert: als Differenzverstärker.

1

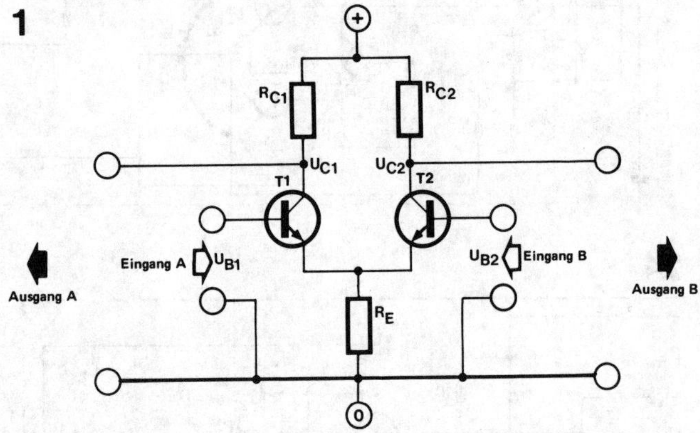

Bild 1. Typisches Kennzeichen für die Differenzverstärkerstufe: Gemeinsamer Emitterwiderstand.

Beim Experimentieren mit der Schaltung werden zwei Spannungsteiler, die Potis P1 und P2, zum Erzeugen von zwei Eingangsspannungen zugefügt. Mit einem (oder zwei) Multimeter(n) mißt man abwechselnd die Ausgangsspannungen an den Kollektoren.

2

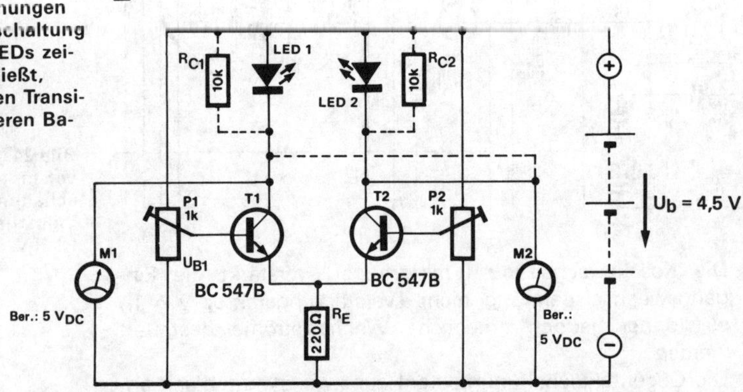

Bild 2. An den Potis werden die Testspannungen für die Differenzschaltung eingestellt. Die LEDs zeigen, wo Strom fließt, nämlich durch den Transistor mit der höheren Basisspannung.

1

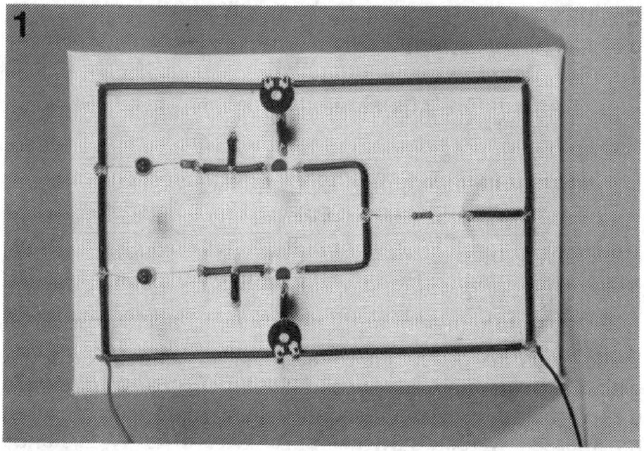

Foto 1. Die Schaltung aus Bild 2 auf einem Experimentierbrettchen.

Anstelle der beiden Kollektorwiderstände sind hier LEDs eingesetzt, die die Kollektorströme anzeigen. Die Kollektorspannungen verhalten sich genau umgekehrt zu den Anzeigen: Bei hoher Kollektorspannung ist der Kollektorstrom niedrig und die LED leuchtet nicht.

3

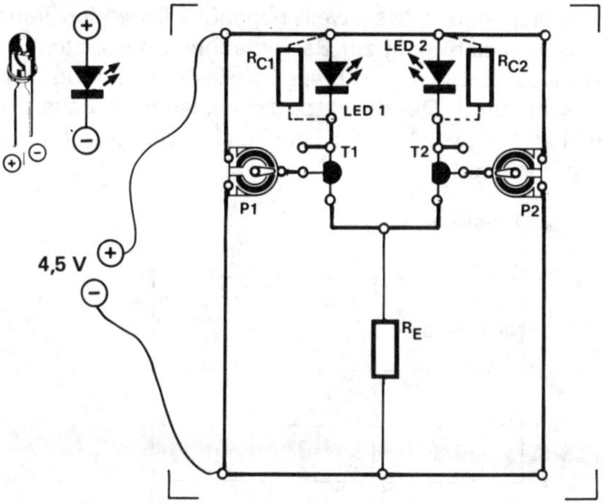

Bild 3. Der Versuchsaufbau zu Bild 2.

Zu Beginn des Experiments stehen die Potis in unterer Stellung. Dann ist die Basisspannung 0 V, und beide Transistoren sperren. Folgerichtig leuchtet auch keine der LEDs. Dreht man ein Poti hoch, schalten sich bei ca. 0,7 V Basisspannung der dazugehörige Transistor und die LED ein. Erhöht man jetzt die Basisspannung des anderen Transistors, leuchtet die zweite LED auf, aber gleichzeitig verlischt die erste. Man erkennt schnell den Sinn der Schaltung: Sobald eine Eingangsspannung höher ist als die andere, leuchtet die zugehörige LED auf.

Die Differenzverstärkerschaltung arbeitet als Spannungsvergleicher (Komparator).

Tabelle 1. (Die LEDs leuchten h = hell, m = mittel und d = dunkel.)

Basisspannungen	LEDs		Kollektorspannungen	
	LED1	LED2	U_{C1}	U_{C2}
$U_{B1} > U_{B2}$	h	d	niedrig	hoch
$U_{B1} = U_{B2}$	m	m	mittel	mittel
$U_{B1} < U_{B2}$	d	h	hoch	niedrig

Beide Potis so genau gleich einzustellen, daß beide LEDs gleich hell leuchten, ist etwas kniffelig. Trotzdem ist gerade dieser Übergangsbereich besonders interessant. Zum genaueren Messen werden statt der LEDs zwei 10-kΩ-Widerstände eingesetzt. Eine kleine Potiänderung, d.h. eine kleine Änderung der Basisspannung, hat jetzt eine kräftige Änderung der Kollektorspannung zur Folge. Der Differenzverstärker weist also Spannungsverstärkung auf. So gesehen ist der Differenzverstärker mit der Emitterschaltung zu vergleichen. Bei der reagiert die Kollektorspannung jedoch umgekehrt zur Basisspannung: steigende Basisspannung — sinkende Kollektorspannung. Der Differenzverstärker bietet zwei Möglichkeiten: Die Kollektorspannung des jeweils gegenüberliegenden Transistors reagiert gleichsinnig zur Basisspannung des ersten: höhere Basisspannung — höhere Kollektorspannung (wie Kollektorschaltung). Der Kollektor des gesteuerten Transistors selbst verhält sich, wie von der Emitterschaltung gewohnt, gegensinnig zur Basis.

Tabelle 2.

Basisspannungen		Kollektorspannungen	
		U_{C1}	U_{C2}
U_{B1}	↑	↓	↑
	↓	↑	↓
U_{B2}	↑	↑	↓
	↓	↓	↑

↑ steigt ↓ fällt

Die Tabelle faßt die Reaktionen der Differenzverstärkerschaltung zusammen. Sie wirft jedoch auch Fragen auf: Was passiert beispielsweise, wenn beide Basisspannungen gleichzeitig steigen? T1' Kollektorspannung kann ja nicht gleichzeitig steigen und fallen, wie es die Tabelle verlangt. Tatsächlich heben sich die beiden Tendenzen auf, die Kollektorspannung verändert sich nicht oder nur geringfügig (weil der Gesamtstrom der Schaltung steigt). Wenn umgekehrt die Basisspannung von T1 steigt und die von T2 sinkt, muß die Kollektorspannung laut Tabelle 2 von T2 doppelt steigen. So ist es auch. Um es auf eine Kurzformel zu bringen: Der Differenzverstärker verarbeitet die Spannungsänderungen **zwischen** den beiden Eingängen, verstärkt also die **Spannungsdifferenz** der Eingänge. Gleiche Spannungsänderungen auf beiden Basiseingängen haben nur geringfügige Auswirkungen. Also:

Ausgangsspannungsänderung A =
v · Änderung der Spannungsdifferenz $U_{B2} - U_{B1}$.

Ausgangssspannungsänderung B =
v · Änderung der Spannungsdifferenz $U_{B1} - U_{B2}$.

(Die Experimente mit der einfachen Differenzverstärkerschaltung klappen nicht bei zu hohen oder zu niedrigen Potieinstellungen.)
Aber wie funktioniert der Differenzverstärker?

4

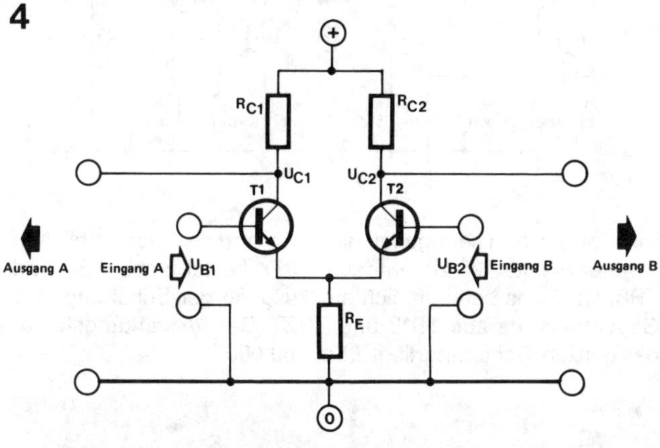

Bild 4. Noch einmal das Prinzipschaltbild des Differenzverstärkers.

Betrachten wir zunächst den linken Transistor T1. Er hat einen Kollektor- und einen Emitterwiderstand, kann also als Emitterstufe oder als Emitterfolger arbeiten. Da er mit dem anderen Transistor am Emitter gekoppelt ist, müssen wir ihn zunächst als Emitterfolger betrachten. T1 erzeugt am gemeinsamen Emitterwiderstand eine Spannung, die seiner Basisspannung folgt. Den gegenüberliegenden Transistor T2 können nur Basisspannungen öffnen, die (um 0,7 V) höher als diese Emitterspannung sind. Umgekehrt betrachtet: Von der Basisspannung des rechten Transistors muß man die Emitterspannung bzw. entsprechend die Basisspannung des linken Transistors abziehen. So bildet die Schaltung die Basisspannungsdifferenz. Die Verstärkung der beiden Zweige beruht auf den Kollektorwiderständen, denn die Ausgänge sind an den Kollektoren. Da die Differenzschaltung symmetrisch ist, gilt das Gesagte für beide Zweige gleichermaßen.

Operationsverstärker

Die Differenzverstärkerschaltung ist ausgesprochen vielseitig. Deshalb wurde (und wird) diese wichtige Standardschaltung immer wieder verbessert. Dabei entstand der sogenannte Operationsverstärker, kurz OV, OP oder OpAmp (vom englischen "Operation Amplifier"; Operationsverstärker). Bild 5 zeigt das Schaltbild des OpAmp 741.

5

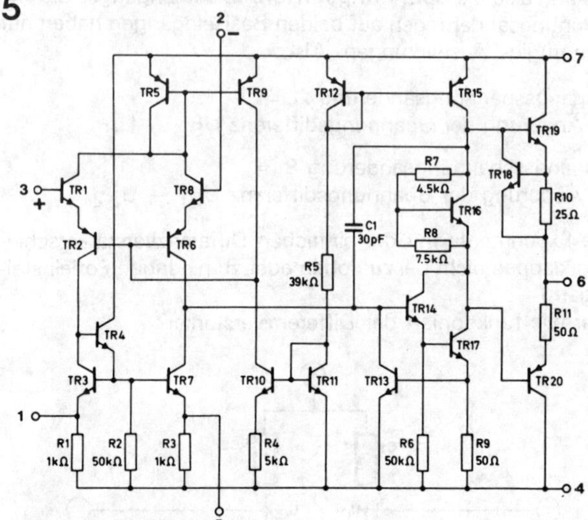

Bild 5. Im 741 steckt eine recht komplizierte Schaltung, die man beim Verwenden des ICs jedoch nicht kennen muß.

Man muß schon sehr genau hinsehen, um den ursprünglichen Differenzverstärker zu entdecken: Er besteht aus TR1 und TR8. Übrigens befindet sich am Ausgang der Schaltung eine Gegentaktstufe aus TR19 und TR20. Der Verstärkungsfaktor der ganzen Schaltung liegt über 100 000.

2

Foto 2. Den weitverbreiteten 741 gibt es in verschiedenen Gehäusen, die achtbeinigen "Käfer" sind meistgebräuchlich (8-Pin-DIL).

Die wichtigste Verbesserung ist jedoch zweifellos, daß der OpAmp komplett in einem kleinen Gehäuse untergebracht als integrierter Schaltkreis (IC) gefertigt wird und zur Zeit bereits für ein paar Groschen zu kaufen ist.
Die komplizierte Innenschaltung des ICs wird hier nicht weiter besprochen. Um den Schaltbildzeichnern das Leben zu erleichtern, wurde ein Symbol für OpAmps geschaffen.

6

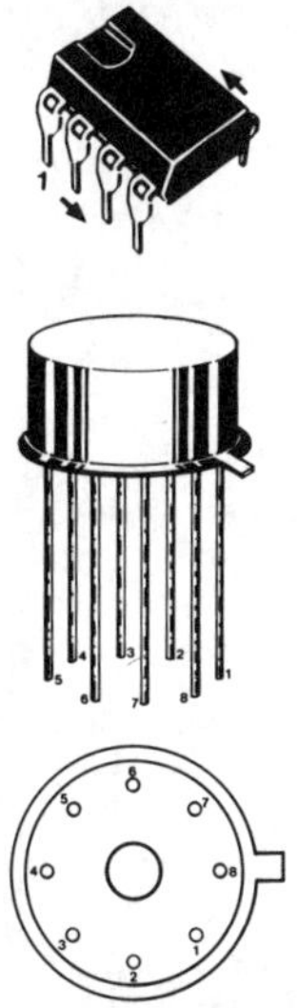

7

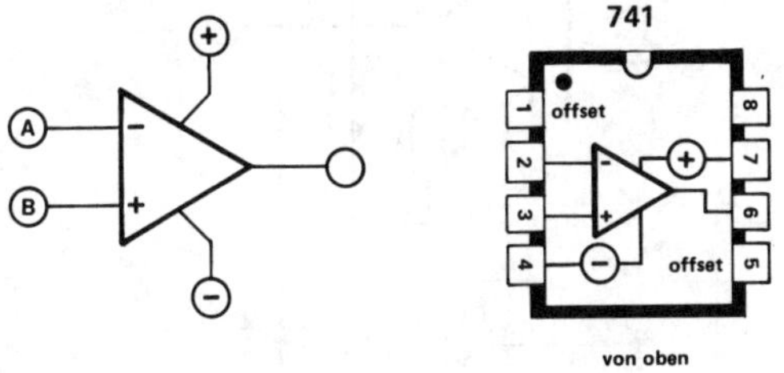

Bild 6. So erkennt man Pin 1 anhand der Markierungen.

Bild 7. Das Schaltsymbol eines OpAmps und die Anschlußbelegung eines 741 im 8-Pin-DIL-Gehäuse.

Die beiden Eingänge A und B sind hier mit nichtinvertierendem und invertierendem Eingang bezeichnet. "Invertierend" deutet darauf hin, daß U_A gegensinnig verstärkt wird, während U_B gleichsinnig zur Ausgangsspannung ist. Anders formuliert: U_A wird von U_B abgezogen.

Der zweite Ausgangsanschluß (B) unseres einfachen Differenzverstärkers ist beim OpAmp 741 nicht ausgeführt.
Häufig werden OpAmps mit zwei gleichen Spannungsquellen betrieben. Die Spannungsquellen sind hintereinandergeschaltet, und ihr gemeinsamer Anschluß liegt an Masse (= 0 V). Dadurch lassen sich positive wie negative Spannungen (gegen Masse) sowie Spannungen um den Nullpunkt verarbeiten.

8

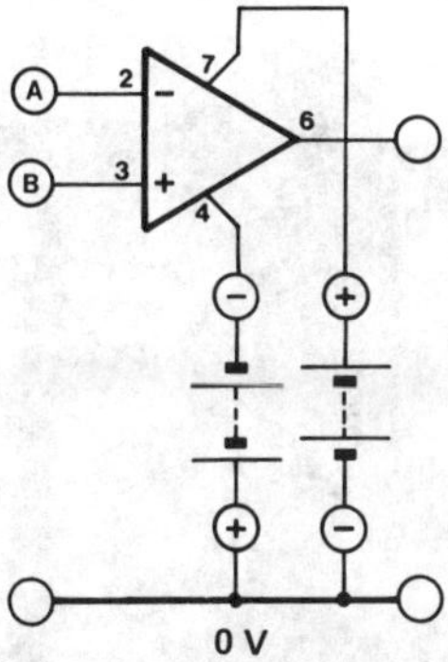

Bild 8. OpAmps werden meistens mit zwei Spannungsquellen betrieben, dann verarbeiten sie positive und negative Spannungen gleichermaßen.

Der OpAmp 741 arbeitet mit Betriebsspannungen von ca. 2 × 4 V. . . 2 × 22 V, der 741C nur bis 2 × 18 V. (Beim Betrieb mit nur einer Quelle, von dem später noch die Rede ist, geht der Bereich über ca. 8 V. . . 44 V.)
Zusätzlich besitzt der OpAmp 741 zwei Anschlüsse zur "Offset-Kompensation". Liegt an beiden Eingängen 0 V, muß

auch der Ausgang 0 V aufweisen. Manchmal ist das nicht der Fall. Der Fachmann spricht dann von einem Offset. Mit einem 10-kΩ-Trimmpoti zwischen den Anschlüssen 1 und 5 justiert er den Ausgang auf Null. In den meisten Fällen ist eine Offset-Kompensation jedoch nicht nötig, und das Trimmpoti entfällt.

9

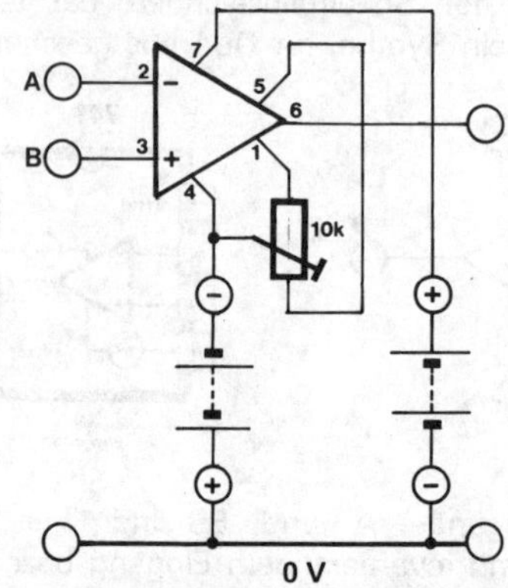

Bild 9. Das Poti zur Offset-Kompensation gehört an die Pins 1 und 5.

TR18 des OpAmps sorgt dafür, daß nichts passiert, wenn man den Ausgang gegen Masse kurzschließt. Dieser Transistor wird leitend, wenn der Ausgangsstrom an R10 einen Spannungsabfall von 0,7 V erzeugt, das ist bei ca. 25 mA der Fall. Der Kollektorstrom von TR18 reduziert den Basisstrom von TR19.

Schaltungen mit OpAmps

Für unser eher großzügig konzipiertes Experimentiersystem sind die kleinen achtbeinigen Chips etwas zu klein geraten: Die Beine des "Käfers" haben nur 2,54 mm (= 1/10 Zoll) Abstand. Deshalb empfehlen wir einen speziellen IC-Sockel mit extra

Foto 3. So sieht ein Wire-wrap-Sockel für 8-Pin-DIL-ICs aus. Bekommt man keinen, muß ein normaler Sockel mit Drähtchen verlängert werden.

langen Anschlußbeinen für sogenannte Wire-wrap-Verdrahtungen. Der Sockel muß für 8-Pin-DIL-ICs geeignet sein und ist in den meisten Elektronik-Geschäften erhältlich. Die Beine des Wire-wrap-Sockels werden so gebogen, daß sie an die acht Lötnägel des Experimentierbrettchens nach Bild 10 reichen. Ist der genannte Sockeltyp nicht aufzutreiben, nimmt man einen normalen 8-Pin-DIL-Sockel und lötet Verlängerungsdrähtchen an die Beine. Beim Verlöten mit den Nägeln muß man jedoch aufpassen, daß die Drähtchen nicht wieder abgehen. Das Brettchen für die OpAmp-Versuche sollte möglichst trocken sein. Die empfindlichen ICs reagieren auch auf winzige Ströme durchs Holz.
Abweichend von den anderen Experimenten wird nur ein Brettchen für alle OpAmp-Versuche angelegt. Es enthält außer dem IC, den Batterieanschlüssen (für zwei möglichst frische 4,5-V-Batterien) und zwei Trimmpotis weitere, untereinander verbundene Lötnägel.

10

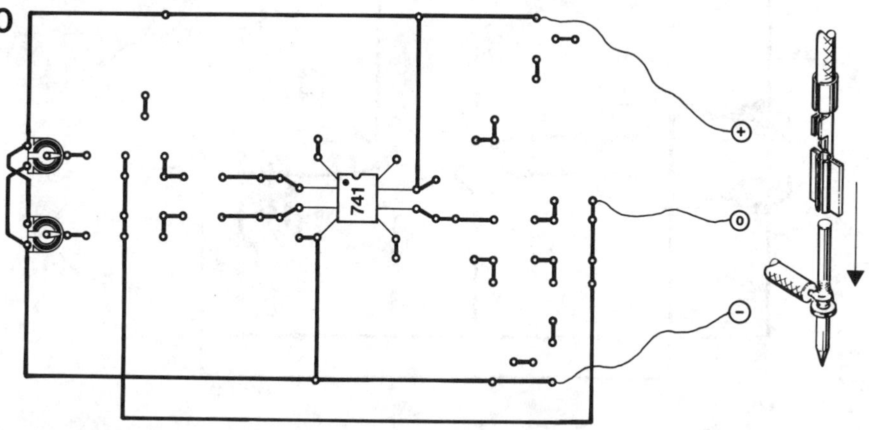

Die Verbindungsdrähte werden am Fuß der Lötnägel angelötet, damit man oben die jeweils benötigten Bauteile aufstecken kann. Deren Anschlüsse versieht man dazu mit Steckschuhen, die zu den Nägeln passen. So entsteht ein universelles IC-Experimentierbrettchen. Beim Einstöpseln des ICs achte man auf die richtige Lage der Pin-1-Markierungskerbe. Die erste Schaltung entspricht unserer Differenzverstärkerschaltung mit Transistoren.
Der OpAmp verstärkt die Spannungsdifferenz an den Eingängen, also die Spannung am nicht-invertierenden Eingang minus der Spannung am invertierenden Eingang. Solange die Spannung am nicht-invertierenden Eingang größer ist als die am invertierenden, fällt das Ergebnis positiv aus, folglich zeigt LED 1 positive Ausgangsspannung an. Fällt jedoch die nicht-invertierte Spannung unter die invertierte, ergibt die Rechnung einen negativen Wert, entsprechend wird der Ausgang negativ: LED 2 leuchtet. Die Schaltung vergleicht also die Spannung der beiden Eingänge, es ist eine gute Komparatorschaltung (Bild 11).

Bild 10. Das Brettchen für die OpAmp-Versuche wird hauptsächlich mit Lötnägeln bestückt. Die Bauteile der kommenden Experimente steckt man mit passenden Steckschuhen auf die Nägel.

11

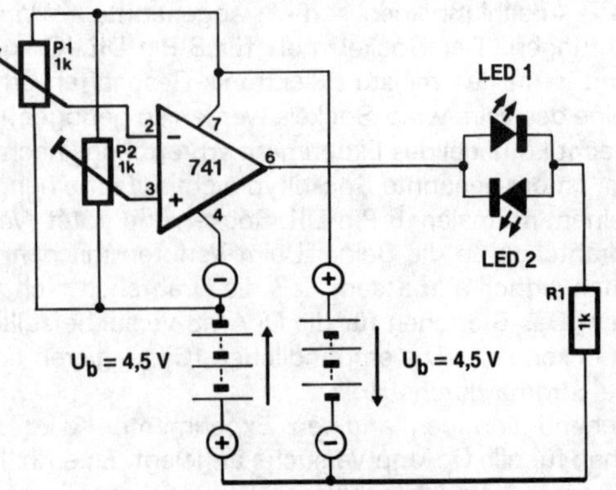

Bild 11. Ein Komparator wie die Transistordifferenzschaltung, aber genauer.

12

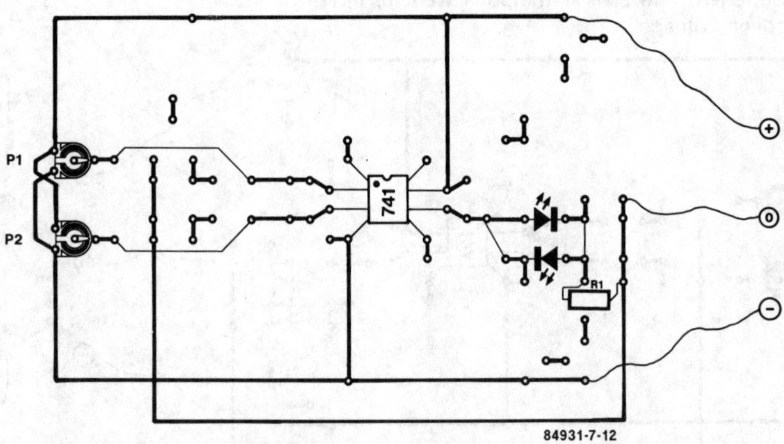

Bild 12. So werden die Bauteile für die Komparatorschaltung aus Bild 11 gestöpselt.

Vielleicht haben Sie Sich beim Experimentieren gefragt, warum die LEDs im Gegensatz zur Schaltung mit Transistoren immer umspringen, wenn man an den Potis dreht. Beide LEDs gleichzeitig zum Leuchten zu bringen, ist fast unmöglich. Das liegt an der enorm hohen Verstärkung des ICs. 100 000-fach, das bedeutet: Aus einer winzigen Spannungsdifferenz von beispielsweise 100 μV wird 10 V positiv oder negativ, je nach den Eingangsspannungen. In unserem Experiment werden die 10 V nicht erreicht, denn die Betriebsspannung beträgt nur je 4,5 V. Die maximale Ausgangsspannung bleibt sogar noch etwas darunter (bzw. die negative Ausgangsspannung über −4,5 V). Den Effekt, daß die Ausgangssspannung nicht den Wert annimmt, den sie aufgrund der Verstärkung erreichen müßte, sondern knapp unterhalb (negativ: knapp oberhalb) der Betriebsspannung "stehenbleibt", nennt man "Festlaufen" oder "in die Begrenzung Gehen".
Mit einem Widerstand zwischen Ausgang und nichtinvertierendem Eingang ändert sich das Verhalten der Schal-

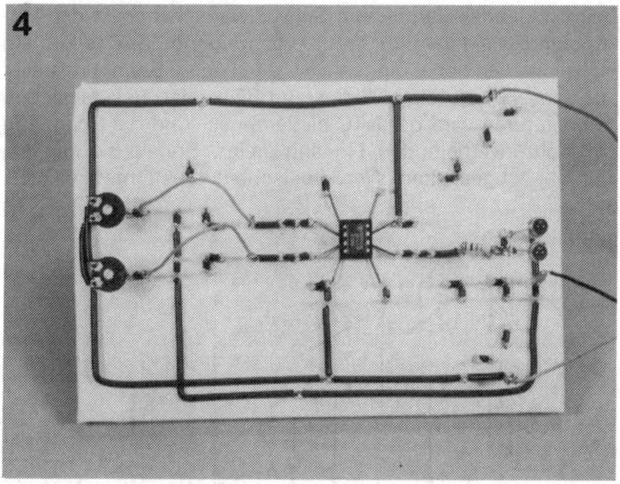

Foto 4. Die Bauteile an den Steckschuhen "schweben" über der Schaltung.

tung: Sie weist zwei Umschaltpunkte auf. Wenn die Spannung am nicht-invertierenden Eingang die am invertierenden Eingang überschreitet, liegt der Umschaltpunkt höher als beim Unterschreiten. Den zuvor beobachteten winzigen Zwischenbereich, in dem beide LEDs leuchteten, gibt es gar nicht mehr. Der Fachmann spricht von "Hysterese". Eine Hysterese mit zwei 100%ig definierten Umschaltpunkten ist ihm oft lieber als ein weniger präziser Punkt.

13

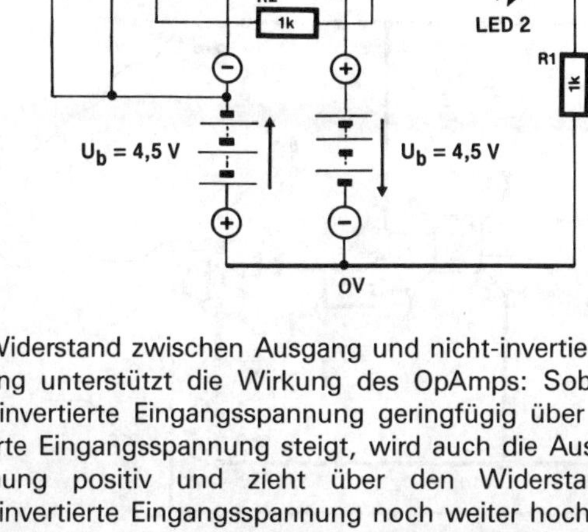

Bild 13. Mitkopplungswiderstand R2 verursacht eine Hysterese.

Der Widerstand zwischen Ausgang und nicht-invertierendem Eingang unterstützt die Wirkung des OpAmps: Sobald die nicht-invertierte Eingangsspannung geringfügig über die invertierte Eingangsspannung steigt, wird auch die Ausgangsspannung positiv und zieht über den Widerstand die nicht-invertierte Eingangsspannung noch weiter hoch. Diese unterstützende Wirkung nennt man allgemein **Mitkopplung**.

Beim folgenden Temperatur-Schwellwertschalter ist der Mitkopplungswiderstand nicht unbedingt vonnöten. Das Poti am nicht-invertierenden Eingang ist durch den Spannungsteiler aus dem NTC und dem Widerstand R2 ersetzt. Bei steigenden Temperaturen wird der NTC niederohmig, und die Spannung am nicht-invertierenden Eingang steigt. Sobald sie den am Trimmer eingestellten Wert überschreitet, leuchtet die LED auf.

14

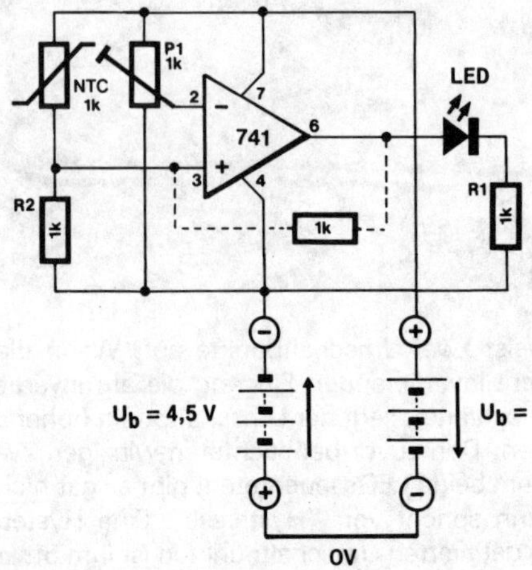

Bild 14. Mit NTC reagiert die Komparatorschaltung auf die Umgebungstemperatur.

So eine Schaltung könnte beispielsweise als Feuermelder dienen oder, um den Ausfall einer Kühlanlage zu melden, je nachdem wie das Trimmpoti eingestellt ist. Mit dem gestrichelt eingezeichneten Mitkopplungswiderstand erhält die Schaltung eine Hysterese.

Bild 15. Aufbau der Schaltung aus Bild 14.

15

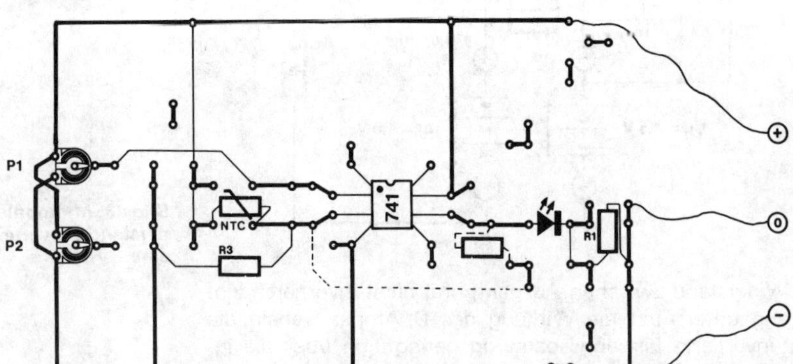

Die LED ist diesmal an den negativen Betriebsspannungspol gelegt, denn LEDs vertragen Sperrspannungen über 3 V nicht. Durch Vertauschen von NTC und Widerstand R2 kehrt man die Schaltungsfunktion genau um.

16

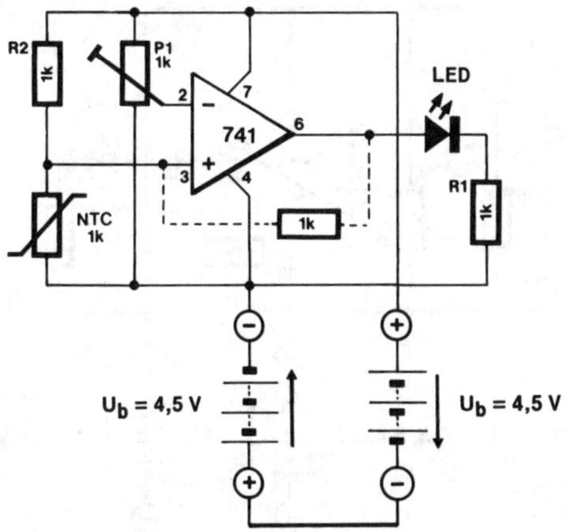

Bild 16. Hier steuert der NTC den OpAmp genau umgekehrt: Vom Feuermelder zum Heizungsthermostaten.

Jetzt leuchtet die LED beim Unterschreiten des eingestellten Werts. Der IC-Ausgang könnte also zum Ansteuern der Heizung dienen, als elektronischer Thermostat. Dann ist sicherlich eine Mitkopplung angebracht, denn ohne eine Hysterese von ca. 0,5. . .1°C würde der Brenner laufend ein- und ausgeschaltet, wenn die Raumtemperatur den gewünschten Wert erreicht hat.

Übrigens ist es technisch gleichgültig, ob das Trimmpoti am invertierenden Eingang liegt und der Spannungsteiler mit NTC am nicht-invertierenden oder umgekehrt. Lediglich die Funktion kehrt sich um; hier eine andere Thermostat-Anordnung.

17

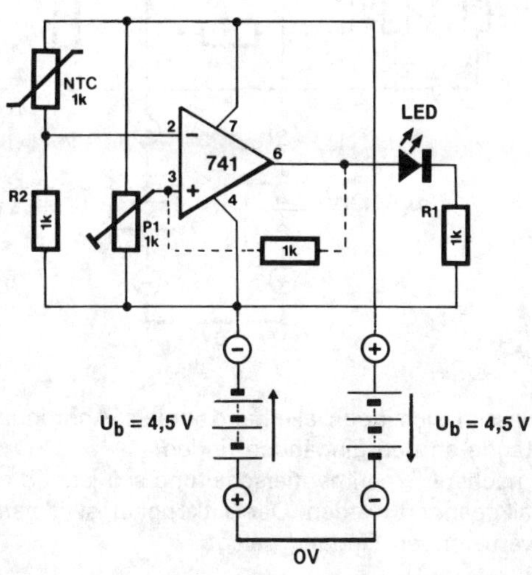

Bild 17. Auch durch Vertauschen von invertierendem und nicht-invertierendem Eingang wird die Funktionsweise ins Gegenteil verkehrt.

Mit einem LDR (lichtempfindlicher Widerstand) anstelle des NTC reagiert der OpAmp auf die Lichtverhältnisse. So schaltet er bei einer gewissen Helligkeit ein, denn der LDR-Widerstand sinkt im Hellen.

18

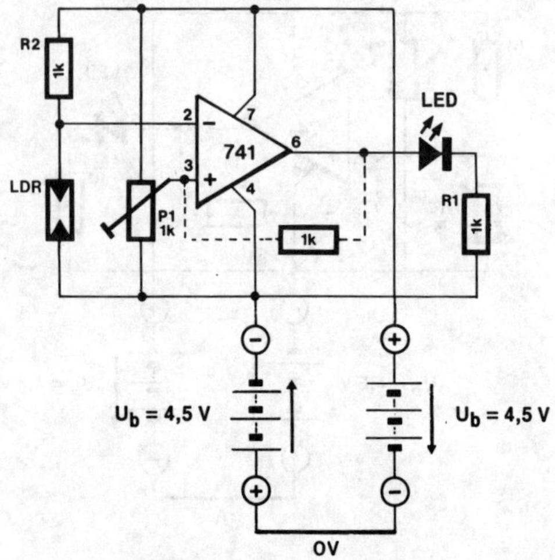

Bild 18. Wenn's zu hell wird, leuchtet die LED auf.

Und so wird das IC zum Dämmerungsschalter.

19

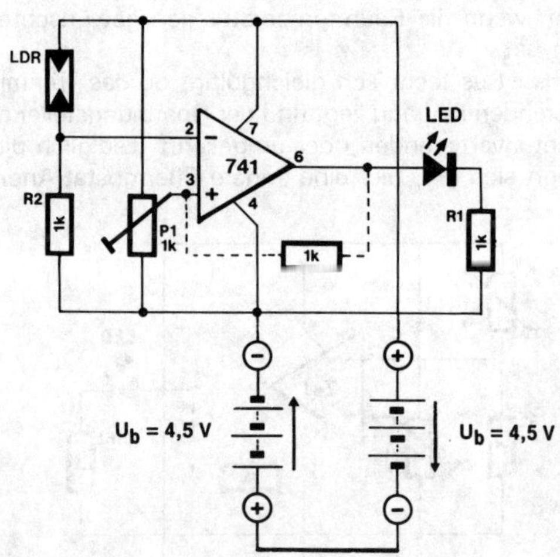

Bild 19. Ein Dämmerungsschalter, denn die LED erleuchtet, wenn der LDR dunkel wird.

Sicher lassen sich noch allerhand andere Anordnungen der Widerstände an den Eingängen finden.

Für die nächste Experimentierschaltung soll jedoch ein anderes Detail geändert werden: Der Mitkopplungswiderstand wird zum invertierenden Eingang gelegt.

20

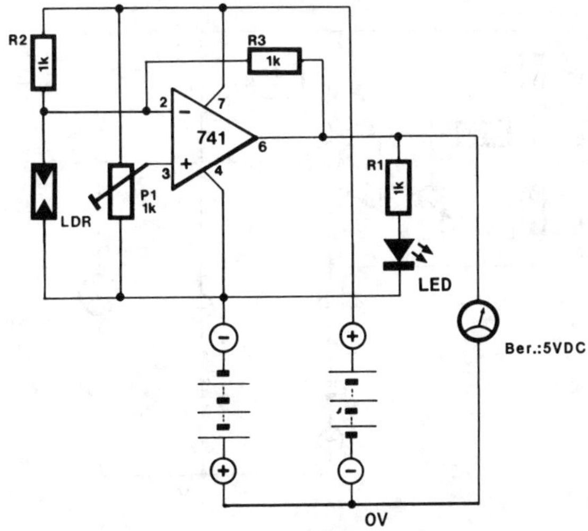

Bild 20. Messen statt schalten: Durch den Gegenkopplungswiderstand R3 erzeugt der OpAmp eine lichtabhängige Meßspannung am Ausgang.

Sicher kann man von dieser Änderung erwarten, daß sie genau umgekehrt wie die Mitkopplung wirkt, also der OpAmp-Verstärkung entgegenwirkt und den Übergangsbereich erweitert. So ist es auch: Die LED-Helligkeit hängt von der LDR-Beleuchtung ab, die Anzeige "springt" nicht mehr. Wenn die Ausgangsspannung wegen des höheren Lichteinfalls auf den LDR ansteigt, wird über den Widerstand zum invertierenden Eingang die Spannung am LDR wieder etwas höher gezogen. Dadurch verringert sich die Spannungsdifferenz. Auf diese Weise wird die Verstärkung des OpAmps scheinbar herabgesetzt. Der Widerstand heißt Gegenkopplungswiderstand. Mit dem Multimeter am Ausgang ergibt sich ein Belichtungsmesser mit kontinuierlicher Anzeige. Den Trimmer stellt man so ein, daß die Meßgerätespannung positiv bleibt, also bei verdunkeltem LDR auf 0 V Ausgangsspannung liegt.

Über den Gegenkopplungswiderstand fließt ein kräftiger Strom zum LDR bzw. nach R2. Dieser Strom ist größtenteils überflüssig, denn der empfindliche OpAmp-Eingang verbraucht praktisch keinen Strom. Also schaltet man einen Widerstand zwischen den Eingang und den Spannungsteiler mit LDR (R4 in Bild 21).

Betrachten wir Gegenkopplungs- und Vorwiderstand (R3 und R4) etwas genauer. Sie bilden einen Spannungsteiler zwischen der Meßspannung am LDR und der Ausgangsspannung. Da in den OpAmp-Eingang praktisch kein Strom fließt, teilen sich die Spannungen wie die Widerstände.

Beträgt die Spannung zum Beispiel 2 V und ist R3 dreimal so groß wie R4, so werden die 2 V im Verhältnis 1 : 3 aufgeteilt. Also liegen 1,5 V über R3 und 0,5 V über R4.

Damit die Spannungsverhältnisse am Experiment nachgeprüft werden können, wird der Spannungsteiler R2-LDR wieder durch ein Poti ersetzt (Bild 23). P2 muß auf 0 V stehen und P1,

21

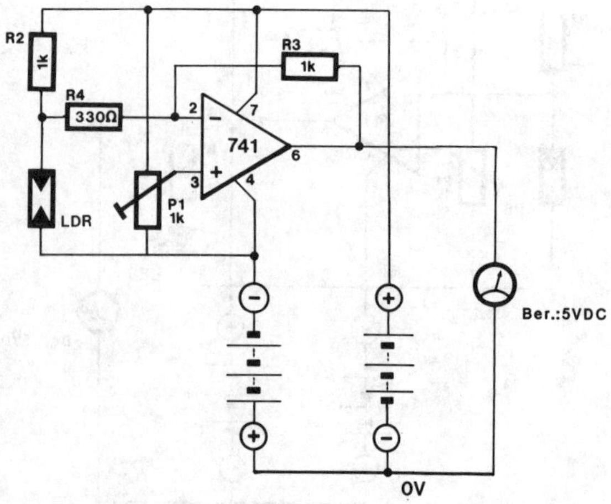

Bild 21. R4 ist wichtig für den Verstärkungsfaktor. Der OpAmp-Eingang benötigt praktisch keinen Strom.

22

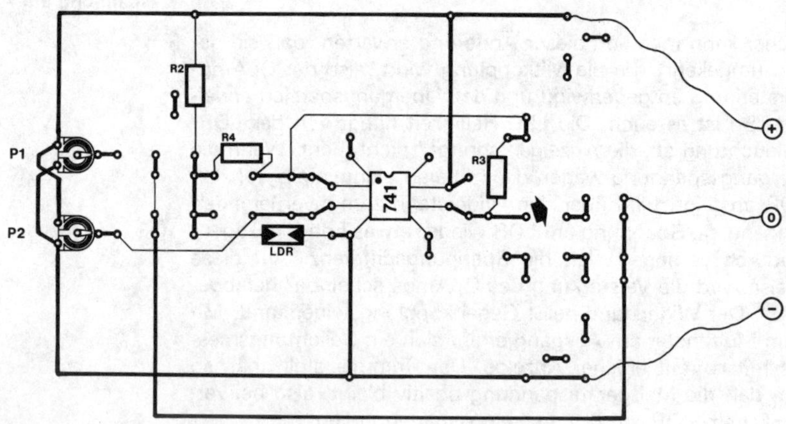

Bild 22. Aufbauplan zum Belichtungsmesser nach Bild 21.

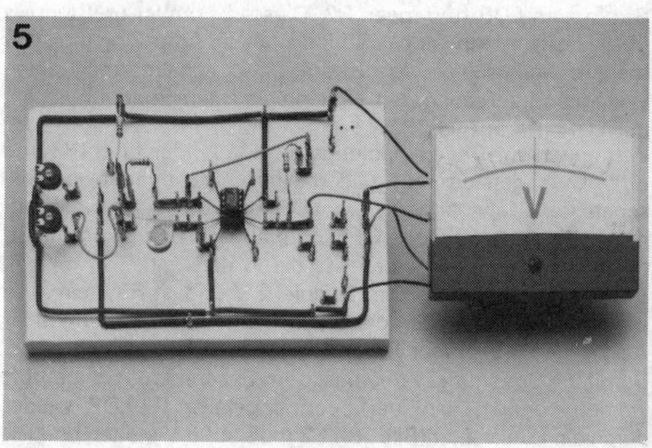

Foto 5. Die Belichtungsmesserschaltung in natura.

23

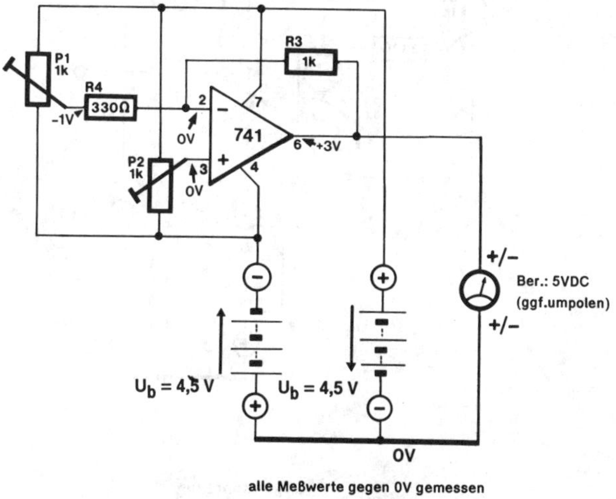

Bild 23. Zum Bestimmen der Verstärkung. P2 muß genau auf 0 V eingestellt werden, man kann den nicht-invertierenden Eingang auch direkt an die 0-V-Leitung legen.

das neue Poti, auf −1 V, beides gegen den 0-V-Mittelanschluß der beiden Batterien gemessen.

Der Ausgang hat jetzt +3 V, woraus sich schließen läßt, daß am invertierenden Eingang nahezu 0 V liegen; Nachmessen bestätigt es. Aber auch eine simpele Überlegung. Da die Ausgangsspannung nicht in die Begrenzung gegangen ist, kann die Eingangsspannung allenfalls einige 10 mV sein. Im Vergleich zu den anderen Spannungen ist das verschwindend wenig, und die Elektroniker haben sich angewöhnt zu sagen, die Eingangsspannungsdifferenz sei Null. Das stimmt aber wie gesagt nur dann einigermaßen, wenn der OpAmp-Ausgang nicht in die Begrenzung gegangen ist.

Aber warum ist der OpAmp nicht in die Begrenzung gegangen? Er kann gar nicht. Wäre die Ausgangsspannung auf +4,5 V gestiegen, läge am invertierenden Eingang ca. +1,4 V, also knapp anderhalb Volt mehr als am nicht-invertierenden Eingang. Diese Differenz würde der OpAmp eiligst 100 000-fach verstärken, und zwar negativ, weil die Spannung am invertierenden Eingang über der am nicht-invertierenden liegt. Die Ausgangsspannung erreicht jedoch die −140 000 V nie, noch nicht einmal die negative Betriebsspannung, denn vorher kommt sie bei +3 V vorbei. Und da ist die Spannungsdifferenz eine Winzigkeit unter Null, genau so viel, wie für 3 V Ausgangsspannung nötig ist. Dabei bleibt es dann auch. Daß der gegengekoppelte OpAmp "versucht", seine Eingangsspannungen zusammenzuhalten, kann man auch nachmessen (Bild 24).

Bei diesem Versuch darf man beide Potis verstellen, und solange der OpAmp nicht festläuft, zeigt das Instrument nichts an. Wenden wir uns noch einmal dem Spannungsteiler R3/R4 zu.

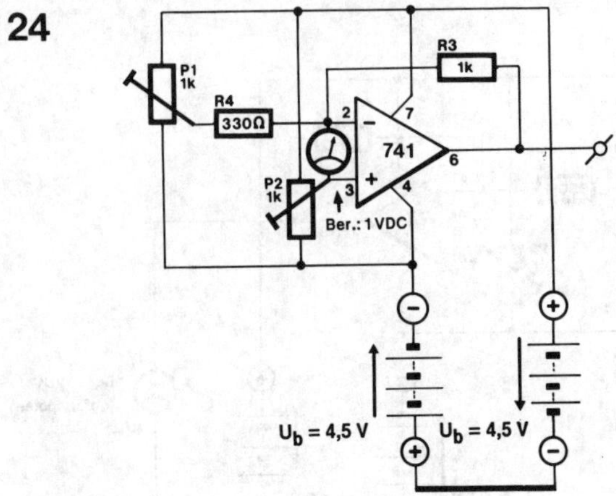

Bild 24. Der gegengekoppelte OpAmp hat nahezu keine Eingangsspannungsdifferenz (solange der Ausgang nicht in die Begrenzung geht).

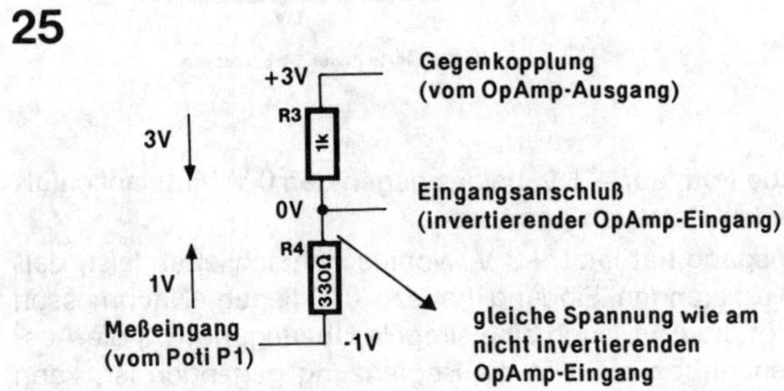

Bild 25. Die Spannung zwischen Eingang und Ausgang verteilt sich entsprechend den Widerständen, R3 und R4 bestimmen daher die Spannungsverstärkung der Schaltung.

Da der OpAmp die invertierende Eingangsspannung auf etwa 0 V hält, ist das Verhältnis Ausgangsspannung zu Eingangsspannung, kurz: die Verstärkung, gleich dem Verhältnis R3 zu R4, also Gegenkopplungswiderstand zu Eingangsvorwiderstand. Dies gilt allgemein.

$$v = -\frac{\text{Gegenkopplungswiderstand}}{\text{Eingangsvorwiderstand}}$$

Das Minuszeichen erinnert daran, daß sich die Ausgangsspannung genau entgegengesetzt zur Eingangsspannung ändert. Nun hat diese Begründung allerdings eine Schwachstelle: Die Spannung am invertierenden Eingang beträgt nur dann 0 V, wenn auch am nicht-invertierenden 0 V liegt, so war das Trimmpoti P2 ja eingestellt. Fragt sich, wie die OpAmp-Schaltung auf Änderungen am nicht-invertierenden Eingang reagiert. Probieren Sie es aus: 0 V an P1 einstellen, +0,5 V an P2.

Ergebnis: ca. 2 V am Ausgang. (Hätten wir als Eingangsspannung wie vorhin 1 V eingestellt, wäre die Ausgangsspannung mit 4 V bereits in die Begrenzung gegangen.) Daß die Spannung am nicht-invertierenden Eingang positiv verstärkt wird, also daß die Ausgangsspannung die gleiche Polarität wie die

26

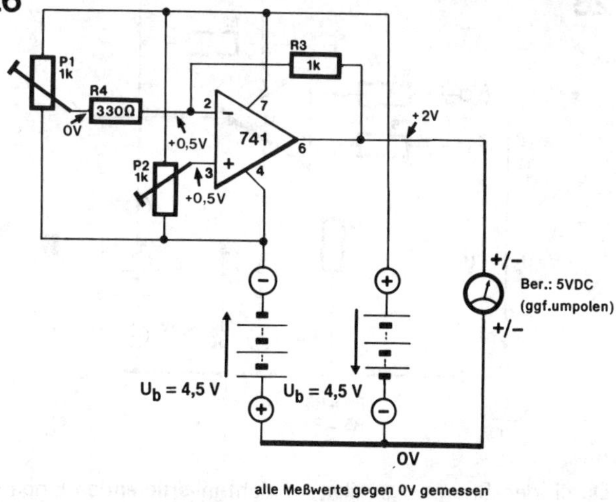

Bild 26. Zum Testen des nicht-invertierenden Eingangs wird P1 auf 0 V gestellt oder R4 an die 0-V-Leitung gelegt.

Eingangsspannung hat, war ja zu erwarten, aber wie kommt es zu den 2 V, also vierfache Verstärkung?

Über den Gegenkopplungswiderstand stellt der OpAmp 0 V Spannungsdifferenz zwischen den Eingangsspannungen ein. Da der nicht-invertierende Eingang auf 0,5 V liegt, wird auch der invertierende Eingang auf diese Spannung gezogen. Dies erreicht der OpAmp durch einen Strom, der via R3 durch R4 fließt, und zwar so viel, daß an R4 genau 0,5 V Spannungsabfall entsteht. An R3 fällt logischerweise die dreifache Spannung ab, 1,5 V, und zusammen mit dem halben Volt am nicht-invertierenden Eingang ergeben sich 2 V Ausgangsspannung.

27

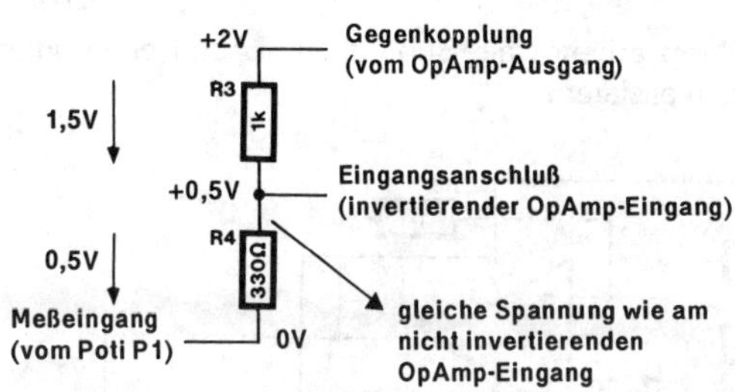

Bild 27. Obwohl der Schaltungseingang auf Masse liegt, bestimmen R3 und R4 wieder die Spannungsverstärkung.

Die Ausgangsspannung besteht also aus der Eingangsspannung plus der dreifach verstärkten Eingangsspannung. Der Verstärkungsfaktor lautet:

$$v = \frac{\text{Gegenkopplungswiderstand}}{\text{Vorwiderstand}} + 1$$

Schöner wäre es gewiß ohne die "+1", dann sind die Verstärkungsfaktoren beider Schaltungseingänge gleich. Auch das ist kein Problem.

28

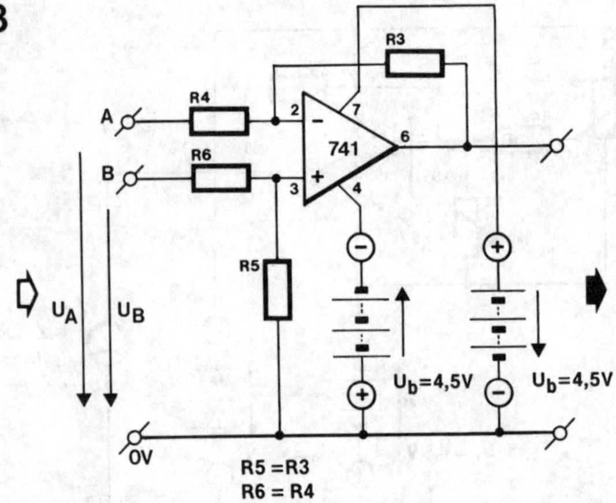

Bild 28. So subtrahiert der OpAmp die Spannung an A von der an B. Wichtig: R5 = R3 und R6 = R4.

Durch den Spannungsteiler am nicht-invertierenden Eingang, der die gleichen Werte wie der andere Zweig hat, wird die Eingangsspannung (B) etwas verkleinert, so weit, daß bei der Formel die "+1" wegfällt. Die Trimmpotis haben wir in diesem Schaltbild weggelassen, weil es nicht nötig ist, daß jeweils einer der Eingänge auf 0 V liegt. Der OpAmp verstärkt beide Eingangsspannungen gleich, die bei B positiv und die bei A negativ. Anders ausgedrückt: Die OpAmp-Schaltung zieht die Eingangsspannung A von der Eingangsspannung B ab und verstärkt diese Differenz v-fach, wobei v wie gesagt das Verhältnis zwischen Gegenkopplungs- und Vorwiderstand ist. Die Formel für die Ausgangsspannung lautet daher:

$$U_{aus} = (U_B - U_A) \cdot v \qquad \text{mit: } v = \frac{R_3}{R_4}$$

Der OpAmp arbeitet als Subtrahierer. Auch ein Addierer ist leicht zu realisieren.

Bild 29. Die beiden Potispannungen werden addiert, denn sie treiben beide Strom durch den Widerstand R5, an dem die Spannung für den nicht-invertierenden Eingang entsteht.

29

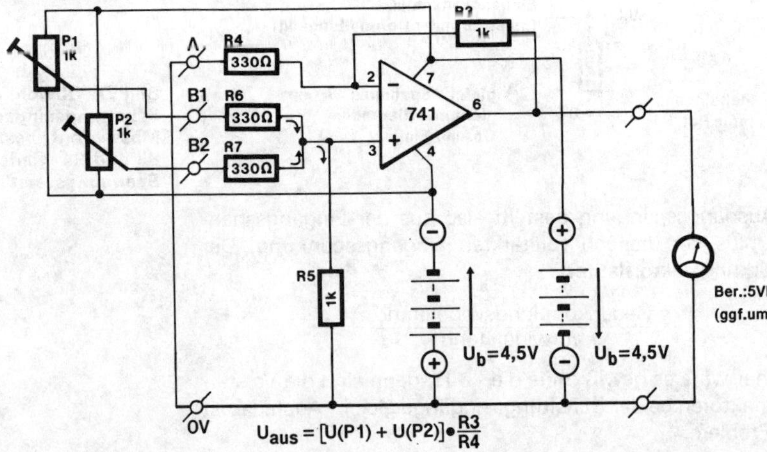

Die Schaltung addiert die beiden Potispannungen an B1 und B2. Subtrahiert wird nichts, denn der Eingang A liegt auf 0 V. Es sei denn, eine oder beide Potispannungen sind negativ. Zum Beispiel: P1 gibt +2 V ab und P2 −1 V; Ergebnis: +1 V. Am Ausgang des OpAmps liegt dann jedoch +3 V, denn Aufgrund des Verhältnisses R3 und R4 bzw. R6 bzw. R7 verstärkt der IC dreifach.
Am Knotenpunkt nicht-invertierender Eingang laufen die Ströme, die die beiden Eingangsspannungsquellen verursachen, zusammen. Die Ströme sind den Potispannungen proportional. Die Stromsumme fließt durch R5 zum Nullpunkt ab. Der Spannungsabfall an R5 ist die nicht-invertierte Eingangsspannung und entspricht der Stromsumme, also auch der Summe der Potispannungen.

30

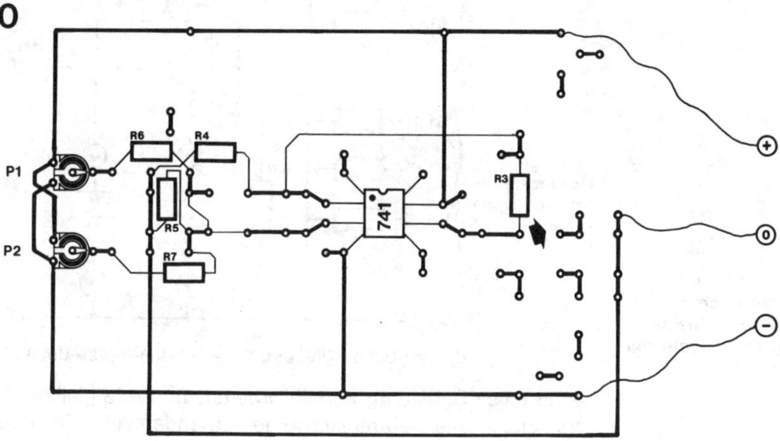

Bild 30. Der Aufbau der Addierschaltung.

31

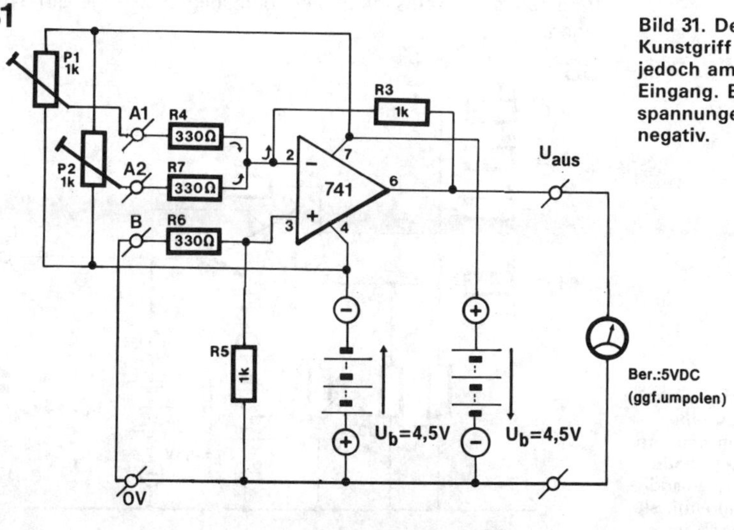

$$U_{aus} = -[U(P1) + U(P2)] \cdot \frac{R3}{R4}$$

Bild 31. Der gleiche Kunstgriff wie in Bild 29, jedoch am invertierenden Eingang. Beide Eingangsspannungen zählen negativ.

Beim Ausprobieren muß man die Potispannungen recht vorsichtig einstellen, da durch Summieren und Verstärken schnell eine der Begrenzungen für die Ausgangsspannung erreicht ist. Die Summierschaltung funktioniert auch am invertierenden Eingang.
Hier zählen natürlich alle Spannungen negativ. Vereint man beide Schaltungsprinzipien, so kann man beliebig viele Spannungen addieren und subtrahieren.

32

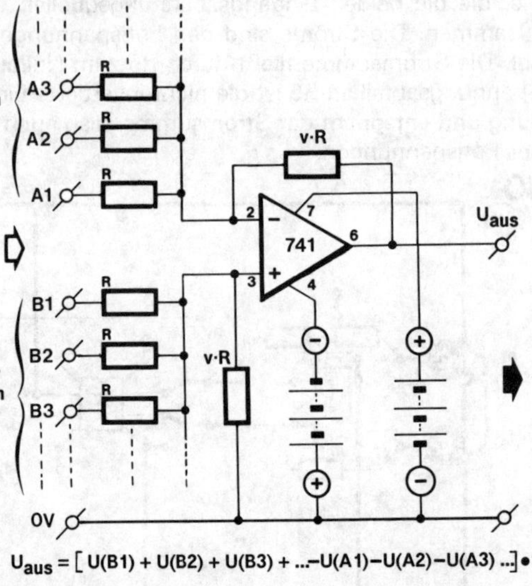

Bild 32. Addieren und Subtrahieren nach Belieben mit dieser Prinzipschaltung. Die Anzahl der Vorwiderstände muß gleich sein.

Damit diese Schaltung korrekt arbeitet, muß die gleiche Anzahl Addier- wie Subtrahierzweige vorhanden sein. Eventuell, wenn zum Beispiel mehr Spannungen zu addieren als zu subtrahieren sind, muß man die überzähligen Zweige auf Null legen.

33

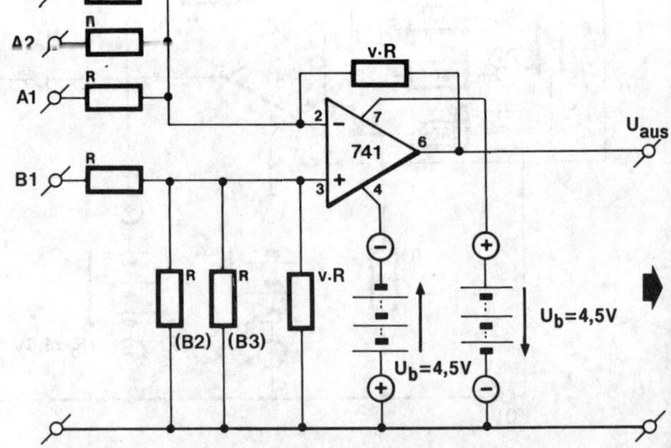

Bild 33. Hier werden drei Spannungen von einer abgezogen. Man beachte die beiden Widerstände gegen Masse, zwar addieren sie zwei mal Null, sie sind aber dennoch unerläßlich.

Natürlich kann man die zwei bzw. drei parallelen Widerstände zwischen nicht-invertierendem Eingang und 0-V-Leitung auch zusammenfassen.
Solche (und ähnliche) OpAmp-Schaltungen werden unter dem Begriff "Analogrechner" zusammengefaßt. Man erkennt die vorteilhafte OpAmp-Eigenschaft, nur durch die äußere Beschaltung die Funktion des OpAmps festlegen zu können.
In der Regel sind die OpAmp-Schaltungen nicht so kompliziert wie in Bild 33. Die folgende einfache Verstärkerschaltung (Umkehrverstärker) könnte eine Transistorstufe in Kollektorschaltung ersetzen.

34

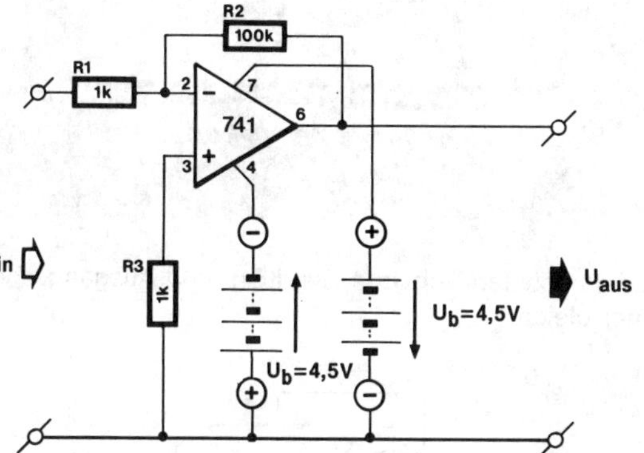

$U_{aus} = -\frac{R2}{R1} \cdot U_{ein}$

Bild 34. Ein einfacher Umkehrverstärker.

R3 entspricht dem Parallelschaltwert von R2 und R1. Da R2 meist erheblich höher ist als R1, nimmt man für R3 und R1 meist den gleichen Wert. R3 spielt keine gewichtige Rolle, weil über ihn 0 V addiert wird.
Mit den Bauteilewerten im Schaltplan ergibt sich 100-fache Verstärkung.

35

Bild 35. Anordnung der Bauteile des Umkehrverstärkers nach Bild 34.

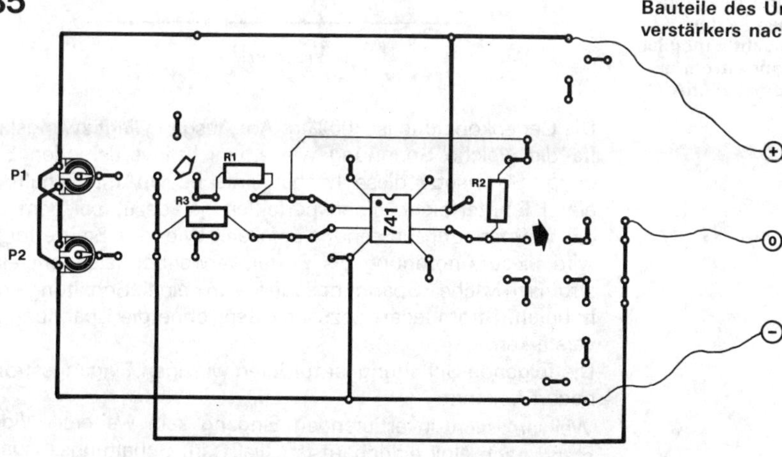

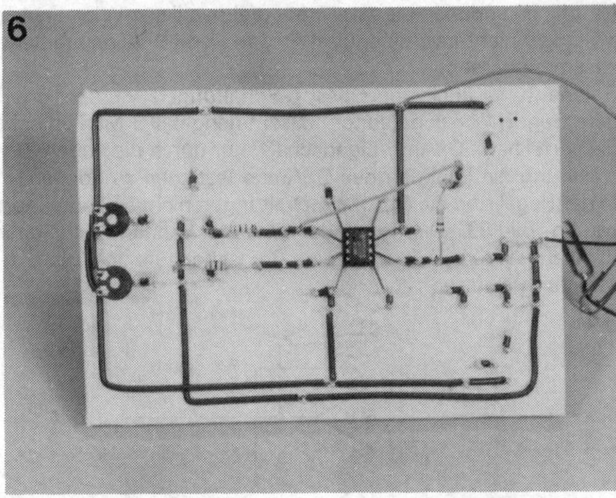

Foto 6. Schnell aufgebaut, ist die einfache Verstärkerschaltung vielseitig zu gebrauchen.

Bei der nächsten Schaltung sind Ein- und Ausgangsspannung immer gleich.

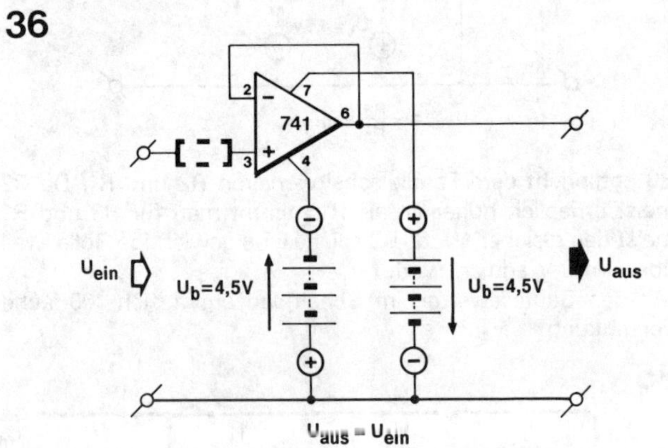

Bild 36. Ein Emitterfolger ohne Spannungsversatz mit positiven und negativen Ein- und Ausgangsspannungen – der OpAmp macht's möglich. Der Ausgangsstrom beträgt maximal 25 mA.

Die Gegenkopplung ist 100%ig. Am Ausgang liegt zwangsläufig die gleiche Spannung wie am nicht-invertierenden Eingang. So ersetzt diese höchst einfache OpAmp-Schaltung einen Emitterfolger, einen perfekten geradezu, bei dem die 0,7 V Spannungsabstand wegfallen. Wie der Emitterfolger wird diese Anordnung als Puffer verwendet, also um eine stromschwache Spannungsquelle an eine Schaltung mit höherem Strombedarf anzuschließen, ohne die Spannung zu verstärken.

Die folgende Schaltung ist für ihren winzigen Eingangsstrombedarf bekannt.

Weil am nicht-invertierenden Eingang kein weiterer Widerstand nach Null eingebaut ist, fließt am Schaltungsausgang nur der winzige OpAmp-Eingangsstrom. Wegen der Gegenkopplung muß die Spannung in der Mitte des Spannungsteilers gleich der Eingangsspannung sein. Die Ausgangsspan-

37

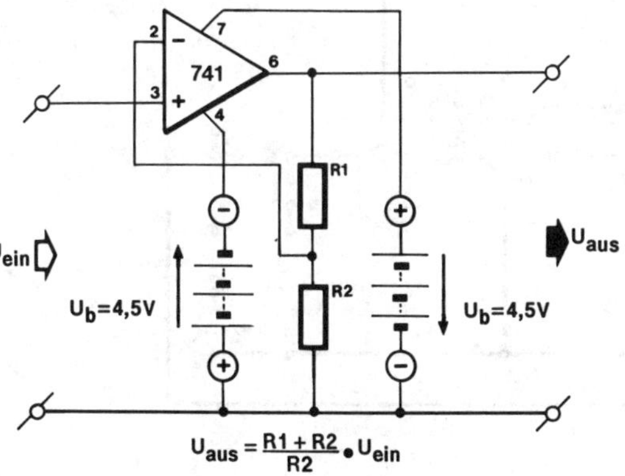

Bild 37. Diese Vestärkerkonfiguration hat keine Beschaltung des nichtinvertierenden Eingangs, sie belastet die Eingangsspannung also fast gar nicht.

nung ist also um das Spannungsteilerverhältnis höher:

$$U_{aus} = \frac{R1 + R2}{R2} \cdot U_{ein}$$

Die Verstärkung beträgt:

$$v = \frac{R1}{R2} + 1$$

Realisiert man R1/R2 als Poti, so läßt sich die Verstärkung einstellen.

38

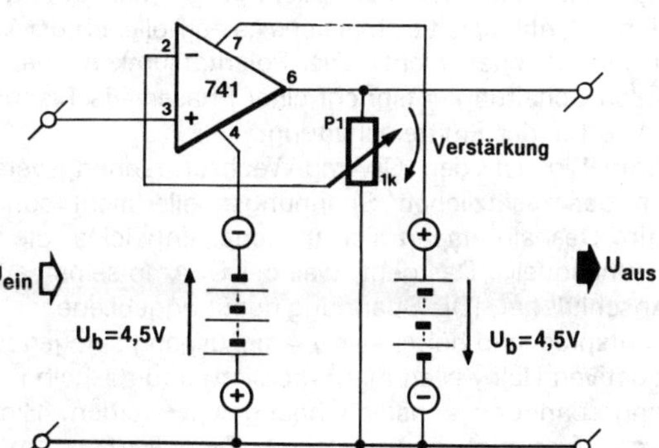

Bild 38. Mit dem Poti wird die Verstärkung stufenlos eingestellt.

Mit dem Potischleifer in der oberen Endstellung (am OpAmp-Ausgang, R1 = 0) entspricht die Schaltung der zuvor besprochenen Pufferstufe mit 1-facher Verstärkung. Steht der Schleifer nach unten (R2 = 0), ist die Gegenkopplung völlig abgeschaltet, und der OpAmp verstärkt 100 000-fach.

39

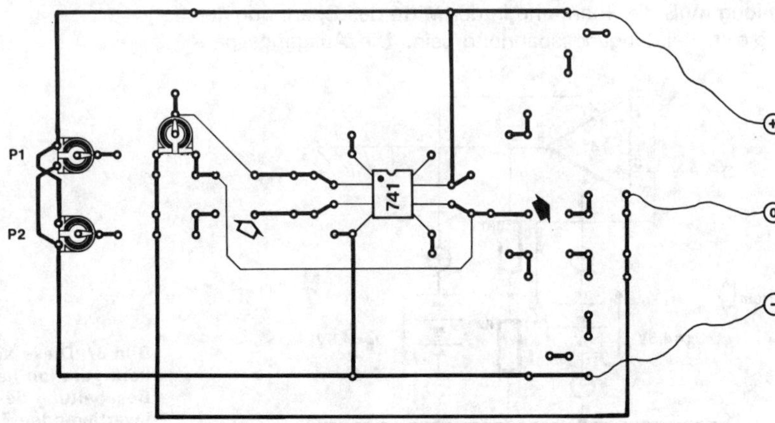

Bild 39. Ebenfalls eine vielseitige Schaltung, der Verstärker mit stufenloser Verstärkungseinstellung.

OpAmp und Wechselspannung

Weil der OpAmp mit einer positiven und einer negativen Spannungsquelle arbeitet, kann er positive und negative Eingangsspannungen verarbeiten. Daher eignet er sich besonders gut zur Wechselspannungsverarbeitung. Dabei verhält er sich so, wie wir es anhand der Eingangsgleichspannungen besprochen haben, auch die Formeln gelten. Ein- und Auskoppelkondensatoren wie beim einfachen Transistorwechselspannungsverstärker sind nicht nötig. Es sei denn, die vorangehende oder nachfolgenden Schaltung hat Gleichspannungsanteile, die nicht mitverstärkt werden sollen. Wegen der laufend wechselnden Polarität spielt es meistens keine Rolle, ob der Verstärker invertiert oder nicht. Die Polaritätsumkehr der invertierenden Schaltung entspricht einer Phasenverschiebung um 180°, wie bei der Emitterschaltung.

Kostenmäßig ist der OpAmp-Wechselspannungsverstärker wegen der zusätzlichen Spannungsquelle nicht sonderlich günstig. Deshalb erspart sich mancher Entwickler die zweite Spannungsquelle. Das geht, weil der OpAmp selbst ja keinen 0-V-Anschluß hat. (Die Spannung der übriggebliebenen Quelle muß entsprechend höher sein.) Am Ausgang sind jedoch keine negativen Halbwellen mehr möglich, und deshalb muß die Eingangsspannung künstlich hochgelegt werden. Hier wird das vom Trimmpoti bewerkstelligt. Zwar liegt es am nichtinvertierenden Eingang, aber der invertierende Eingang wird über den Gegenkopplungswiderstand auf gleiches Spannungsniveau gezogen (Bild 40).

Die Schaltung gleicht der in Bild 34, sie hat mit den angegebenen Bauteiledaten auch die gleiche Verstärkung, 100-fach, jedoch nur für Wechselspannungen. Die noch vorhandene Spannungsquelle muß stärker sein als vorher, damit die minimale Betriebsspannung des ICs nicht unterschritten wird. Zum

40

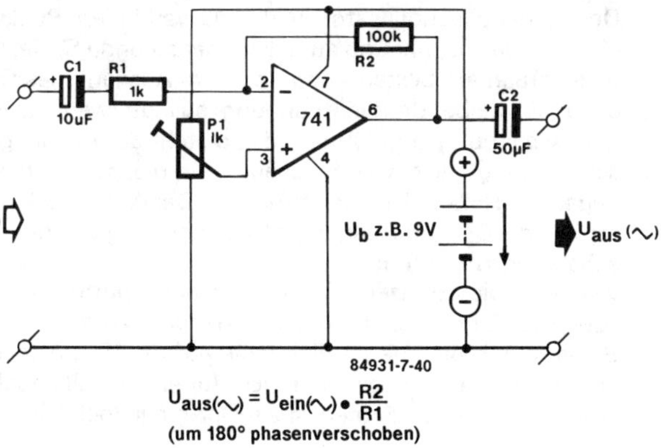

Bild 40. OpAmps "laufen" auch mit einer Betriebsspannung. Dann werden aber nur positive Spannungen verstärkt. Bei Wechselspannung sind Koppelkondensatoren nötig.

Experimentieren werden einfach zwei Flachbatterien in Serie geschaltet.

41

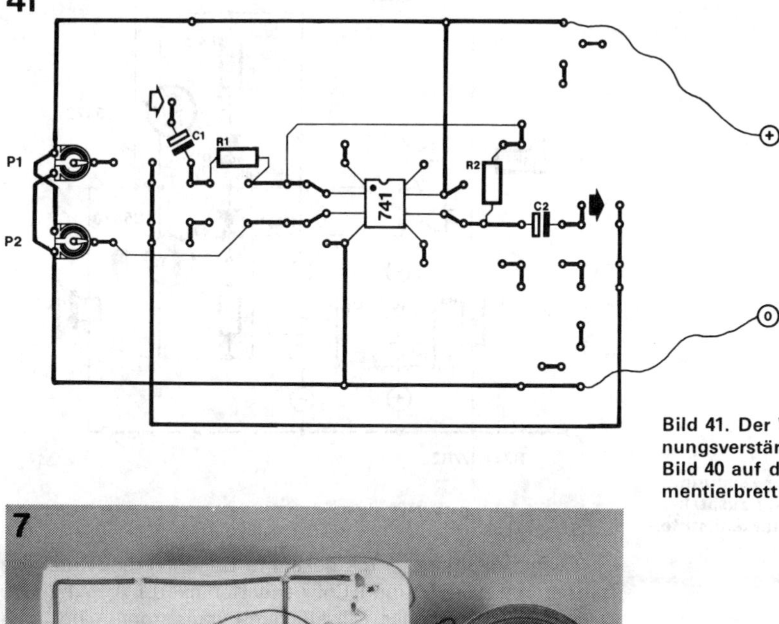

Bild 41. Der Wechselspannungsverstärker aus Bild 40 auf dem Experimentierbrett.

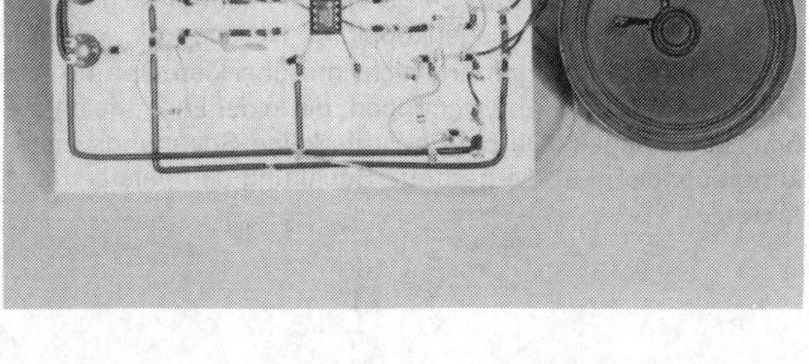

Foto 7. OpAmp-Wechselspannungsverstärker mit einer Betriebsspannung.

Der Eingangskondensator in Bild 40 verhindert Rückwirkungen der Gleichspannung auf die vorhergehende Stufe. Das Poti stellt man am besten so ein, daß am Ausgang des OpAmps etwa die halbe Betriebsspannung anliegt, wenn keine Eingangsspannung zugeführt wird. So steht der Ausgangswechselspannung gleichviel Spielraum für die positiven wie die negativen Halbwellen zur Verfügung. Der Ausgangskondensator hält die OpAmp-Ausgangsgleichspannung von der nachgeschalteten Stufe fern.
Während die Grenzen für die Ausgangs**spannung** von der bzw. den Betriebsspannungen abhängen, wird der maximale Strom durch die interne Elektronik auf ca. 25 mA festgelegt. Für eine LED reicht das, aber nicht für einen Lautsprecher. Mit zwei Leistungstransistoren ist ein OpAmp jedoch leicht zu "frisieren".

42

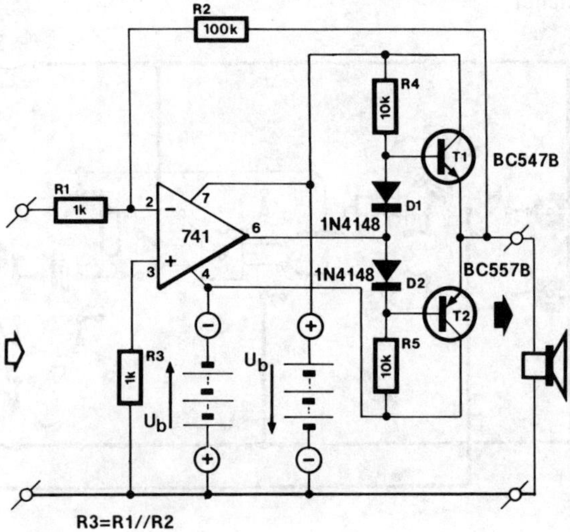

Bild 42. Mehr Leistung mit Hilfe einer zusätzlichen Gegentaktendstufe.

Die Zusatzschaltung ist die bekannte Gegentaktendstufe. Die Transistoren BC 547 und BC557 schaffen ca. 0,1 A, genug für einen Kleinlautsprecher. Mit stärkeren Transistoren sind noch höhere Ausgangsströme möglich. Im Betrieb mit zwei Spannungsquellen, wie in Bild 34 gezeigt, braucht er keinen Koppelkondensator. Die Gegenkopplung ist über die gesamte Verstärkerschaltung geführt, nicht nur über den OpAmp. Dadurch werden auch Abweichungen, die in der Endstufe entstehen, ausgebügelt. Da die Endstufe keine Spannungsverstärkung aufweist, hat die gesamte Schaltung den Verstärkungsfaktor:

$$v = \frac{R2}{R1}$$

43

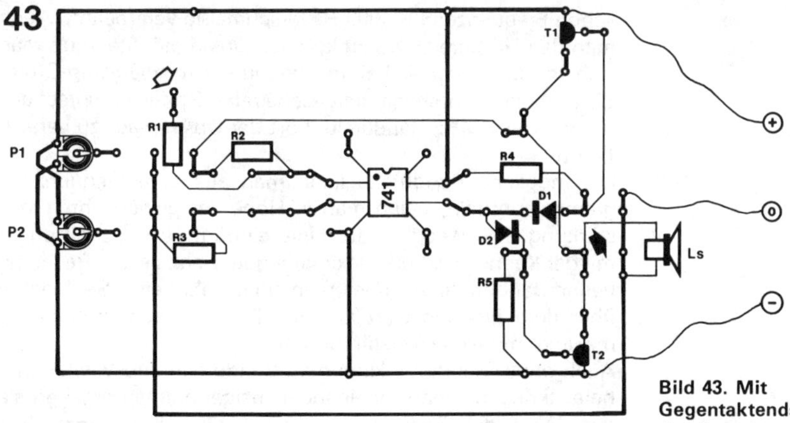

Bild 43. Mit Gegentaktendstufe wird das Experimentierbrett recht voll.

Bandbreite

Leider wird die hohe Verstärkung des OpAmps durch einen Nachteil erkauft: Beim Wechselspannungsverstärken hat er eine geringe Bandbreite. Das bedeutet: Mit zunehmender Frequenz wird die Verstärkung schlechter.

44

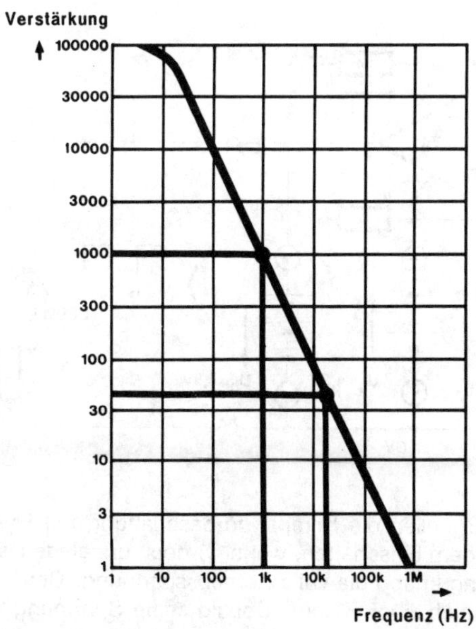

Bild 44. Je höher die Verstärkung der Stufe, um so geringer die Bandbreite. Will man breitbandig verstärken, muß man den Gegenkopplungswiderstand auf geringe Verstärkung dimensionieren.

Das Frequenzdiagramm eines OpAmps 741 zeigt, daß die Bandbreite bei voller Verstärkung ganze 10 Hz beträgt, also noch nicht einmal in den Bereich tiefer, hörbarer Töne reicht. Glücklicherweise wird ja meistens die Verstärkung durch Gegenkopplung herabgesetzt, und dadurch erhöht sich die Bandbreite. Bei 1000-facher Verstärkung werden immerhin schon Frequenzen bis 1000 Hz gleichmäßig verarbeitet. Wenn man den Hörbereich bis 20 kHz verstärken möchte, muß man sich mit 50-facher Anhebung begnügen (pro OpAmp-Stufe; bei mehreren hintereinandergeschalteten Stufen entsprechend mehr). Bei 1 MHz Bandbreite hört der OpAmp auf zu verstärken (v = 1).

Die mögliche Bandbreite kann man aus dem Frequenzdiagramm ermitteln, wenn man in Höhe der gewünschten Verstärkung eine waagerechte Linie einträgt. Am Schnittpunkt mit der Kennlinie ist die Maximalfrequenz abzulesen. Bei gegebener Bandbreite zeichnet man umgekehrt eine Senkrechte über dem Frequenzwert auf und liest am Schnittpunkt die maximal mögliche Verstärkung ab.

Auch ohne Diagramm kann man Bandbreite und Verstärkung herauskriegen, denn miteinander malgenommen ergeben sie den Wert der Frequenz bei v = 1 (Transitfrequenz), hier 1 MHz.

Gegenkopplung

Das Praktische an den OpAmp-Schaltungen ist zweifellos, daß man ihre Funktion nur mit den äußeren Bauteilen festlegt, vor allem mit dem Gegenkopplungszweig. Als letzter Beleg eine Multivibratorschaltung mit OpAmp.

45

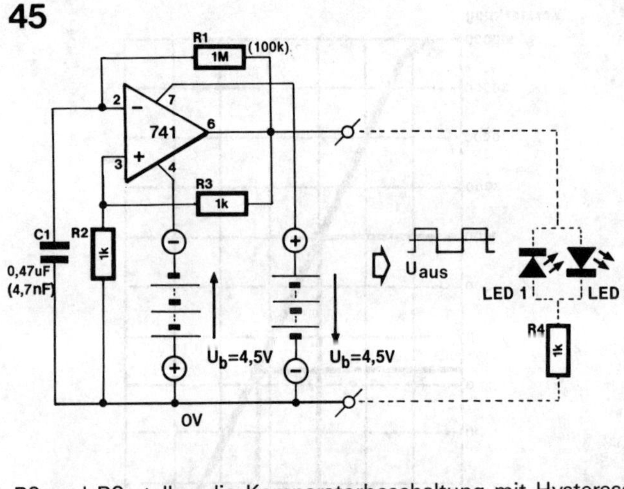

Bild 45. Vier Bauelemente machen den OpAmp zum Multivibrator. C1 und R1 bestimmen die Frequenz.

R2 und R3 stellen die Komparatorbeschaltung mit Hysterese dar. Nach dem Einschalten, wenn C1 noch ungeladen ist, liegt am Ausgang knapp die volle Betriebsspannung. Der Kondensator lädt sich über R1 auf. Sobald seine Spannung die am nicht-invertierenden Eingang übersteigt, fällt die Ausgangsspannung auf den negativen Betriebsspannungswert. Jetzt wird der Kondensator ent- und negativ aufgeladen, bis er den negativen Hysteresepunkt erreicht und den Ausgang wieder auf positive Spannung schalten läßt. Die Schaltung schwingt also zwischen positiver und negativer Betriebsspannung.

46

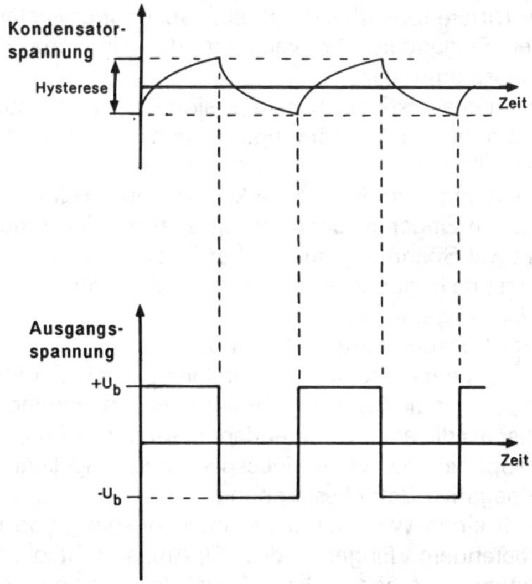

Bild 46. Der Kondensator lädt und entlädt sich zwischen den Grenzen der Hysterese.

47

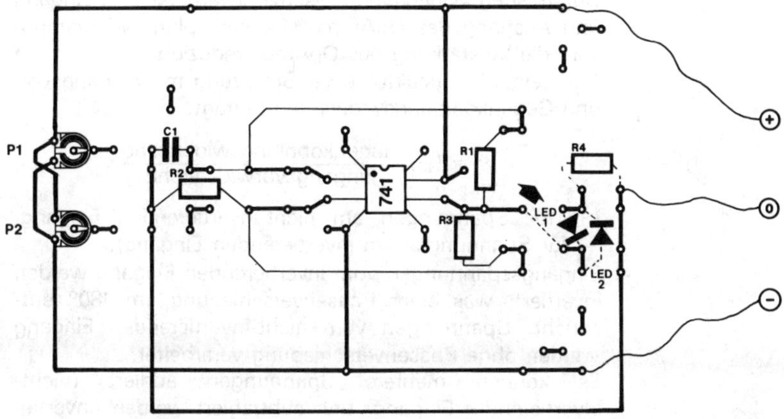

Bild 47. Der Multivibrator auf dem Experimentierbrett.

Mit den angegebenen Bauteilewerten schwingt der Multivibrator mit ca. 1 Hz, einem mittleren Blinkrhythmus. Man kann ihn mit zwei LEDs beobachten (im Schaltplan gestrichelt). Die Werte in Klammern ergeben einen 1-kHz-Multivibrator. Diese Frequenz kann man hören, wenn man einen Lautsprecher anschließt, aber nicht direkt, sondern über einen Emitterfolger. R2 und R3 haben keinen Einfluß auf die Frequenz.

Zusammenfassung

— Ein Differenzverstärker ist ein Spannungsverstärker mit zwei Eingängen. Er verstärkt die Differenz der Eingangsspannungen.
— Operationsverstärker (OpAmp) sind Differenzverstärker mit extrem hohen Verstärkungsfaktoren (Leerlaufverstärkung über 100 000).
— Operationsverstärker verstärken sowohl positive als auch negative Eingangsspannungsdifferenzen. Dazu müssen sie mit zwei Spannungsquellen betrieben werden. Eine Spannungsquelle ist positiv gegen den Schaltungsnullpunkt, die andere negativ.

Komparatorschaltung (Mitkopplung)

— Die Komparatorschaltung vergleicht zwei Eingangsspannungen. Ist die Spannung am nicht-invertierenden Eingang höher als die am invertierenden, steht am OpAmp-Ausgang (knapp) die positive Betriebsspannung, umgekehrt (knapp) die negative Betriebsspannung.
— Durch einen Widerstand zwischen Ausgang und nicht invertierendem Eingang des OpAmps (Mitkopplungswiderstand) erhält die Schaltung zwei deutliche Umschaltpunkte. Der Abstand zwischen den Punkten heißt Hysterese.
— Beim Komparator wird die volle Verstärkung des OpAmps ausgenutzt.

Verstärkungsschaltung (Gegenkopplung)

— Durch einen Widerstand zwischen invertierendem Eingang und Ausgang des OpAmps (Gegenkopplungswiderstand) wird die Verstärkung des OpAmps reduziert.
— Der Verstärkungsfaktor einer Schaltung mit Eingangsvor- und Gegenkopplungswiderstand beträgt:

$$v = (\pm)\,\frac{\text{Gegenkopplungswiderstand}}{\text{Eingangsvorwiderstand}}$$

(+ für Spannungen am nicht-invertierenden Eingang, — für Spannungen am invertierenden Eingang).

Eingangsspannungen vom invertierenden Eingang werden invertiert, was einer Phasenverschiebung um 180° entspricht. Spannungen vom nicht-invertierenden Eingang werden ohne Phasenverschiebung verarbeitet.
— Es können mehrere Spannungen addiert (nicht-invertierender Eingang) und subtrahiert werden (invertierender Eingang).
— Die Frequenz-Bandbreite ist von der eingestellten Verstärkung abhängig.
— Die Funktion des OpAmps wird durch die äußere Beschaltung festgelegt.

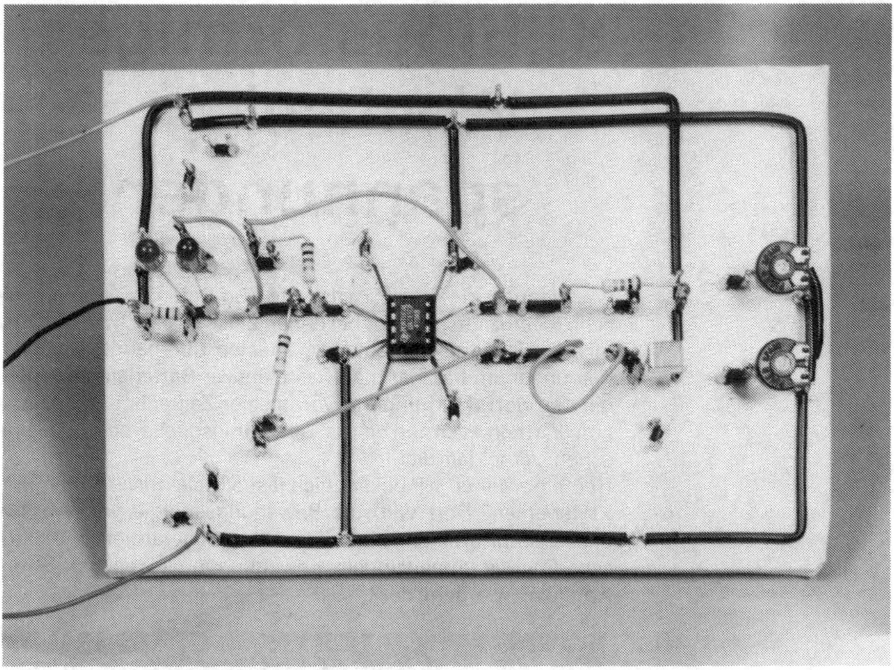

Foto 8. Der OpAmp-Experimentiermultivibrator.

8. Sinusförmige Wechselspannungen

Energiequelle unserer Experimente sind Batterien, also chemische Elektrizitätsquellen, bei denen Zink verbraucht wird. Chemische Stromquellen sind die ältesten überhaupt. Bei Ausgrabungen im Irak hat man Reste antiker Batterien gefunden, die den dort Jahrhunderte vor unserer Zeitrechnung ansässigen Parthern vermutlich als Spannungsquelle beim galvanischen Vergolden diente.
Heute gewinnen wir bekanntlich fast alle elektrische Energie in Kraftwerken. Dort wird die Bewegungsenergie von Wasser- oder Dampfturbinen mit Hilfe großer Generatoren in elektrische Energie umgewandelt. Bewegung in elektrischen Strom wandeln, wie geht das?

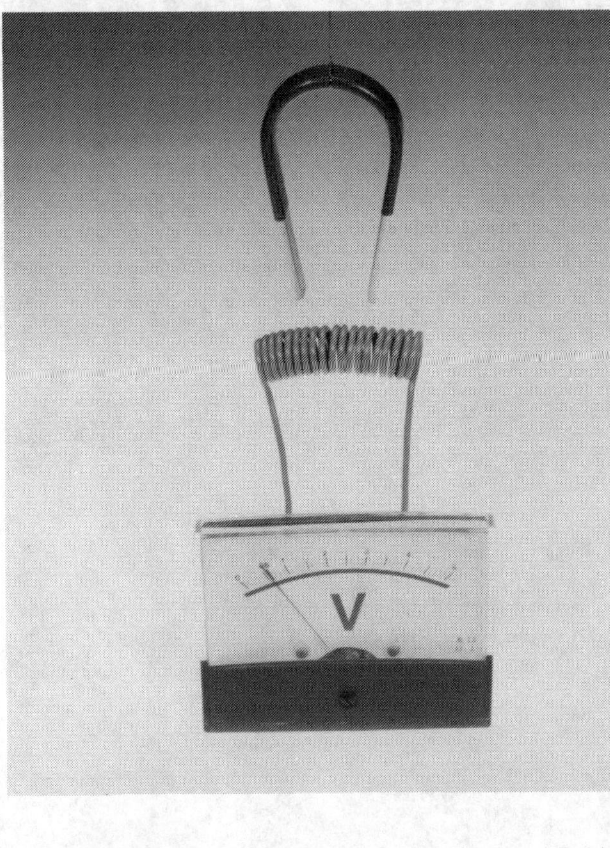

Foto 1. Ein Hufeisenmagnet rotiert über einer selbstgewickelten Spule — ein primitiver Generator, der eine winzige Wechselspannung erzeugt (Foto schematisch).

Mit einem Multimeter, ca. 5 m isoliertem Draht (Klingeldraht) und einem Magneten ist es leicht auszuprobieren. Der Draht wird um den Daumen zu einer Spule (mit ca. 50 Windungen) gewickelt, abgezogen und an das Meßinstrument (im empfindlichsten µA-DC-Bereich) angeschlossen. Schwenkt man die Spule vor dem Magneten hin und her, schlägt die Anzeigenadel ein wenig aus. Die Bewegung im Magnetfeld hat eine kleine Spannung hervorgerufen. Im Foto ist ein Hufeisenmagnet an einer Nylonschnur aufgehängt und dreht über der Spule.
Stellt man sich den Magnetismus als Linienbündel zwischen Nord- und Südpol vor, entsteht immer dann Spannung am Draht, wenn er die Linien "schneidet".

1

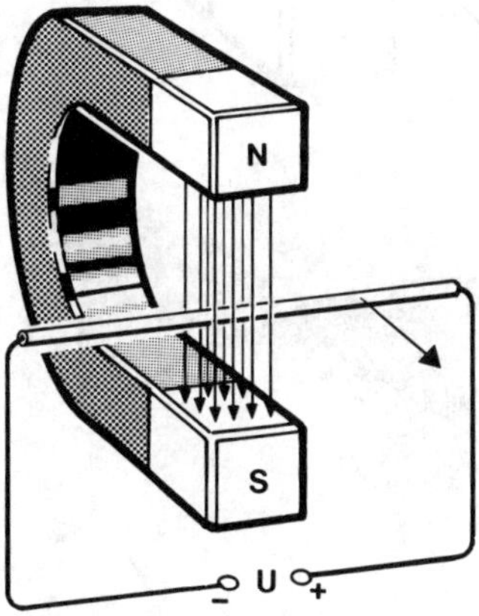

Bild 1. An einem Leiter entsteht Spannung durch Bewegung in einem Magnetfeld, anschaulich formuliert: wenn der Leiter die Magnetfeldlinien zwischen Nord- und Südpol schneidet.

Die Spulenform ist von zweitrangiger Bedeutung. Jeder Leiter, der im Magnetfeld bewegt wird, erzeugt wenngleich sehr wenig Spannung. Weil diese Spannung an jeder Windung entsteht, gibt eine Spule relativ viel Spannung ab. Durch das Aufwickeln des Drahts zu einer Spule, aber auch durch stärkere Magnetfelder, höhere Bewegungsgeschwindigkeiten und optimale Ausführung aller Teile sind höhere Spannungen möglich, von den 6 V eines Fahrraddynamos bis zu mehreren -zig Kilovolt eines Kraftwerkgenerators. Bei den Generatoren werden, ganz ähnlich wie im Experiment, Spulen in einem Magnetfeld gedreht. Dies ist in Bild 2 stark schematisiert dargestellt. Man erkennt, wie die Ein-Windungs-Spule die Feldlinien zwischen Nord- und Südpol beim Drehen schneidet, dabei entsteht die Spannung.
Vor den Polen schneidet die Spule relativ viele Feldlinien, in waagerechter Position wenige. Entsprechend höher und niedriger ist die Spannung. Und da die Spule nach jeder halben Umdrehung "auf dem Kopf" steht, wechselt auch die Spannung jede halbe Umdrehung — alles in allem eine echte Wechselspannung. Ihre Sinusform, die sich daraus ergibt, daß die Spule während einer Umdrehung unterschiedlich viele Feldlinien schneidet, ist typisch für Spannungen, die durch drehende Spulen erzeugt werden.

Bild 2. Bei einer rotierenden Leiterschleife schneiden die Schenkel immer wieder die Magnetfeldlinien. Es wird laufend Spannung induziert.

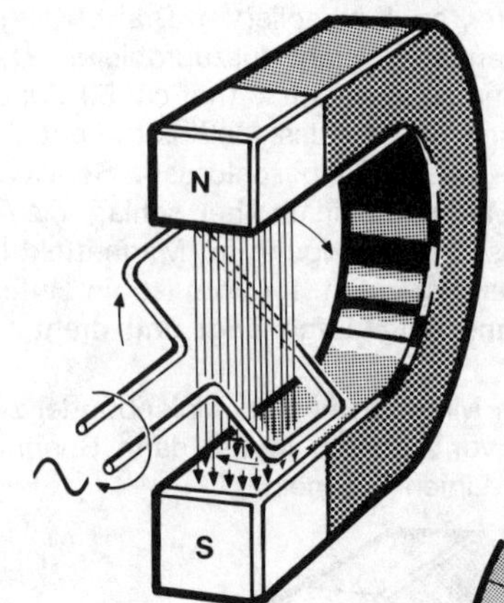

Bild 3. Die Sinusform wird durch die Drehung der Leiterschleife im stehenden Feld verursacht.

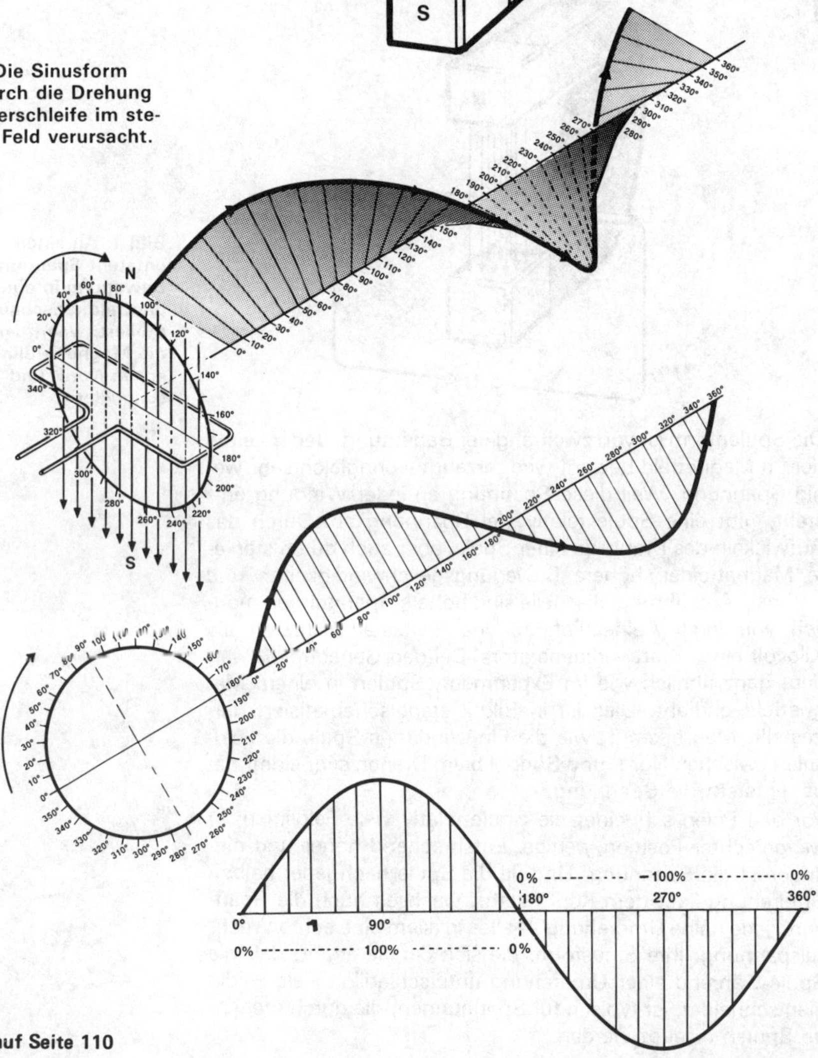

Weiter auf Seite 110

Der Fahrraddynamo

Vom Fahrraddynamo bis zum Riesen-Kraftwerksgenerator, (fast) alle mechanischen Stromerzeuger funktionieren nach dem gleichen Prinzip: Durch Bewegung wird das Magnetfeld in einer Spule geändert, und in der Spule entsteht eine Spannung, die Induktionsspannung.
Beim Fahrraddynamo wird, so hieß es damals im Physikunterricht, ein Magnet vor einer Spule gedreht. Die an der Wicklung vorbeilaufenden Magnetpole induzieren die zur Versorgung der Lämpchen notwendige Spannung.
Wenn man mit diesem Wissen gewappnet eine Fahrraddynamo neueren Datums zerlegt, erlebt man zunächst eine Enttäuschung. Zwar enthält das Gehäuse eine Spule und auch einen trommelförmigen Magneten, aber da sich die Spule unter dem Magneten befindet, ist kaum einzusehen, warum hier eine Spannung induziert wird. Und trotzdem funktionierte die kleine Lichtmaschine doch!? Zwei kronenähnliche Zackenkränze aus Blech sind des Rätsels Lösung. Die Blechzinken führen den Magnetismus des drehenden Magneten zur Spule. Vier der Zinken sind am oberen Spulenende befestigt, die anderen vier am unteren. Der trommelförmige Magnet hat acht Pole: vier Nord- und vier Südpole, die sich am Umfang abwechseln. Somit stehen den vier Zinken eines Spulenendes jeweils vier gleiche Pole gegenüber. Beim Drehen werden die vier kurzen Zinken abwechselnd von den Nord- und Südpolen magnetisiert, die langen von den Süd- und Nordpolen. Somit wird der Magnetismus in der Spule laufend umgekehrt und an den Wicklungsanschlüssen entsteht eine Wechselspannung. Den Beweis bringt das Schirmbild der Dynamospannung. Wegen der acht Zacken erzeugt die Lichtmaschine acht Halbwellen, also vier volle Wellen pro Umdrehung. Die Frequenz der oszillografierten Spannung beträgt 50 Hz, ihre Amplitude ca. 12 V. Die Spannung des unbelasteten Dynamos ist erheblich höher als die Nennspannung von 6 V (bei 3 W Belastung).
Im Auto muß man zusätzlich zur (Drehstrom-)Lichtmaschine, die nach dem gleichen Prinzip arbeitet, einen (Spannungs-)Regler einbauen. Er steuert den Strom durch eine Spule, die sich bei der Autolichtmaschine anstelle des rotierenden Dauermagneten befindet.
Wegen der eigenartig geformten Bleche werden Generatoren wie der Fahrraddynamo und die KFZ-Lichtmaschine Klauenpolmaschine genannt.
Übrigens läßt sich diese Art von Stromerzeugung auch umkehren: Speist man eine Wechselspannung in eine gelagerte Spule, dreht sie sich; der Elektromotor ist die logische Umkehrung des Generators. Auch dies ein wichtiger Grund dafür, daß die öffentliche Stromversorgung mit Sinusspannung arbeitet.

a

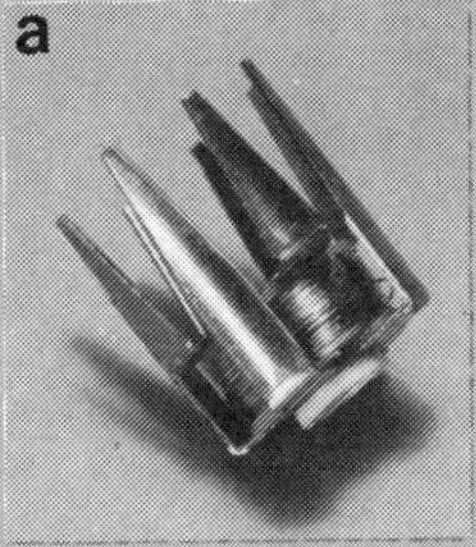

b

c

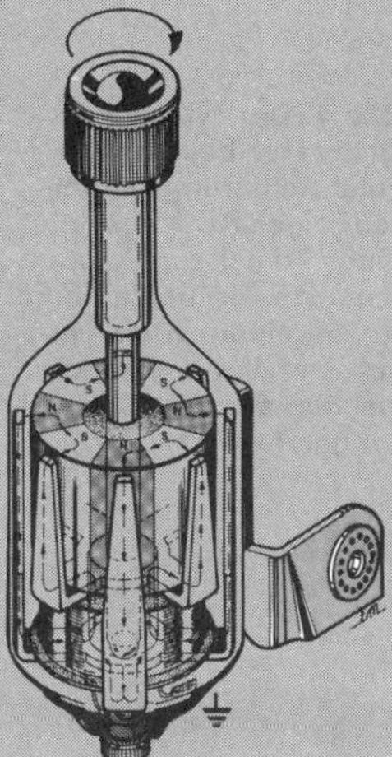

d

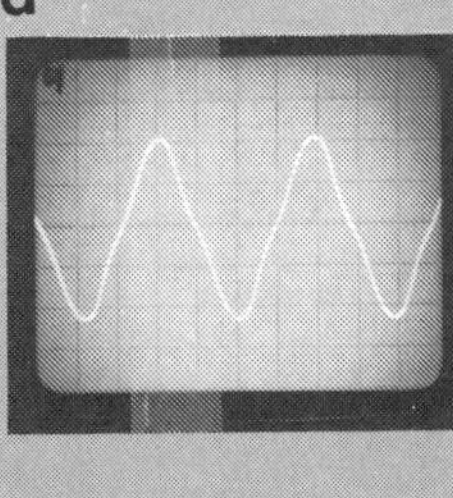

Elektronisch erzeugte Sinusspannungen

Sinusspannungen sind auch elektronisch erzeugbar, zum Beispiel mit einem RC-Generator.

4

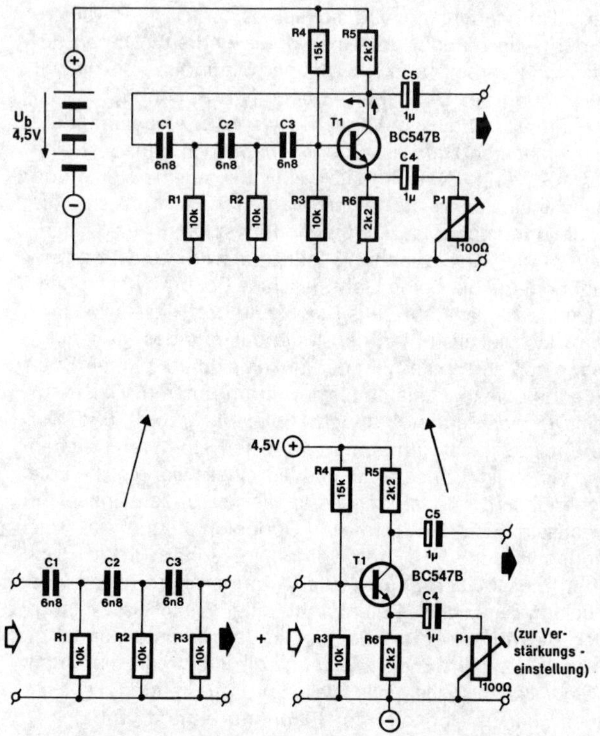

Bild 4. Der typische RC-Generator besteht aus zwei Schaltungseinheiten: einer RC-Kette und einer Transistor-Verstärkerstufe. Da beide Einheiten zu einem Kreis verschaltet sind, schaukeln sie sich auf: Die Schaltung schwingt.

Mit den angenommenen Bauteilewerten schwingt die Schaltung auf etwa 1000 Hz, der typischen Testtonfrequenz. Die Ausgangswechselspannung hinter dem Elko C5 reicht aus, einen Verstärker anzusteuern (max. ca. 2 V je nach Potieinstellung), zum Beispiel einen Hi-Fi-Verstärker oder die Schaltung aus Bild 18 des 6. Kapitels (ohne Lautsprecher-Mikrofon).

Zum Verständnis des elektronischen RC-Generators muß man die drei RC-Glieder zwischen Kollektor und Basis untersuchen. Legt man ein RC-Glied an eine Spannungsquelle, lädt sich der Kondensator auf (Bild 6). Sein Ladestrom fließt durch den Widerstand, an dem er einen Spannungsabfall erzeugt. Mit nachlassendem Strom geht auch der Spannungsabfall, also die Ausgangsspannung dieser Schaltung zurück, auf Null. Aus der Gleichspannung ist ein kurzer Impuls geworden.

Speist man die RC-Kombination mit Wechselspannung (Rechteckspannung), entsteht bei jedem Wechsel der Polarität ein kurzer Impuls, ebenfalls mit wechselnder Polarität.

5

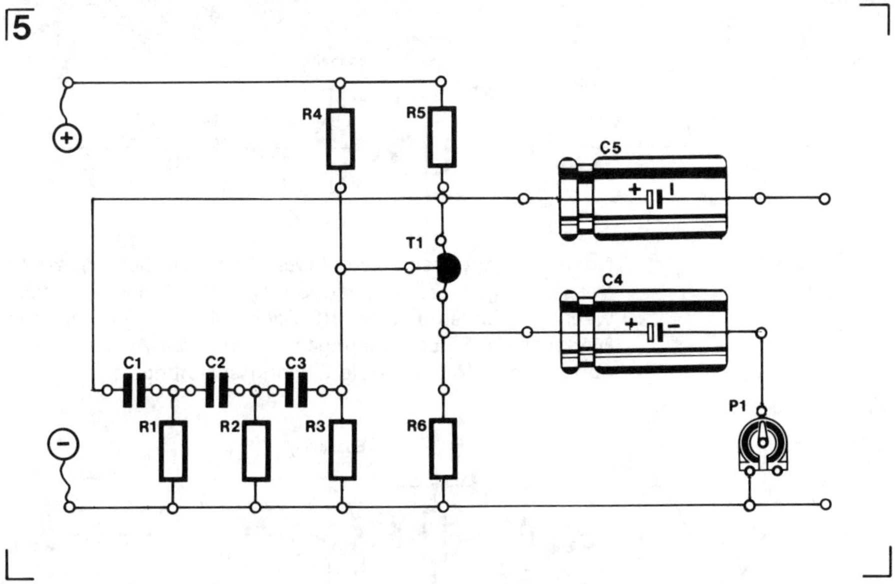

Bild 5. Der aufgebaute RC-Generator ist als 1-kHz-Testtongenerator zu verwenden.

Bild 6. So erzeugt man einen kurzen Impuls. Der kurze Ladestrom des Kondensators verursacht einen impulsartigen Spannungsabfall am Widerstand. Das Multimeter folgt der skizzierten Funktion.

6

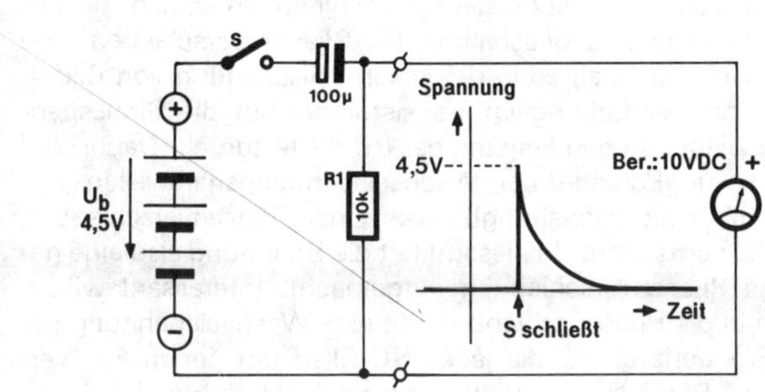

Wie der Kondensator die Wechselspannung "produziert", hatten wir bereits im dritten Kapitel besprochen. Beim Vergleichen der ursprünglichen Wechselspannung mit der Impulsfolge fällt auf, daß die "Schwerpunkte" der Spannungen verschoben sind: Die Impulse liegen nahe dem Nulldurchgang der ursprünglichen Wechselspannung (Bild 7).

7

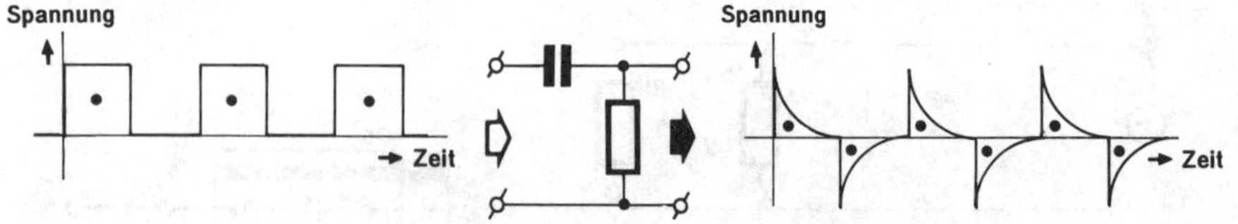

Noch deutlicher zeigt sich dieses Phänomen bei Sinuswechselspannungen. Zwar verändert sich die Sinusform nicht, wenn der Sinus durch ein RC-Glied "läuft" — ein typisches Merkmal für Sinusspannungen — aber die Ausgangsspannung kommt früher als die Eingangsspannung.

8

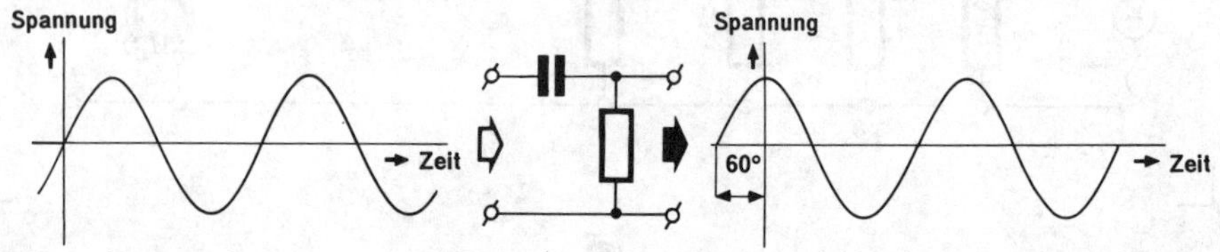

Bild 7. Aus einer Rechteck-Wechselspannung werden am RC-Glied solche Impulse. Interessant: die "Schwerpunkte" der Impulse rutschen nach links, liegen also am Schaltungsausgang früher als am Eingang. Die entspricht einer Phasenverschiebung.

Bild 8. Im Gegensatz zur Rechteckspannung in Bild 7 wird die Sinusform am RC-Glied nicht verzerrt. Die Phasenverschiebung bleibt jedoch. Sie ist abhängig von der Frequenz.

Dieses eigenartige Verhalten liegt wie erläutert am Kondensator-Ladestrom, der beim steilen Anstieg der Eingangsspannung besonders hoch ist. Der zeitliche Unterschied wird nicht in Zeiteinheiten (Sekunden) angegeben, sondern in Periodengrad. Eine Periode (zwei Halbwellen) entspricht 360°. Im Bild 8 sind Ein- und Ausgangsspannung um etwa eine drittel Halbwelle verschoben, also um 60°. Die Phasenverschiebung am RC-Glied hängt von der Wechselspannungsfrequenz ab: Bei hohen Frequenzen ist die gering, bei niedrigen erreicht sie 90°. Drei hintereinandergeschaltete RC-Glieder verschieben eine Sinuswelle dreimal, so in der linken Teilschaltung von Bild 4. Nach der Verstärkung im Transistor gelangt die Sinusspannung wieder an den Eingang der RC-Kette zurück. Dabei wird jedoch die Polarität der Wechselspannungshalbwellen vertauscht (Emitterschaltung!), was einer Phasenverschiebung um 180° entspricht. Insgesamt hat die Spannung also eine gehörige Phasenverschiebung mitgemacht. Interessant wird's, wenn in die Phasenschieber-Kette eine Wechselspannung mit der Frequenz gerät, die jedes RC-Glied um genau 60° verschiebt. Die Gesamtverschiebung addiert sich zu:

$$180° + 60° + 60° + 60° = 360° \triangleq 0°$$

Eine um 360° verschobene Sinusspannung ist deckungsgleich mit der ursprünglichen Spannung. Die Wechselspannung vom Kollektor kommt also genau phasenrichtig zum Ketteneingang und unterstützt die (angenommene) Eingangswechselspannung. Anders ausgedrückt: Sie durchläuft immer wieder die RC-Kette. Wenn der Transistor mehr verstärkt, als in der Kette an Energie verloren geht, schaukelt sich der Kreislauf auf: Die Schaltung schwingt selbständig. Daß die Phasenverschiebun-

2

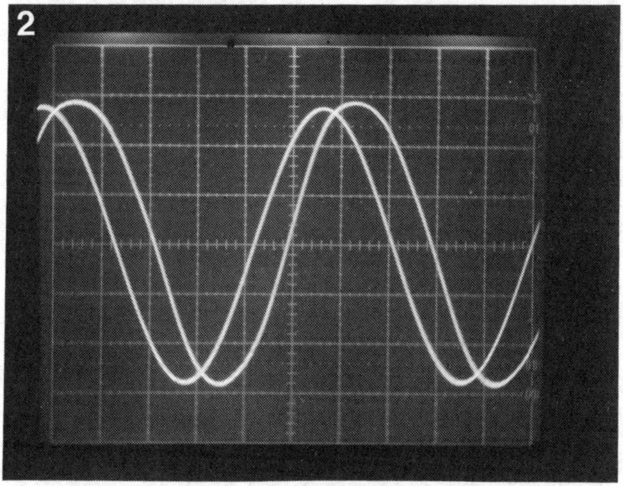

Foto 2. In jedem Glied der RC-Kette des Sinus-Generators wird die Welle der Arbeitsfrequenz um 60° verschoben, also um eine drittel Halbwelle. Das Schirmbildfoto zeigt so eine Verschiebung.

gen genau 360° ≙ 0° beträgt, ist nur bei einer Frequenz der Fall, eben der Schwingfrequenz. Bei allen anderen Frequenzen funktioniert die Schaltung nicht, denn die vom Transistor verstärkte Spannung deckt sich wegen ihrer falschen Phasenlage nicht mit der Spannung am Ketteneingang und die Schaltung kann sich nicht aufschaukeln. Übrigens braucht man die richtige Frequenz nicht erst am Ketteneingang einzuspeisen, um die RC-Generatorschaltung zu starten, die schwingt beim Einschalten von selbst mit der dimensionierten Frequenz an.
Nun fragt sich noch, warum der RC-Generator gerade Sinusspannung erzeugt, und nicht, wie beispielsweise der astabile Multivibrator, Rechteckspannungen. Die Antwort: Weil er nur auf einer einzigen Frequenz funktioniert. Eine Rechteckspannung setzt sich nämlich aus mehreren Sinusschwingungen unterschiedlicher Frequenz zusammen. Diese verblüffende Tatsache soll Bild 9 deutlich machen.

9

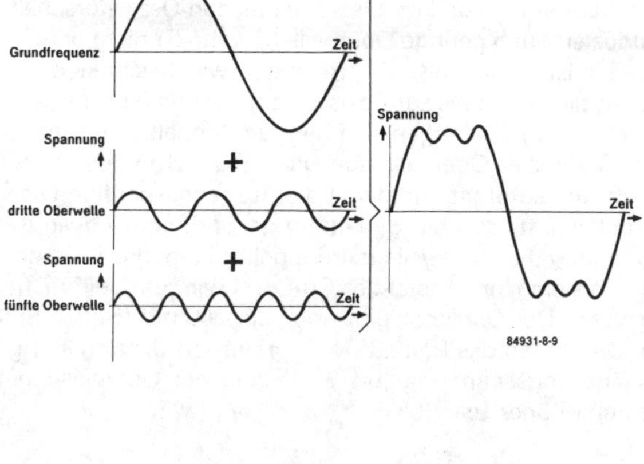

Bild 9. Eine Rechteckspannung ist in Wirklichkeit die Zusammensetzung aus einer Sinus-Grundwelle und einer großen Zahl ebenfalls sinusförmiger Oberwellen. Hier sind zwei Oberwellen zur Grundwelle addiert, und man sieht, daß bereits eine rechteckähnliche Wellenform entsteht.

Hier sind drei Sinuswellen mit einfacher, dreifacher und fünffacher Frequenz addiert. Sie ergeben eine noch etwas rundliche Rechteckschwingung. Mit weiteren Sinuswellen noch höherer Frequenzen (immer ungeradzahlige Vielfache) nähert sich die Form immer mehr dem Rechteck. Umgekehrt bedeutet das, eine Rechteckspannung besteht aus vielen Sinusspannungen, einer mit der Grundfrequenz, die man anhand der Rechteckwelle feststellen kann (Kehrwert der Periodendauer), sowie vielen höherfrequenten Sinussen.
Sinuswellen sind gewissermaßen das Grundmuster physikalischer bzw. elektrischer Schwingungen.
Der Phasenschiebergenerator kann nur eine Frequenz verarbeiten, also niemals ein Rechteck erzeugen.
Die höherfrequenten Sinusbestandteile nennt man Oberwellen. Immer wenn die Form eines Signals von der Sinusform abweicht, enthält es Oberwellen. Die Frequenz der Oberwellen (von Wechselspannungen) sind ganzzahlige Vielfache der Grundfrequenz.

10

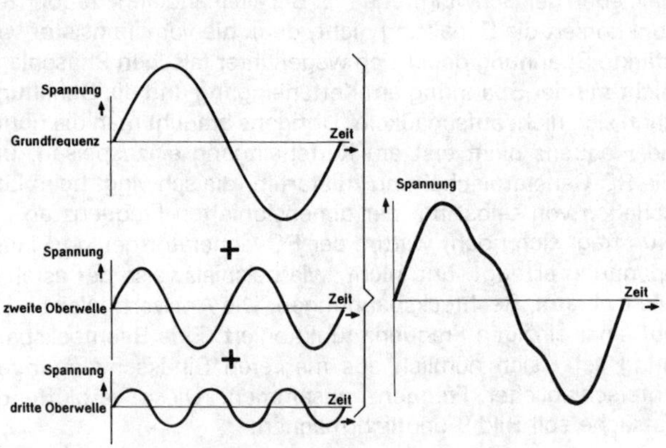

Bild 10. Bei dieser Oberwellenkombination entsteht eine Sägezahnspannung. Je mehr passende Oberwellen vorhanden sind, um so genau wird die typische Wellenform erzielt.

Der Transistorverstärker unserer einfachen Oszillatorschaltung produziert auch geringe Oberwellen, wenn P1 nicht richtig eingestellt ist. Zwar läßt die RC-Kette wie beschrieben diese Oberwellen nicht bis zur Basis durch, aber da der Ausgang am Kollektor liegt, gelangen sie über den Koppelkondensator heraus. Minimaler Oberwellengehalt ergibt sich, wenn man Poti P1 so weit aufdreht und damit die Ausgangsspannung so weit zurücknimmt, daß die Schaltung gerade noch schwingt. Die Spannung der Oberwelle mit doppelter Frequenz ist dann weniger als ein Hundertstel der Grundschwingung, ein recht guter Wert. Der Oszillator gibt noch ca. 200 mV (Spitze-Spitze) ab. Dreht man das Poti auf Null, produziert die Schaltung hohe Ausgangsspannung (bis 2 V), aber der Oberwellengehalt ist auch höher (ca. 10%).

Zusammenfassung

- An einem Leiter, der in einem Magnetfeld gedreht wird, entsteht eine Spannung (...wird eine Spannung induziert).
- Die Spannung ist von der Leiterform, der Magnetfeldstärke und der Geschwindigkeit der Bewegung abhängig.
- An einer Spule wird besonders viel Spannung induziert.
- An einer Spule, die in einem Magnetfeld rotiert, entsteht eine Sinus-Wechselspannung.
- Elektronisch werden Sinusspannungen u.a. mit einem RC-Generator erzeugt.
- Ein RC-Glied verschiebt die Phase einer Wechselspannung um 0...90°.
- Die Sinusform ist das Grundmuster elektronischer Schwingungen.
- Eine Wechselspannung, deren Form von der Sinusform abweicht, besteht aus einer Sinus-Grundwelle (mit der Frequenz der Wechselspannung) und einer oder mehreren sinusförmigen Oberwellen.
- Oberwellen sind sinusförmige Wechselspannungen, deren Frequenzen um ganzzahlige Vielfache höher als die Grundfrequenz sind.

9. Spulen

Die Spule ist das wohl einfachste elektronische Bauelement: im wesentlichen ein in mehr oder weniger vielen Windungen aufgewickelter Draht. Dennoch sind ihre Funktionen vielfältig und teilweise nicht leicht zu durchschauen.
Als erstes Versuchsobjekt wird eine Klingel benötigt, eine simple Türschelle, wie sie für ein paar Mark im Warenhaus zu kriegen ist. Die Klingel enthält eine oder zwei Spule(n) mit einigen hundert Windungen. Die Spulen sind so angeordnet, daß sie sich in ihrer Wirkung unterstützen. Normalerweise ist eine Klingel für ca. 6 V ausgelegt, sie tut's aber mit einer nicht zu alten Flachbatterie ebenfalls. Eventuell muß man die Kontaktschraube etwas nachregulieren. Der erste Spulen-Versuch lautet also: In Betrieb nehmen der Klingel, die auf Alt-Elektrotechnik-Deutsch auch Wagnerscher Hammer heißt.

1

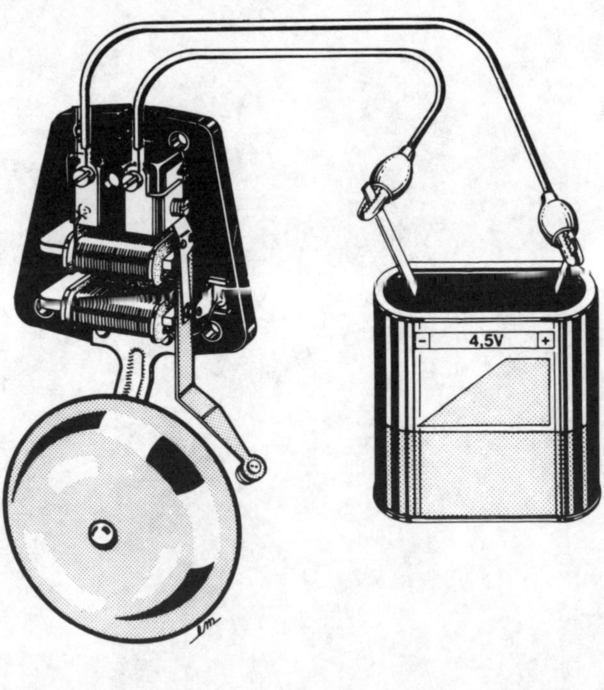

Bild 1. Eine Schelle anschließen – kein Problem. Die Polarität der Batterie spielt dabei keine Rolle.

Im Moment des Anschließens der Batterie liegt ein geschlossener Stromkreis vor, denn der Kontakt ist noch geschlossen. Die Spulen werden durch den Strom, der jetzt fließt, magnetisch. Man kann das beweisen, indem man einen Kompaß neben die Klingel legt. Die Ablenkung der Kompaßnadel hat übrigens nichts mit der Klingelei selbst zu tun. Hält man den Köppel fest, und zwar so, daß der Kontakt geschlossen ist, daß also Dauerstrom durch die Spulen fließt, dreht sich die Nadel noch deutlicher von Nord weg. Auch mit einem kleinen Schraubenzieher spürt man den Magnetismus der stromdurchflossenen Spule, interessanterweise besonders deutlich am Eisenhalter, der durch die Spulen geht, und am Eisen des Klöppels. Allzu lange sollte man den Klöppel nicht festhalten, denn der Dauerstrom erschöpft die Batterie erheblich schneller als das Klingeln. Dann fließt der Strom immer nur so lange, wie der Klöppel zum Anziehen braucht. Danach öffnet der Kontakt, und das Hämmerchen fällt zurück. Der Kontakt schließt wieder, usw... So sieht das Schaltbild der Klingel aus (rechts).

2

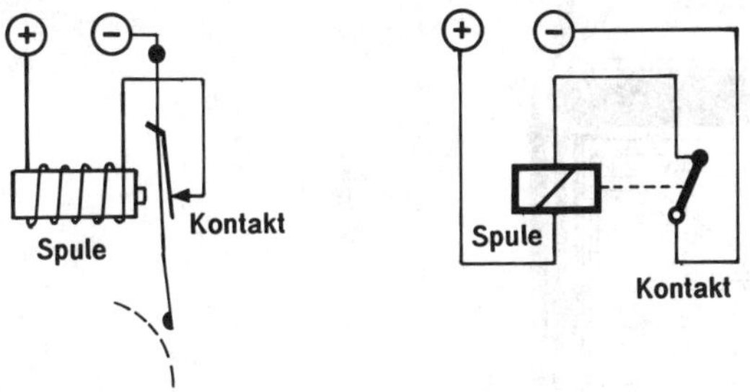

Bild 2. Das Schaltbild der Klingel. Sie unterbricht mit dem Kontakt ihren eigenen Versorgungsstrom.

Das Fazit der ersten Versuche mit der Klingel: Eine Spule erzeugt Magnetismus. Warum gerade eine Spule? Tatsächlich erzeugt jeder Draht, der von elektrischem Strom durchflossen wird, also jeder Strom, Magnetismus. An einem normalen Draht ist er bei den üblichen Strömen jedoch recht schwach und fällt uns deshalb nicht auf. Die Bauform der Spule erzeugt kräftigen Magnetismus, der imstande ist, Arbeiten, wie das Bewegen des Klöppels, zu verrichten. Zum Nachweis der schwachen Magnetisierung eines stromdurchflossenen Drahts braucht man ein empfindliches Magnetmeßgerät, einen Kompaß. Er vergleicht den Magnetismus des Drahts mit dem Erdmagnetismus. Zeigt der künstliche Magnetismus nicht (zufällig) nach Norden, wird die Nadel aus der Nord-Süd-Richtung abgelenkt. Der Versuchsdraht, am besten ein 50 bis 60 cm langes Stück Kupferlitze, wird genau in Nord-Südrichtung über den Kompaß gelegt. An die Enden schließt man kurz eine Flachbatterie an. Antippen genügt, denn der Draht bildet einen perfekten Kurzschluß und der dementsprechend hohe Strom reicht aus, die Nadel zum Ausschlagen zu bringen, wenn nicht sogar zum Rotieren. (Ein gedämpfter Kompaß reagiert etwas träger.)

3

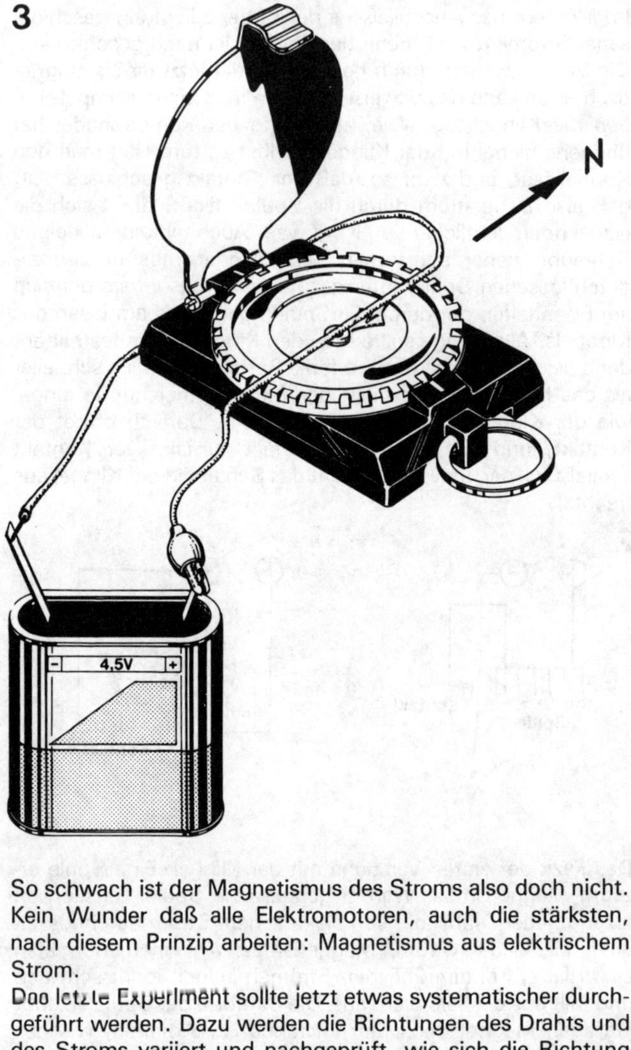

Bild 3. Jeder Strom erzeugt Magnetismus, allerdings meist so wenig, daß man ihn nur mit einem Kompaß nachweisen kann.

So schwach ist der Magnetismus des Stroms also doch nicht. Kein Wunder daß alle Elektromotoren, auch die stärksten, nach diesem Prinzip arbeiten: Magnetismus aus elektrischem Strom.
Das letzte Experiment sollte jetzt etwas systematischer durchgeführt werden. Dazu werden die Richtungen des Drahts und des Stroms variiert und nachgeprüft, wie sich die Richtung des Nadelausschlags ändert, wenn der Draht unter dem Kompaß liegt. Dazu die Tabelle auf Seite 119 (zum Eintragen).
Vor jedem Versuch muß man abwarten, bis die Nadel ruhig nach Norden steht. Die Ergebnisse lassen sich leicht anhand Bild 4 interpretieren.

Die Ablenkrichtung der Nadel, also die Richtung der Kraft des Magnetismus wird durch die in sich geschlossenen Pfeile charakterisiert. Bei gleicher Stromrichtung ist sie deshalb oben entgegengesetzt wie unten. Das gilt auch für die Seiten, was sich feststellen läßt, wenn man den Draht ein wenig (um die eigene Achse) dreht. Beim Umkehren der Stromrichtung verkehrt sich auch die Auslenkung. Verläuft der Draht rechtwinklig zum Erdmagnetismus, unterstützt der elektrische

Anordnung :				
Ausschlag :				

Anordnung :				
Ausschlag :				

Tabelle 1

4

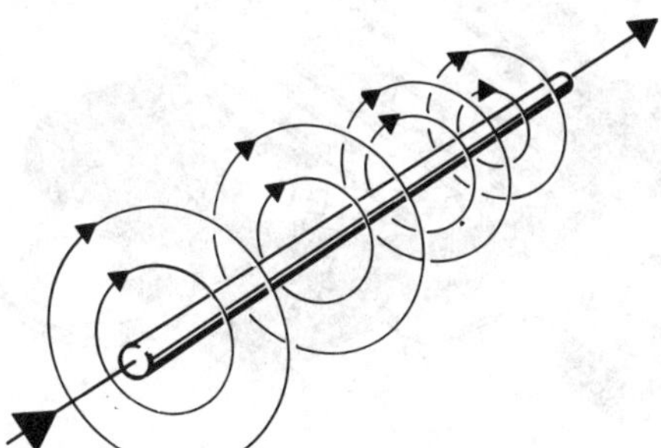

Bild 4. Die Feldlinien zeigen, in welcher Richtung die Kraft des Magnetismus wirkt. Auf den Kompaß in Bild 3 wirken diese Feldlinien und die Feldlinien des Erdmagnetismus, die alle nach Norden zeigen.

Bild 5. Magnetische Feldlinien sind immer geschlossen, auch beim Dauermagneten. Dort verlaufen sie jedoch durchs Eisenmaterial.

5

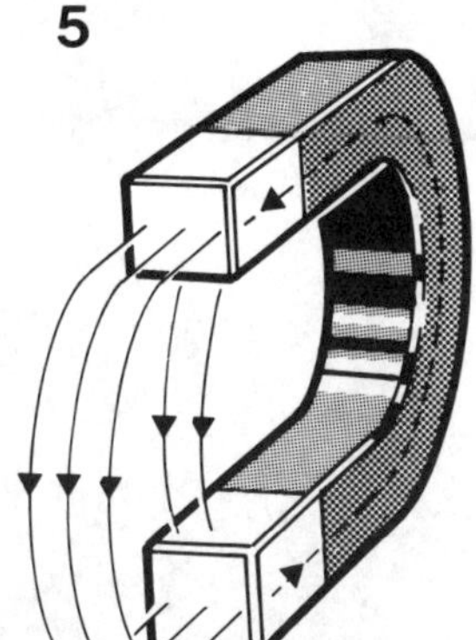

Magnetismus den Erdmagnetismus, oder er wirkt genau entgegengesetzt, dreht die Nadel um 180° (wenn der Strom stark genug ist). Überflüssig zu bemerken, daß die Richtung des Elektromagnetismus unabhängig vom Erdmagnetismus ist.
Pfeile, die die Wirkung des Magnetismus kennzeichnen, gehören zu den sogenannten Feldlinien. Magnetische Feldlinien sind **immer** in sich geschlossen (siehe Bild 4). Dem scheinen die Feldlinien eines Hufeisenmagneten oder des Erdmagnetismus zu widersprechen, die von Nord nach Süd verlaufen. Tatsächlich gehen sie im Innern des Magneten bzw. der Erde weiter.
Aber kommen wir zurück zur Spule. Biegt man den Stromdurchflossenen Draht zu einem Ring, konzentrieren sich die Feldlinien im Innern. Die magnetische Wirkung ist dort intensiver.

6

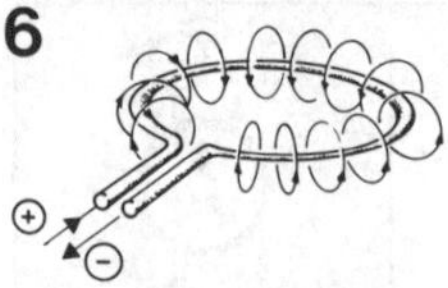

Bild 6. In der Mitte einer Drahtwindung konzentrieren sich die Feldlinien, dort ist der Magnetismus intensiver.

Wer den Draht nicht nur einmal am Kompaß vorbeiführt, sondern oben hin- und unten zurückführt, kann die Verstärkung feststellen. Zwar wirkt der Draht unter dem Kompaß im Prinzip genau entgegengesetzt zu dem darüberliegenden, aber da sich die Richtung des Stroms ebenfalls umkehrt, unterstützen sich die Wirkungen. Mehrere Drahtringe – die Ringform spielt eine untergeordnete Rolle – erzeugen noch kräftigere magnetische Felder, weil noch mehr Feldlinien im Innenraum verlaufen. Mit so einer Spule aus mehreren Windungen wird der Kompaß zu einem regelrechten Amperemeter; mit vielen, beispielsweise 40, sogar zu einem Milliamperemeter.

7

Bild 7. Ein Kompaß mit einer Wicklung wirkt wie ein Amperemeter. Vor dem Messen muß man den Kompaß so ausrichten, daß die Spulendrähte in Nord-Südrichtung zeigen – etwas umständlicher als beim Multimeter.

Man muß sich durch Vergleichen mit einem Multimeter eine individuelle Eichtabelle aufstellen. Die kann zum Beispiel so aussehen:

Tabelle 2.

Ausschlag	Strom
25°	15 mA
32°	20 mA
45°	30 mA
56°	40 mA
67°	50 mA

Interessant ist auch die Form der Feldlinien einer Spule.
Da sich die kreisförmigen Feldlinien der einzelnen Drähte bei der Spule in den Zwischenräumen aufheben, umschließen die neuen Feldlinien die gesamte Spule. Innen fließen sie praktisch parallel.
Mehr Strom und mehr Windungen erhöhen den Magnetismus einer Spule. Es kommt aber ganz entscheidend auch auf das

8

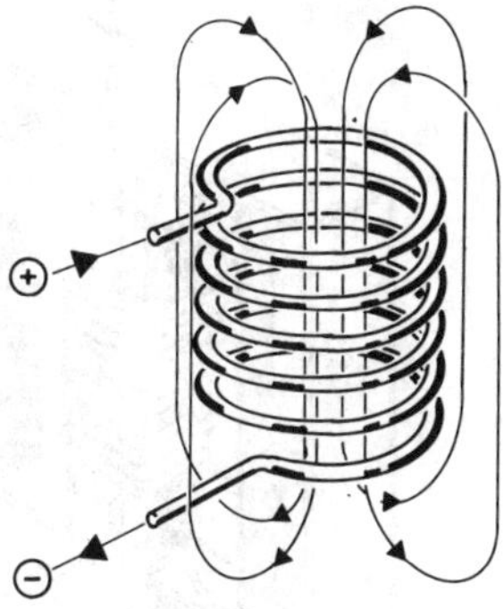

Bild 8. Mit mehreren Windungen, einer Spule also, wird der Magnetismus innen noch stärker.

an, was sich in der Spule befindet. Bei den ersten Versuchen mit der Schelle hatte sich herausgestellt, daß ein Schraubenzieher vom Eisenbügel in den Spulen besonders stark angezogen wird. Auch auf der Klöppelhalterung vor der Spule ist ein Eisenblech montiert. Eisen und Eisenoxide, sogenannte Ferrite, weisen besonders gute magnetische Eigenschaften auf. Sie ziehen die magnetischen Feldlinien gewissermaßen in sich hinein; die Feldlinien werden im Eisen besondes gut fortgeleitet, viel besser als in Luft.

9

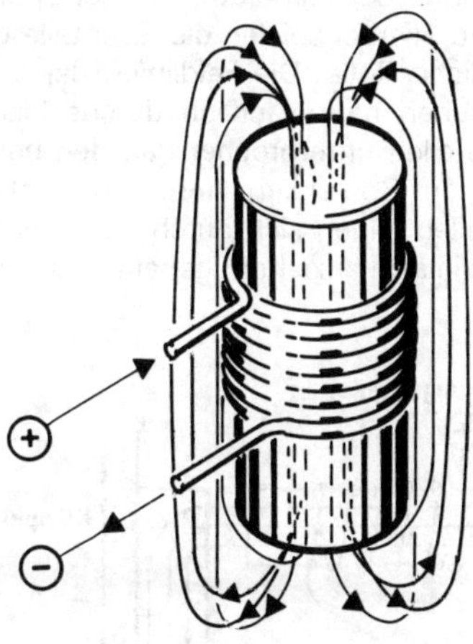

Bild 9. Ein Kern aus Eisen oder Ferrit steigert den Magnetismus erheblich.

Auch der Form der Spulenfüllung, man spricht vom Spulenkern, fällt erhebliche Bedeutung zu. Je vollständiger die Feldlinien im Kernmaterial verlaufen können, um so intensiver ist die Wirkung des Kerns. Ein geschlossener Kern ist besser als ein zylindrischer Kern.

Bei Transformatorkernen (rechts in Bild 10) finden die Feldlinien gleich zwei Wege durch Kernmaterial vor. Während sich die Feldlinien der kernlosen Spule in allen Richtungen um die Wicklung schließen, zieht ein geschlossener Kern fast alle Feldlinien in sich hinein. Das hebt einerseits die Effektivität der Spule und verringert andererseits die Gefahr, daß uner-

10

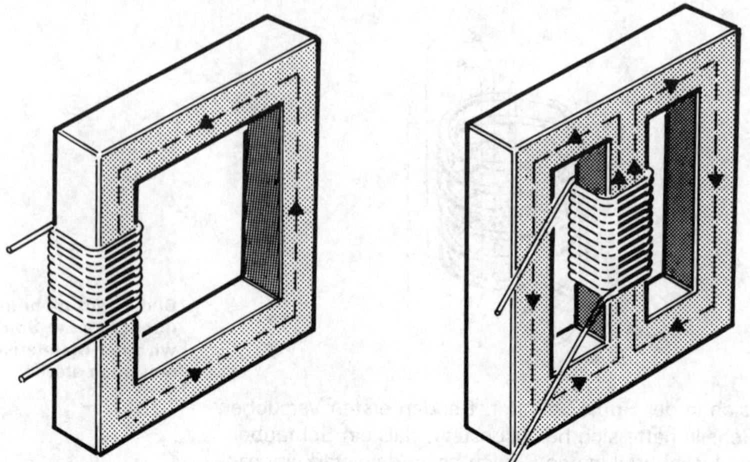

Bild 10. **Geschlossene Kerne nehmen die Feldlinien einer Spule weitgehend in sich auf.**

wünschte Felder in der Luft die elektronischen Bauelemente der Umgebung, so vorhanden, stören. Der Elektroniker spricht von Streufeld.

Spulenanwendungen

Die Funktion der Klingel beruht darauf, daß der Spulenmagnetismus Kraft ausübt. Hierbei spielen die Eisenteile der Anordnung eine wesentliche Rolle. Die Feldlinien der stromdurchflossenen Spule gehen hauptsächlich durchs Eisen. Dieser Kreis ist an zwei Stellen unterbrochen: an den beiden Übergängen zwischen dem Spulenkern und dem Blech am Klöppel. An diesen Stellen bilden sich durch die Feldlinien Nord- und Südpole aus, die sich anziehen, genauer: die den Klöppel zur Spule ziehen.

11

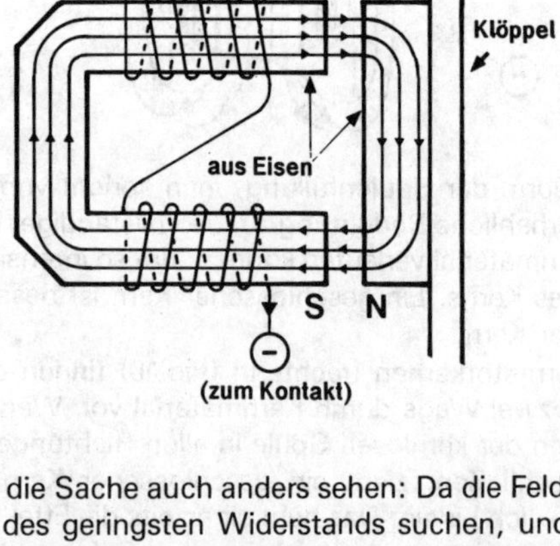

Bild 11. Die Feldlinien der Klingelspulen schließen sich über den Eisenhalter und den Blechklöppel. An den Übergängen bilden sich Nord- (austretende Feldlinien) und Südpole (eintretende Feldlinien). Die Pole ziehen sich gegenseitig an und bewegen so den Klöppel. Dieser Effekt ist unabhängig von der Richtung der Feldlinien bzw. des Spulenstroms, weil sich alle Polaritäten gleichzeitig ändern.

Man kann die Sache auch anders sehen: Da die Feldlinien sich den Weg des geringsten Widerstands suchen, und der geht möglichst weitgehend durch Eisen, versuchen sie den Eisen-

kern und das Blech des Hämmerchens zusammenzuziehen. Aus beiden Erklärungen folgt, daß die Richtung des Spulenstrom, und damit der Feldlinien, ohne Bedeutung ist. Deshalb braucht man beim Anschließen der Klingel nicht auf die Pole zu achten, sie tut's sogar mit Wechselspannung.
Auch auf einen Dauermagneten übt die Spule eine Kraft aus, die ist jedoch von der Richtung des Spulenstroms abhängig.

12

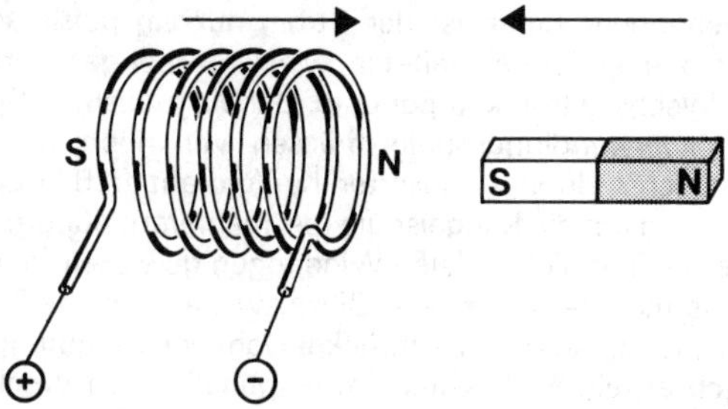

Bild 12. Der Spulenmagnetismus hat auch Pole. Ein anderer Magnet wird angezogen oder, je nach Richtung des Spulenstroms, abgestoßen.

Relais, so nennen sich durch Spulen betriebene Schaltkontakte, sind der Klingel sehr verwandt. Statt des Klöppels sind ein oder mehrere Kontakte eingebaut. Der Klöppelkontakt selbst fehlt, denn ein Relais soll so lange anziehen, wie der Spulenstrom fließt. Die meisten Relais funktionieren nach Art der Klingel mit Gleich- und Wechselspannung.
Auch der Elektromotor ist eine praktische Anwendung der Magnetfelder von Spulen (siehe "Korkmotor" auf Seite 134).

Transformatoren

Daß die Veränderung des Magnetfelds Spannung in einer Spule erzeugt, hatten wir bereits im letzten Kapitel besprochen. Die Veränderung wurde durch Bewegung erzeugt. Man kann statt dessen eine zweite Spule in der Nähe der ersten anbringen und mit Wechselstrom speisen. Der Wechselstrom erzeugt in dieser Spule ein Magnetfeld, dessen Stärke und Richtung sich laufend ändert — genau die Voraussetzung für das Zustandekommen einer Spannung in der anderen Spule.

13

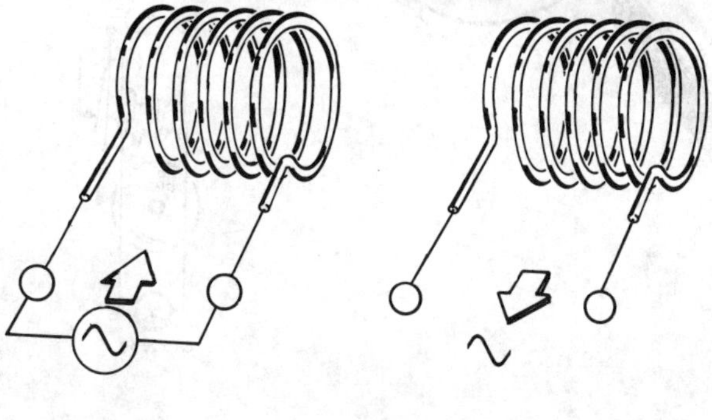

Bild 13. Die linke Spule wird mit Wechselstrom gespeist. Das wechselnde Magnetfeld verursacht (induziert) in der rechten Spule eine Wechselspannung.

So funktioniert ein Transformator, kurz Trafo. Spannung wird in Magnetismus gewandelt, und der wieder in Spannung zurück. In den Transformator fließt Strom hinein und wieder hinaus, obwohl keine leitende Verbindung dazwischen besteht. Unsere treue Schelle kann auch zum Nachweis des Transformator-Prinzips herangezogen werden. Dabei dient die Spule als Spannungs-Magnetismus-Wandler, im Fachjargon: Primärwicklung. Den Wechselstrom erzeugt die Klingel im Betrieb selbst. Genaugenommen ist der Strom nur ein pulsierender Gleichstrom, aber der beinhaltet ja, wie wir früher gesehen haben, eine Wechselstromkomponente. Die Magnetismus-Spannungs-Rückverwandlungsspule müssen wir noch dazubasteln: Möglichst dünner, isolierter Kupferdraht (z.B. Kupferlackdraht) wird um die Klingelspule (bei mehreren: nur um eine der Spulen) in möglichst vielen Windungen gewickelt (mindestens 20; je mehr — je besser). Diese zweite Spule heißt Sekundärwicklung und gibt die zurückgewonnene Spannung ab, im Versuch an ein Multimeter (im empfindlichsten Wechselspannungsmeßbereich).

14

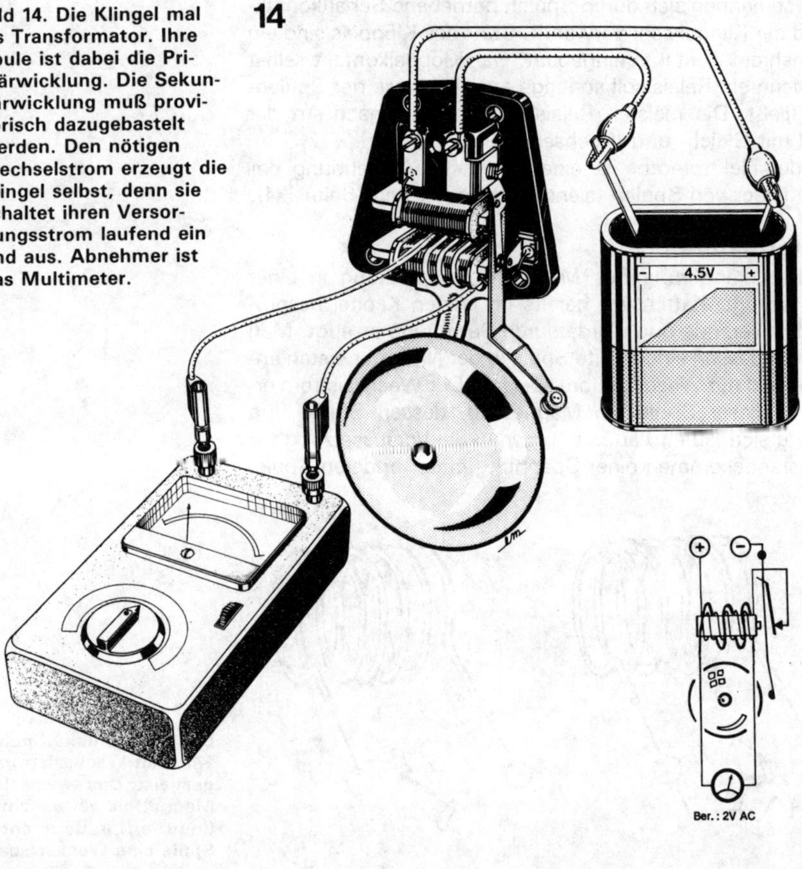

Bild 14. Die Klingel mal als Transformator. Ihre Spule ist dabei die Primärwicklung. Die Sekundärwicklung muß provisorisch dazugebastelt werden. Den nötigen Wechselstrom erzeugt die Klingel selbst, denn sie schaltet ihren Versorgungsstrom laufend ein und aus. Abnehmer ist das Multimeter.

Die Spannung, die auf diese Art entsteht, ist minimal. Man muß schon genau hinsehen, um den Ausschlag zu erkennen. Schaltet man jedoch auf Gleichspannungsmessung um, ergibt sich gar kein Ausschlag. Wir haben es also wie zu erwarten mit Wechselspannung zu tun. Die geringe Spannungsausbeute hat mit der Form der Wechselspannung zu tun. Sie besteht aus sehr kurzen Spannungsimpulsen, die das Meßinstrument nur schlecht registriert. Man kann dem mit einer kleinen Meßschaltung abhelfen.

15

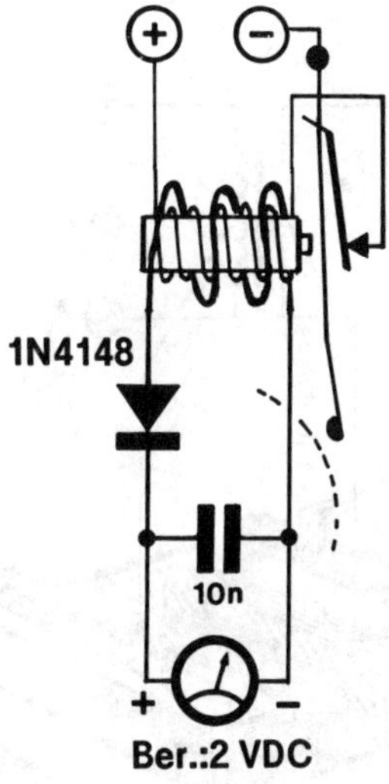

Bild 15. Die kleine Zusatzschaltung zum Erhöhen der Meßspannung. Die Ausgangswechselspannung wird gleichgerichtet und lädt den Kondensator.

Die Diode, eine gewöhnliche Siliziumdiode, richtet die Wechselspannung gleich und lädt damit den Kondensator auf. Bei geschickter Einstellung der Kontaktschraube können über 1 V Gleichspannung gemessen werden.
Nun ist die Windungszahl der selbstgebastelten Sekundärwicklung minimal im Vergleich zu den ca. 500...1000 Windungen der Spule(n).
Das Verhältnis der beiden Windungszahlen gibt beim Transformator auch an, in welchem Verhältnis die Spannungen an den Spulen stehen. Dazu ein Rechenbeispiel. Die beiden Spulen eines Trafos sollen 2200 bzw. 100 Windungen aufweisen. Die Spannung an der kleinen Wicklung ist ein 22stel der Spannung an der großen Wicklung.
Die Windungszahlen sind für einen Netztransformator zum Herabsetzen der gefährlichen 220 V gut geeignet. Die Ausgangsspannung beträgt, wenn man die große Spule als Primärwicklung an das Netz legt:

$$220\ \text{V} \cdot \frac{100}{2200} = 10\ \text{V}$$

Das Prinzip funktioniert allerdings nur dann so gut, wenn die Wicklungen auf einen geeigneten Kern montiert werden, bei dem die Feldlinien vollständig gefaßt sind. Ein fertiger Trafo sieht so aus (Bild 16).

16

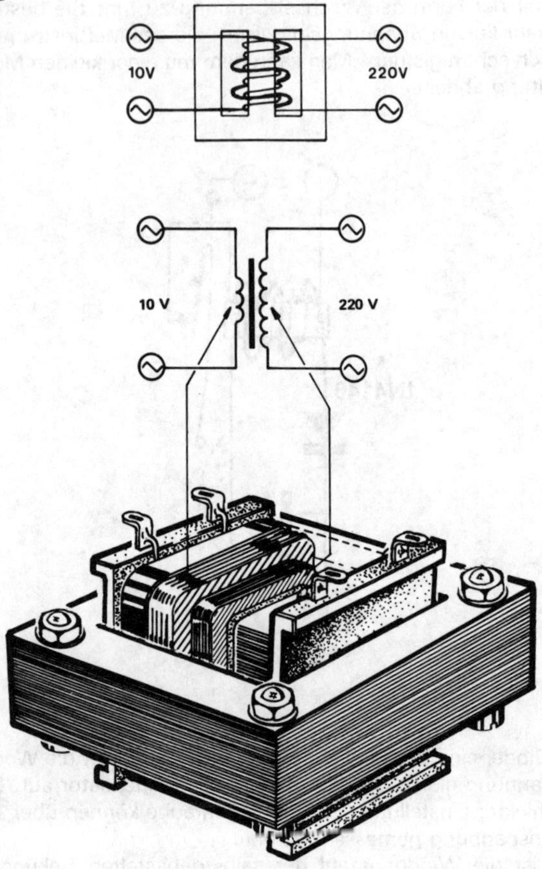

Bild 16. Auf den Kern kommt es auch beim Netztransformator an. Er beansprucht den meisten Platz. Die 220-V-Wicklung liegt meistens innen, die Sekundärwicklung außen, dazwischen eine kräftige Isolierung. Trafos können auch mit mehreren Sekundärwicklungen für mehrere Ausgangsspannungen bewickelt sein.

Primär- und Sekundärwicklung sind auf den Mittelschenkel gewickelt, das wechselnde Magnetfeld schließt sich über die äußeren Schenkel (siehe auch Bild 10).

Wechselspannungen zu wandeln, ist die häufigste Anwendung für Transformatoren. Dabei ist gleichgültig, in welcher Richtung: Mit dem erwähnten 10-V-Trafo lassen sich 220 V gewinnen, wenn eine 10-V-Wechselspannungsquelle zur Verfügung steht. Das ist auch logisch, denn beide Wicklungen sind prinzipiell gleich "konstruiert". Über eins muß man sich jedoch im klaren sein: Auch wenn die Volt vom Trafo vermehrt werden können, mit den Watt, also der elektrischen Leistung, geht es nicht (mit der Energie, den kWh, auch nicht).

Die Leistung an beiden Wicklungen ist gleich. Angenommen der 10-V-Netztrafo gibt gerade 1 A ab. Das macht:

$10\ V \cdot 1\ A = 10\ W$

Leistung. Die gleiche Leistung wird vom Netz aufgenommen. Dabei fließt in der Primärwicklung ein Strom von:

$$\frac{10\ W}{220\ V} = 0{,}045\ A = 45\ mA$$

Der fließt natürlich nur so lange, wie das eine Ampere "hinten" abgezapft wird.
Umgekehrt muß eine 10-V-Wechselspannungsquelle, die auf 220 V hochgespannt werden soll, auch 1 A abgeben, um bescheidene 45 mA bei 220 V zu ermöglichen. Für 1 A (bei 220 V) müßte sie 22 A einspeisen, was allerdings nur funktioniert, wenn der Trafo entsprechend stark dimensioniert ist. Man sieht den Zahlen an, daß der Strom im umgekehrten Verhältnis wie die Spannungen bzw. die Windungszahlen gewandelt wird.
Genaugenommen muß man natürlich dem Trafo etwas mehr Leistung einspeisen, wie ihm entnommen wird, denn in den Wicklungen und im Kern entstehen einige % Verluste.
Den Netztransformatoren ist ein Teil des Kapitels 10 gewidmet.

Induktion

Vermutlich ist Ihnen beim Umgang mit der Schelle das Funken am Klöppelkontakt aufgefallen. Funken, kleine Blitze, sind immer ein Zeichen für hohe Spannungen. Nur erhebliche Spannungen können Strom durch die isolierende Luft "zwingen". Aber wie hoch ist die Spannung? Mit dem Multimeter messen ist unmöglich, denn die Funken dauern nur extrem kurze Zeit. Mit einer Zusatzschaltung geht's trotzdem (Bild 17).
Der Kondensator wird von den vielen kurzen Spannungsimpulsen, die sonst die Funken erzeugen, geladen. Damit die Kondensatorspannung bei geschlossenem Kontakt nicht wieder zusammenbricht, ist eine Diode zwischengeschaltet. Kondensator und Diode müssen ziemlich spannungsfest sein, denn es entstehen gut 200 V (evtl. Kontaktschraube etwas nachstellen). Aber keine Bange, diese Spannung ist so instabil, daß nichts passieren kann; man kriegt beim Berühren allenfalls "eine gefegt".
Wie kommt's zu derartig hoher Spannung? Beim Einschalten der Klingel fließt Strom durch die Spule. Sie erzeugt Magnetismus, der sich in den Eisenteilen konzentriert. Der Klöppel wird angezogen, und infolgedessen der Strom abgeschaltet. Jetzt bricht der Magnetismus zusammen. Dies ist aber eine Magnetfeldänderung, von der wir wissen, daß sie in einer Spule Spannung erzeugt, hier in der Klingelspule. Diese Induktionsspannung erzeugt den Funken. Daß sie so hoch ist, liegt an der magnetischen Energie, die sich nach dem Abschalten des Stroms noch in der Spule und in den Eisenteilen befindet. Sie kann dort nicht länger gespeichert werden und muß sich entladen, indem sie einen Strom erzwingt. Das gelingt ihr nur mit einer sehr hohen Spannung. Es ist, als wollte die Spule den

17

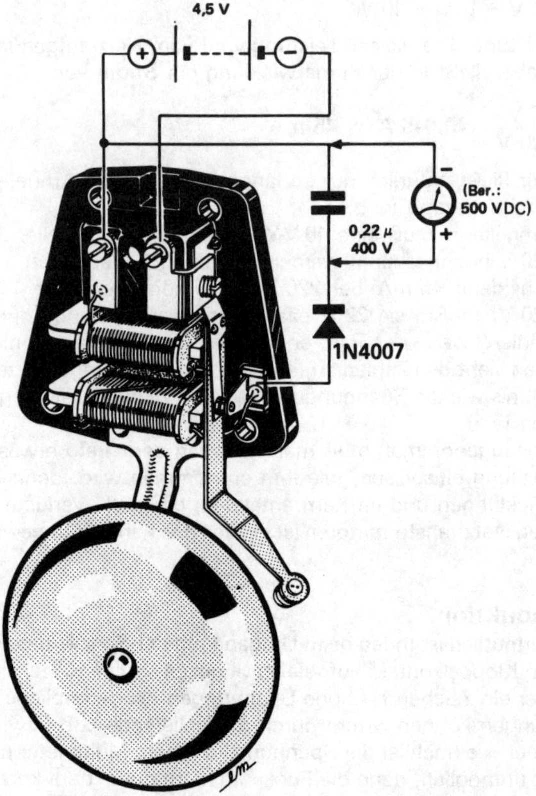

Bild 17. Zum Messen der Induktionsspannung, die die Spule beim Abschalten erzeugt, ist auch eine spannungsfeste Diode nötig. Die 1N4007 verträgt 1000 V. Wegen der Meßschaltung ist die Spannung allerdings niedriger als beim Funken.

abgeschalteten Strom weiterfließen lassen. Ermöglichen wir ihr dies doch einmal, wenigstens gedanklich. Angenommen, die Schelle habe einen zweiten Kontakt, der die Spule noch im Moment des Abschaltens kurzschließt.

18

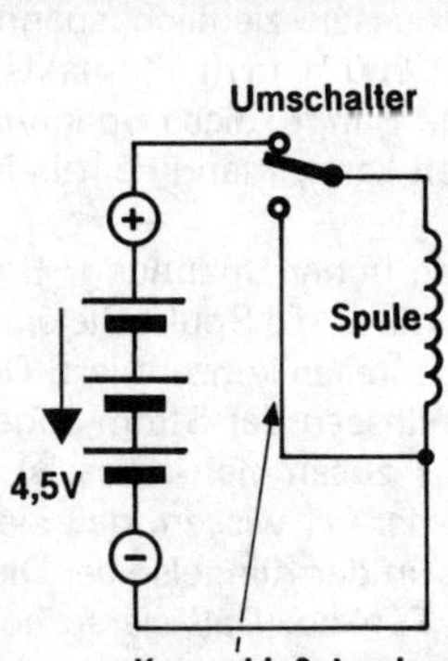

Bild 18. Schließt man eine Spule (dieses Prinzipschaltbilds) sofort nach dem Abschalten von der Spannungsquelle kurz, fließt der Spulenstrom ungehindert weiter, theoretisch unendlich lang, praktisch nur kurze Zeit.

Sobald der Speisestrom abgestellt ist, beginnt das Magnetfeld abzubauen. Dieser Abbau verursacht eine Induktionsspannung, und die wiederum einen Strom durch Kurzschlußweg

und Spule. Der neue Strom richtet das verlorengegangene Magnetfeld wieder auf. Das ist ein Kreislauf: Der Strom erhält den Magnetismus, und der Magnetismus den Strom, theoretisch bis in alle Ewigkeit. Die kurzgeschlossene Spule ist ein Energiespeicher, vergleichbar mit dem geladenen Kondensator. Was beim Kondensator die Ladespannung, ist bei der kurzgeschlossenen Spule der Strom.
Ein Wassermodell für die Spule zeigt dies plastisch. Der Wasserstrom, den die Pumpe verursacht, fließt nach dem Umschalten des Hahns weiter, bis der Schwung des Wassers in der Spule verbraucht ist.

19

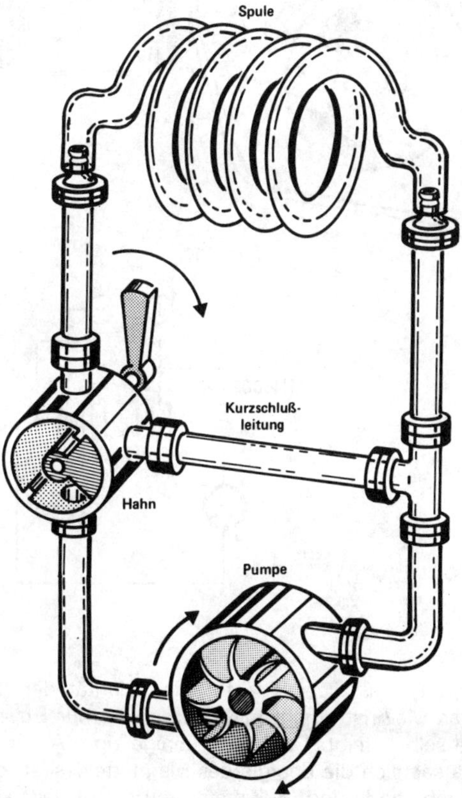

Bild 19. Ein Wassermodell der Spule. Auch nach dem Umschalten des Hahns fließt das Wasser weiter. Würde man jetzt einen Spulenzufluß absperren, entstünde dort hoher Druck, weil der Schwung des Wassers gestoppt wird. Dem entspricht die Induktionsspannung beim Abschalten des Spulenstroms.

Aber der Spulenstrom versiegt ungeachtet der Theorie ziemlich schnell, denn an Draht- und anderen Widerständen geht Energie verloren. Spulen sind nur als kurzzeitige Energiespeicher geeignet.
Übrigens läßt sich der Speicherstrom an der Schelle leicht nachweisen. Statt eines zweiten Kontakts wird eine Diode eingesetzt, und das Multimeter dient wieder der "Beweissicherung".

20

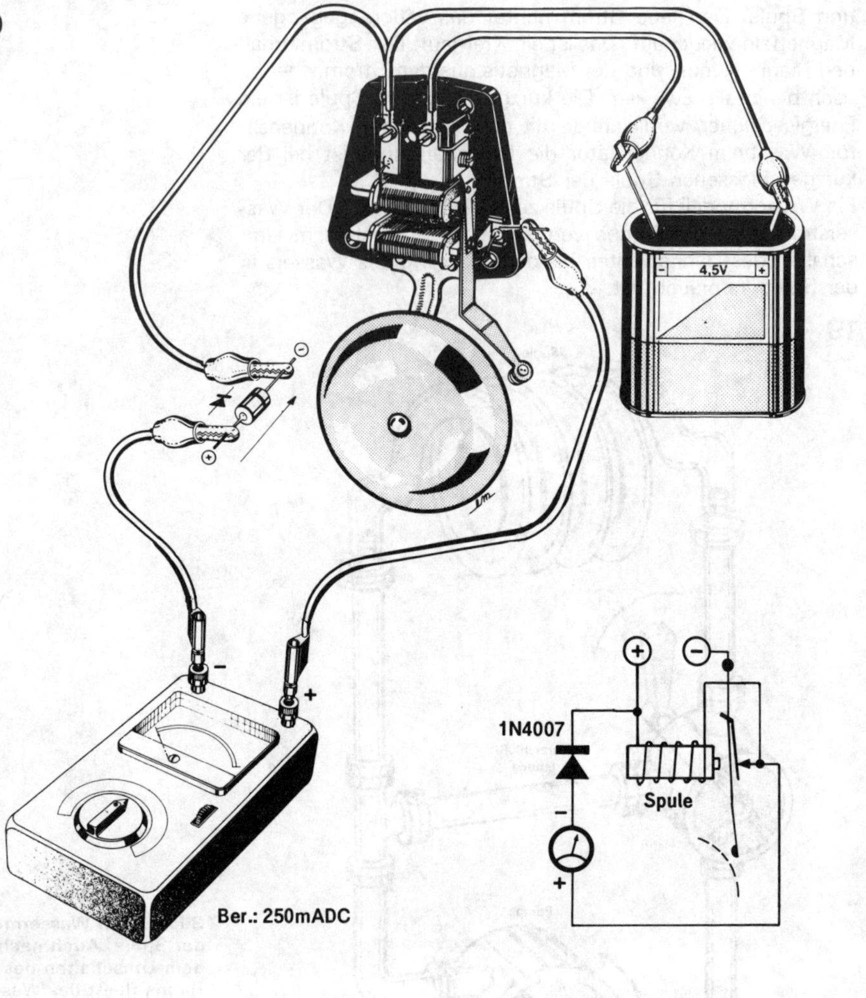

Bild 20. Über die Diode kann der Spulenstrom nach dem Abschalten der Batterie weiterfließen. Das Meßinstrument zeigt ihn an. Für die Batteriespannung selbst sperrt die Diode.

Man erkennt, daß die Diode für die Polarität der Batterie sperrt. Das Meßinstrument mißt tatsächlich nur Strom, den die Spule selbst treibt. Die Werte: Einige zig mA.

Daß es tatsächlich die Energie des Magnetfeldes ist, die den Strom durch Diode und Multimeter verursacht, läßt sich mit einem weiteren Indiz belegen: Die Funken am Kontakt verschwinden bei dieser Beschaltung. Der Trick mit der Diode wird immer angewandt, wenn Spulen, zum Beispiel Relais, in elektronischen Schaltungen vorkommen (Bild 20).

Dieses Relais wird vom Transistor ein- und ausgeschaltet. Damit beim Abschalten keine Induktionsspannung entsteht, die den Halbleiter leicht zerstören könnte, schaltet man die erläuterte Diode, hier Freilaufdiode genannt, parallel. Sie sieht schon etwas merkwürdig verpolt aus, neben dem Relais. Nun soll die Freilaufdiode im normalen Betrieb ja auch sperren. Die

21

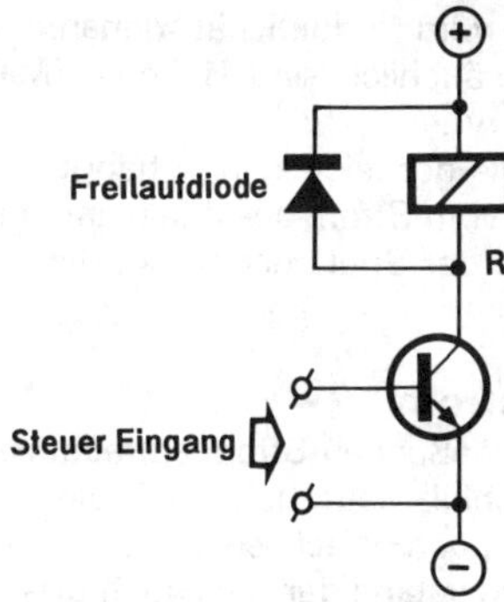

Bild 21. Wenn der Transistor den Spulenstrom abschaltet, entsteht am Relais Induktionsspannung. Weil die Induktionsspannung jedoch verpolt ist, wird sie von der Diode kurzgeschlossen. Oder anders: Die Spule kann ihren Strom nach dem Abschalten über die Dioden weiterfließen lassen.

Induktionsspannung ist jedoch verpolt und wird von der Diode wunschgemäß kurzgeschlossen.
Die Verpolung beruht auf der Doppelrolle, die die Spule spielt: An der Batterie liegend ist sie ein Verbraucher, nach dem Abschalten jedoch selbst eine Strom- bzw. Spannungsquelle. Da der Strom beidesmal die gleiche Richtung hat, bleibt ihr nichts anderes übrig, als die Spannung umzupolen.

22

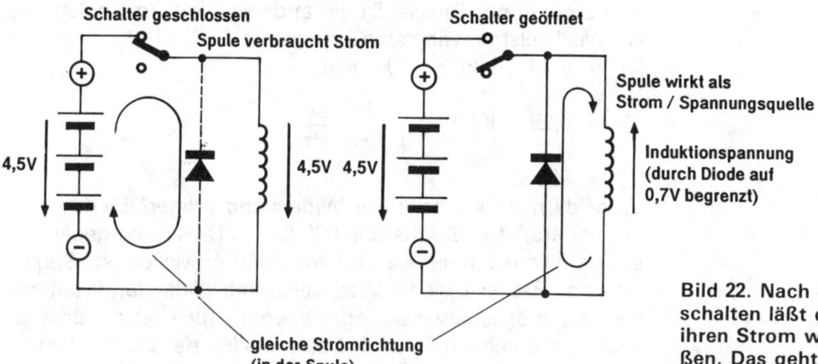

Bild 22. Nach dem Abschalten läßt die Spule ihren Strom weiterfließen. Das geht nur, wenn sie eine Spannung annimmt, die der Speisespannungspolung entgegengerichtet ist.

Induktivität

Spulen speichern elektrische Energie. Sie wandeln dazu die elektrische Energie beim Laden in magnetische Energie, bzw. beim Entladen magnetische Energie in elektrische. Die eigentliche Speicherform ist also die magnetische. Deshalb ist das Speichervermögen einer Spule auch um so besser, je besser das magnetische Verhalten der Spule ist: Mehr Windungen und ein guter Kern, am besten ein geschlossener, erhöhen das Speichervermögen. Am günstigsten ist ein Kern aus Ferritmaterial, der sich vollständig um die Spule schließt, ein sogenannter Topfkern.

23

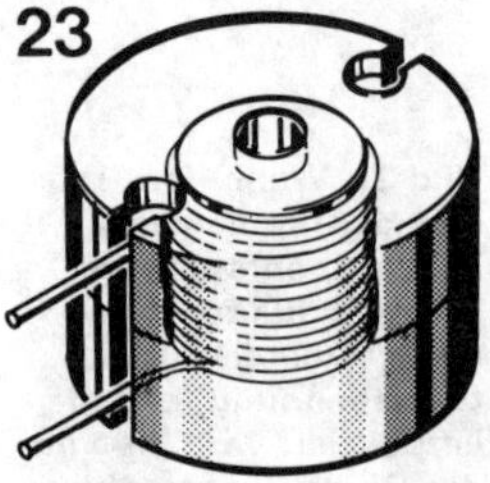

Bild 23. Der Schalenkern umschließt die Spule innen wie außen. Alle Feldlinien verlaufen durch das Ferritmaterial.

Das Speichervermögen wird Induktivität genannt und in Henry (H) beziffert. Gebräuchlich sind H-, mH- (Millihenry) und µH-Werte (Mikrohenry).
Wieviel Energie eine Spule gespeichert hat, hängt außer von der Induktivität natürlich vom Strom ab. Wie beim Kondensator die Spannung, ist bei der Spule der Strom der Pegel der geladenen Energie.

Spule und Wechselstrom

Die Spule versucht, den fließenden Strom aufrecht zu halten. Der logische Umkehrschluß lautet: Die Spule behindert Stromänderungen, also auch Wechselströme, sie stellt für Wechselströme einen Widerstand dar. Wie hoch dieser Wechselstromwiderstand ist, hängt von der Induktivität ab und von der Frequenz: Je schneller der Strom wechselt, um so hinderlicher die Trägheit der Spule. Die Formel für den Wechselstromwiderstand lautet:

$$X_L = 2 \cdot \pi \cdot f \cdot L$$

mit $1\ \mathrm{H} = 1\ \frac{\mathrm{Vs}}{\mathrm{A}} = 1\ \frac{\Omega}{\mathrm{Hz}}$

($2 \cdot \pi = 6{,}28\ldots$; f = Frequenz in Hz; L = Induktivität in H)
Zur Verdeutlichung ein Rechenbeispiel. Gesucht sei der Wechselstromwiderstand einer 100-mH-Drossel für eine 1-kHz-Sinusspannung. Drossel ist ein anderes Wort für Spulen, die als Wechselstromwiderstand fungieren.

$$\begin{aligned} X_L &= 6{,}28 \cdot 1\ \mathrm{kHz} \cdot 100\ \mathrm{mH} \\ &= 6{,}28 \cdot 1000\ \mathrm{Hz} \cdot \frac{100}{1000}\ \frac{\Omega}{\mathrm{Hz}} \\ &= 628\ \Omega \end{aligned}$$

Wäre da nicht ein normaler Widerstand billiger? Sicher, aber der hat auch für Gleichstrom 628 Ω, die Drossel hingegen nur ein paar Ω, wenn sie aus dickem Draht gewickelt ist. Spulen sind also Bauteile, die für Wechselströme Widerstände aufweisen, sie möglicherweise sogar sperren, für Gleichströme jedoch gut durchgängig sind. Damit stellen sie das Pendant zu den Kondensatoren dar, die Gleichströme sperren, und Wechselströme durchlassen.
Ähnlich wie bei den Kondensatoren verbrauchen Spulen als Wechselstromwiderstände keine Energie, denn wie zu sehen war, kommt die gespeicherte Energie immer wieder heraus.
Und auch die Eigenschaft, die Phasen von Wechselspannung und Wechselstrom um 90° gegeneinander zu verschieben, haben die Spulen mit den Kondensatoren gemein, allerdings hinkt der Spulenstrom der Spulenspannung um 90° hinterher, beim Kondensator ist's genau umgekehrt.
Die Phasenverschiebung ist leicht zu erklären: Wenn an die stromlose Spule eine Spannung gelegt wird, versucht die Spule den alten Strom, nämlich gar keinen, beizubehalten. Erst allmählich überwindet die Spannung die Spulenträgheit. Fließt der Strom schließlich, kann die Spannung getrost Null werden

— der Strom fließt trotzdem weiter. Er klingt jedoch jetzt ab und erzeugt dabei selbst Spannung. Allerdings die umgekehrte Spannungshalbwelle, die eigentlich erst eine Viertelperiode später dran wäre; kurz: Der Strom läuft der Spannung um 90° hinterher.

Da Spulen und Kondensator einander "verwandt" sind, wurden ihre wesentlichen Eigenschaften in Tabelle 3 gegenübergestellt.

24

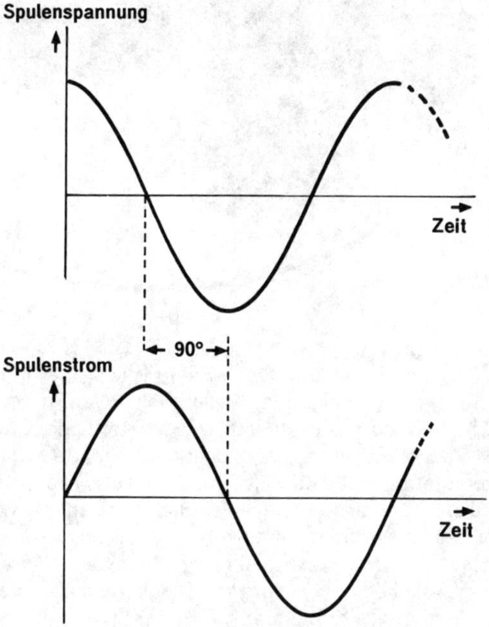

Bild 24. Der Spulenstrom folgt der Spulenspannung mit einer halben Halbwelle Verspätung. Das ist eine Viertel Periode oder 90°.

Tabelle 3.	**Spule**	**Kondensator**
Beim Laden steigt:	Strom	Spannung
Ladung wird erhalten bei:	Kurzschluß	offenen Anschlüssen
Gleichstromverhalten:	Leiten (ideal: 0 Ω)	Sperren (ideal: ∞ Ω)
Wechselstromwiderstand bei hoher Induktivität bzw. Kapazität:	hoch	niedrig
Wechselstromwiderstand bei steigender Frequenz:	steigend	sinkend
Strom-Spannungs-Phasenverschiebung:	90° (Spannung eilt Strom vor)	90° (Strom eilt Spannung vor)

Der Korkmotor

Natürliche Materialien wie Holz, Baumwolle, Jute und anderes erfreuen sich steigender Beliebtheit. Warum sollte die Elektrotechnik da zurückstehen? Das Elektor-Labor hat einen ersten Schritt in diese möglicherweise zukunftsweisende Richtung getan und einen Elektromotor entwickelt, bei dem wesentliche ehemalige Metallteile durch Kork ersetzt wurden. Da bei der Konstruktion Weinkorken zum Einsatz kommen, leistet der Korkmotor obendrein einen bemerkenswerten Beitrag zum Abfallrecycling. Nur zwei Dinge, nämlich eine 4,5-V-Batterie und etwas Kupferdraht, bekommt man beim Elektronikhändler. Das restliche Material muß man sich anders organisieren. Karton, 16 Stecknadeln und zwei Korken dürften in Nähkorb und Krimskramskiste zu finden sein. Die beiden Magneten unseres Musteraufbaus stammen aus zwei defekten Lautsprechern. Lautsprechermagnete befinden sich in der Mitte des Korbes und sind leicht zu erreichen, wenn man die Membrane herausschneidet. Ein Hufeisenmagnet mit ca. 25 mm Öffnungsweite oder andere, möglichst starke Magnete tun's jedoch ebenfalls.

Zuerst baut man den "Läufer", den drehenden Teil des Motors. Er besteht aus einem ganzen Korken. In die Mittelpunkte der Stirnseiten wird je eine Nadel gesteckt: Die Welle des Motors. Die Läuferwicklung besteht aus 0,3 mm starkem, lackiertem Kupferdraht (Kupferlackdraht CuL), der in etwa 14 Windungen in Längsrichtung um den Korken gewickelt wird. Die Enden des Drahtes werden mit zwei abgebrochen Nadelresten, die in einer Stirnfläche stecken, verbunden. Dazu muß der Isolierlack vorher abgeschabt werden. Über die kurzen Nadeln wird der Strom für die Spule zugeführt. Man muß darauf achten, daß die Nadeln genau dort stecken, wo der Wicklungsdraht die Stirnfläche überquert. Die Abstände von der Achs-Nadel müssen gleich sein. Der Läufer ist auf zwei Böcken aus je zwei gekreuzten Stecknadeln gelagert. Diese Nadeln stecken ebenso wie die Halter der Magneten in Korkscheiben. Karton, Kork und Magnete werden mit Sekundenkleber verbunden. Beide Magnete stehen in die gleiche Richtung, es zeigen also der Nordpol des einen und der Südpol des anderen Magneten zum Läufer. Sobald Strom durch die Läuferwicklung fließt, wird die Spule zum Elektromagneten, der sich nach den entsprechenden (d.h. entgegengesetzten) Polen der festgeklebten Magnete richtet. Durch Umkehren der Stromrichtung kehren sich auch die Pole des Elektromagneten um, und der Läufer dreht sich weiter, bis seine Pole wieder richtig stehen.

Im Dauerbetrieb wird der Läufer durch Umpolen immer wieder eine halbe Drehung weiterbewegt. Auch die Umpolvorrichtung, der sogenannte Kollektor (der hier nichts mit dem Kollektor eines Transistors zu tun hat), ist denkbar einfach: Die letzten zwei Nadeln halten die Batterieverbindungslitzen, deren Enden abisoliert und fein aufgefächert sind. Die kleinen Drahtfächer kontaktieren die Verbindungsnadeln der Wicklung. Bei jeder Umdrehung des Läufers kehrt sich der Wicklungsstrom um.

Den fertiggebauten Motor zum Laufen zu bringen, ist Feinarbeit: Die Drahtfächerchen müssen so gerichtet werden, daß sie Kontakt geben, ohne den Läufer zu stark zu bremsen. Optimal eingestellt, kann es der Motor auf über 200 Touren pro Minute bringen.

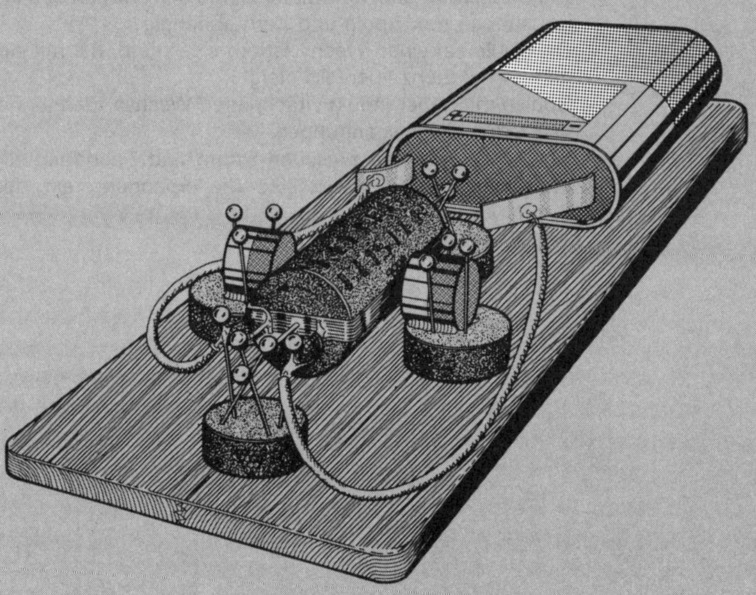

Zusammenfassung

- Strom erzeugt Magnetismus.
- Magnetische Feldlinien geben die Kraftrichtung des Magnetismus an. Sie sind immer geschlossen.
- Spulen erzeugen aufgrund ihrer Bauform starken Magnetismus.
- Der Spulenmagnetismus ist von der Windungszahl und vom Spulenstrom abhängig.
- Eisen und Ferrite konzentrieren den Magnetismus.
- Relais sind durch Elektromagnetismus betriebene Schalter.
- Transformatoren sind Wechselspannungswandler mit zwei (oder mehr) Spulen.
- Das Verhältnis der Wechselspannungen an den Spulen eines Trafos ist gleich dem Verhältnis der Windungszahlen.
- Die Spulenströme im Trafo verhalten sich umgekehrt wie die Spannungen.
- Ein Trafo nimmt so viel (genauer: etwas mehr) Leistung auf, wie er abgibt.
- Der Spulenstrom kann sich nicht übergangslos ändern. (Die Spule "versucht", den jeweiligen Strom beizubehalten.)
- Wird der Spulenstrom abgeschaltet, erzeugt die Spule eine Induktionsspannung, die einen Funken (allgemein: Strom) verursacht.
- Die Polarität der Induktionsspannung ist umgekehrt der Polarität der Speisespannung.
- Die Spule speichert elektrische Energie in Form von magnetischer Energie.
- Das Speichervermögen einer Spule wird Induktivität genannt und in Henry (H) beziffert. Die Induktivität ist von der Windungszahl, dem Kernmaterial und den Formen und Abmessungen von Spule und Kern abhängig.
- Die Spule hat einen Wechselstromwiderstand, der mit steigender Frequenz ebenfalls steigt.
- Spulen mit hoher Induktivität sperren Wechselspannungen und leiten Gleichspannungen.

  Spulen verursachen zwischen Strom und Spannung eine Phasenverschiebung von 90°. Die Spannung eilt dem Strom vor.

10. Netzteile

Daß man mit Transformatoren Wechselspannungen nahezu beliebig herauf- und herabtransformieren kann, ohne dabei hohe Verluste in Kauf zu nehmen, ist wohl der wichtigste Grund dafür, daß unsere Versorgungsnetze mit Wechselstrom arbeiten. Generatoren erzeugen die elektrische Energie bei mittelhohen Spannungen (einige kV), transportiert wird sie über Hoch- und Höchstspannungsleitungen (zig und hunderte kV), zur Versorgung der Haushalte setzt man sie dann auf (relativ) kleine Werte um (380/220 V), und in der Elektronik arbeitet man mit Kleinspannungen (meist unter 42 V). Dort braucht man allerdings Gleichspannungen. Netzteile für elektronische Schaltungen enthalten also außer einem passenden Trafo eine Schaltung zum Verwandeln der Wechsel- in Gleichspannung.

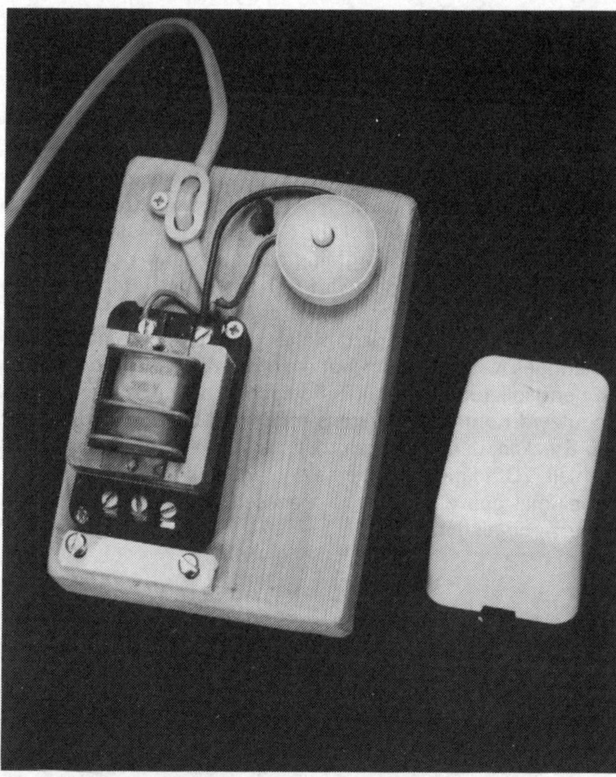

Foto 1. Erst wenn alles so ist, daß man kein 220 V führendes Teil mehr berühren kann, ist für die Sicherheit genug getan. Ein zweipoliger Schnurschalter ist jedoch sicherer als dieser einpolige Schalter.

Transformator

Als Experimentiertrafo dient ein Klingeltrafo. Er ist recht preiswert im Warenhaus erhältlich.

Wenn man sein Gehäuse abschraubt, kann man (meistens) die Trafokonstruktion gut erkennen: Den Eisenkern aus Blechen mit dem Wickelkörper, der häufig zwei Kammern aufweist, eine mit der Primärwicklung – Spannung: 220 V – und die andere mit der Sekundärwicklung. Ihre Daten sind aufgedruckt: 3-5-8 V 1 A. 1 A ist der Maximalstrom, aber die Spannungsangabe bedarf der Erklärung. Der Trafo ist nämlich mit zwei Sekundärspulen bewickelt. Eine 5-V-Spule und eine 3-V-Spule, beide in Serie geschaltet. Wie bei der Serienschaltung von Batterien addieren sich auch hier die Spannungen. (Dazu später mehr).

1

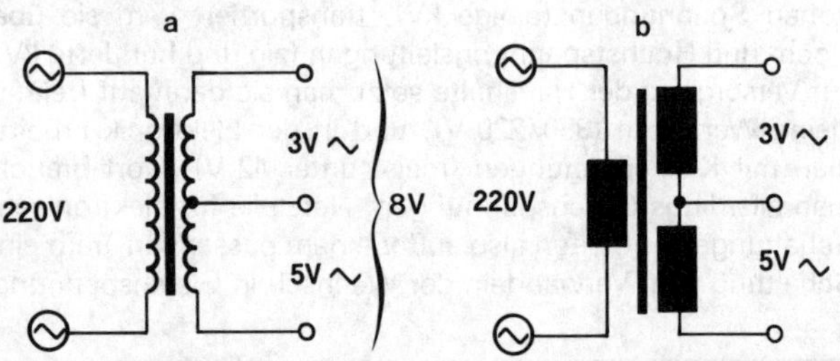

Bild 1. Beim Symbol a erkennt man noch richtig die Wicklungen, b ist dafür normgerecht. Unabhängig davon liefert der Trafo 3 V, 5 V und 8 V, je nachdem, an welchen Ausgängen man mißt. (Der Balken ist nach DIN nicht erforderlich).

Das Trafoschaltbild zeigt die drei Wicklungen anschaulich (a) bzw. symbolisch (b). Ein Balken dazwischen stellt den Eisenkern dar. Der Klingeltrafo wird auf ein Brettchen der Größe 12 × 15 cm geschraubt. (Es bleibt noch Platz für die weitere Schaltung siehe Bild 21.) In die zweiadrige Netzschnur legt man einen ebenfalls zweipoligen Schnurschalter. Das Kabel wird am Brettchenrand mit einer Kabelkrampe zugentlastet. Da 220 V eine lebensgefährliche Spannung ist, sollte man diesen Teil der Schaltung sorgfältig aufbauen und sich dabei an die "Netzspannungsregeln" im Anhang halten. Bei geschlossenem Trafogehäuse darf man keinen 220-V-Anschluß mehr berühren können. Wer ganz sicher gehen möchte, nimmt ein dreiadriges Netzkabel und legt die dritte Ader, die mit der gelbgrünen Isolierung, an das Trafoblech bzw. im Stecker an die Schutzerd-Kontakte. Übrigens muß man bei der Verdrahtung des Steckers darauf achten, daß der grün-gelbe Erdanschluß (gemäß VDE) länger als die beiden anderen ist. Sollte das Kabel einmal aus dem Stecker gerissen werden, löst sich die Schutzerde als letzte.

Bild 2. Schadet nicht und erhöht die Sicherheit: Ein Schutzleiteranschluß für den Trafokern.

2

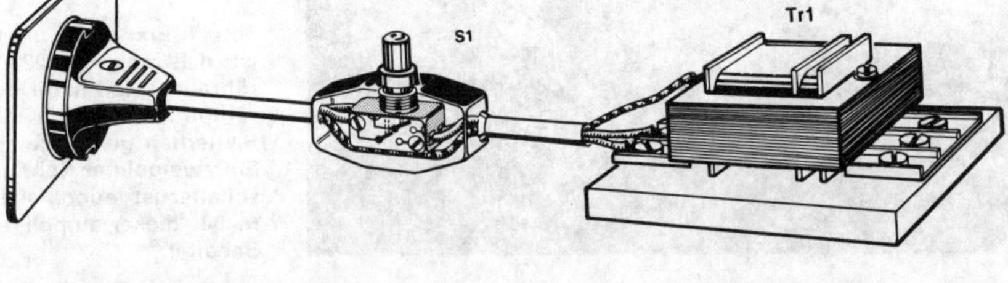

Nach der Trafomontage prüft man als erstes die Spannungen. Die drei Werte fallen erfahrungsgemäß etwas höher aus als die aufgeruckten Nennwerte. Übereinkunftsgemäß muß ein Trafo die Nennspannung bei vollem Nennstrom erbringen. Ohne Last, das Meßinstrument zieht so gut wie gar keinen Strom, kommt etwas mehr Spannung heraus, die sogenannte Leerlaufspannung. Tabelle 1 (S. 140) nimmt Ihre Meßwerte (auch von den folgenden Versuchen) auf.

Damit die Spannungen auch bei geschlossenem Gehäuse gewählt werden können, schließen Sie am besten zwei Schalter nach Schaltbild 3 an.

3

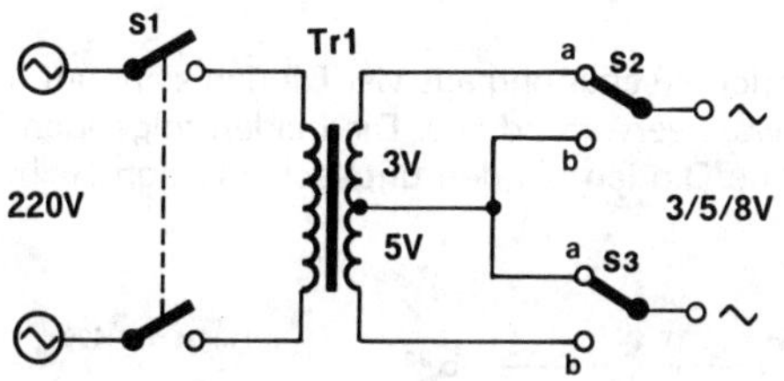

	S2	S3
0V	b	a
3V	a	a
5V	b	b
8V	a	b

Bild 3. So wählt man mit zwei einfachen Schaltern die Spannung.

Gleichspannung

Eine Diode gemäß Bild 4 ist die einfachste Gleichrichterschaltung (Einweggleichrichter) (Bild 4).

4

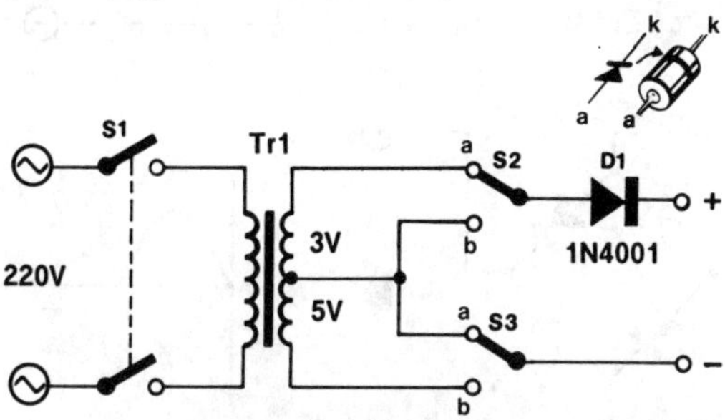

Bild 4. Eine Diode — die einfachste Gleichrichterschaltung. Sie wird nur für anspruchslose Zwecke benutzt.

Klar, daß die Diode positive Halbwellen durchläßt und so für eine eindeutige Polarität sorgt. Weil jedoch die negative Halbwelle fortfällt, hat die Ausgangsspannung Lücken. Das Zeitdiagramm Bild 5 zeigt es. Die Ausgangsgleichspannung der Schaltung ist deutlich geringer als die Trafospannung (Meßergebnisse in Tabelle 1).

5

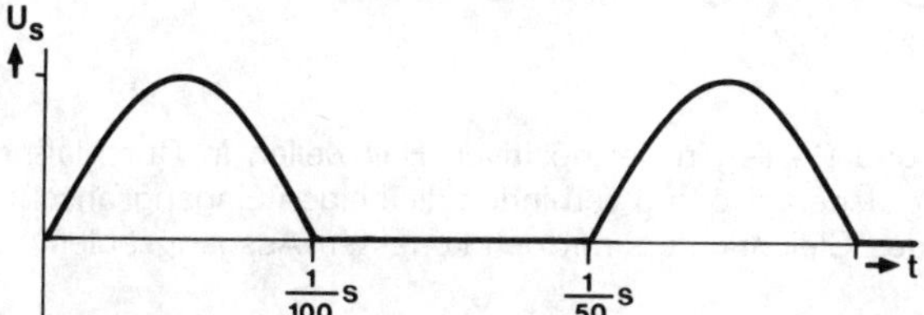

Bild 5. Der Einweggleichrichter aus Bild 4 läßt nur eine Halbwelle durch.

Tabelle 1. Für die Meßergebnisse aus verschiedenen Bauabschnitten des Netzteils.

Tabelle 1.

Nennspannung	Leerlaufspannung	Gleichspannung (Einweg)	Gleichspannung (Brücke)	Gleichspannung (mit Ladeelko)
3 V	V	V	V	V
5 V	V	V	V	V
8 V	V	V	V	V

Weitaus besser geht's mit der Brücken-Gleichrichterschaltung.

Diese Gleichrichterschaltung aus vier Dioden sieht auf den ersten Blick etwas verwirrend aus. Die beiden folgenden Bilder zeigen, welche Dioden bei den unterschiedlichen Halbwellen öffnen.

6

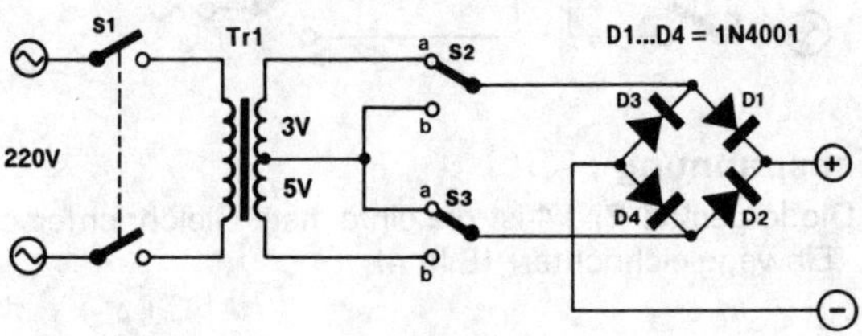

Bild 6. Der Brückengleichrichter kehrt die negativen Halbwellen um. So werden alle Halbwellen genutzt.

7

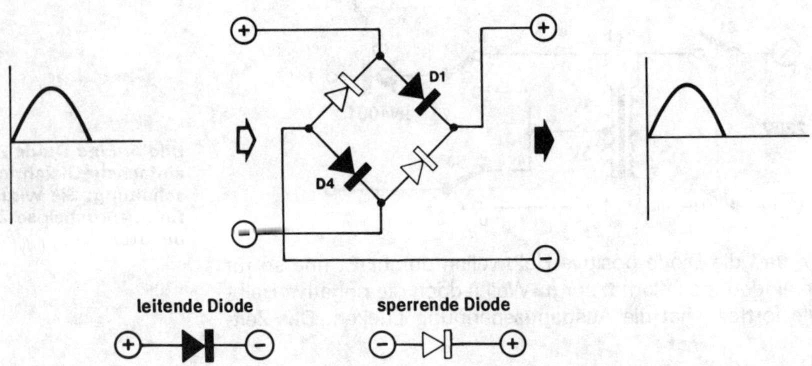

Bild 7. D1 und D4 leiten die positiven Halbwellen,...

D1 und D4 liegen bei positiven Halbwellen in Durchlaßrichtung, leiten also und verbinden die beiden Eingangsanschlüsse des Gleichrichters mit den korrekten Ausgangspolen.

Kommt eine negative Halbwelle vom Trafo, leiten D2 und D3. Die Polarität wird im Gleichrichter umgekehrt – liegt also am Ausgang wieder richtig. Alle Halbwellen haben hinter dem Gleichrichter die selbe Polarität.

8

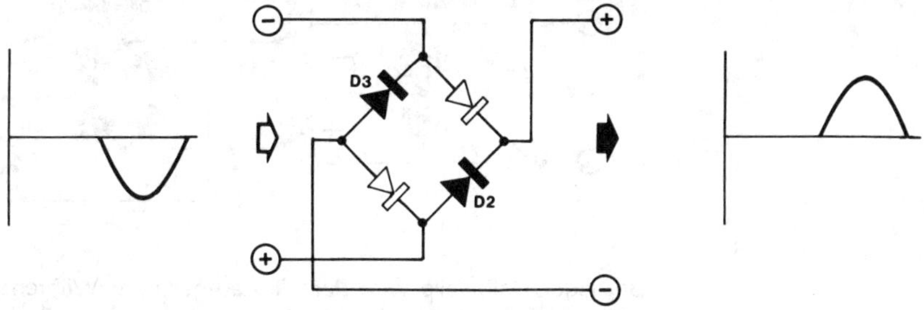

Bild 8. ...D2 und D3 die negativen.

Obwohl es fertige Brückengleichrichter zu kaufen gibt, ist der Gleichrichter auf dem Experimentierbrettchen aus vier Einzeldioden (1 N 4001; 100 V 1 A) aufgebaut. (Bei den eingezeichneten Punkten werden später Lötnägel eingeschlagen.)

9

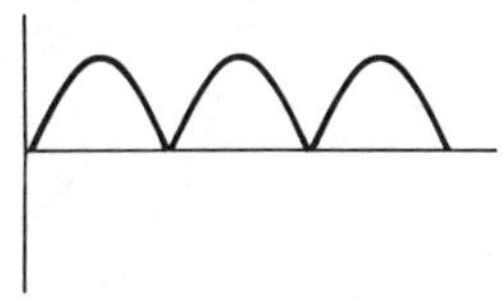

Bild 9. Die Ausgangsspannung des Brückengleichrichters.

10

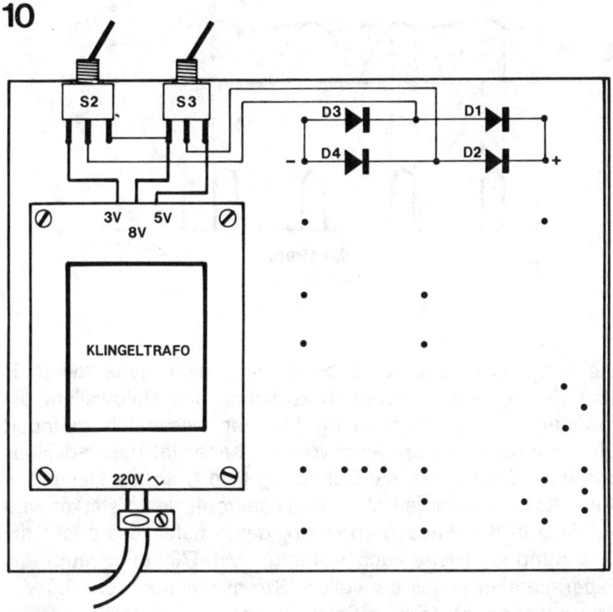

Bild 10. So wird die Schaltung nach dem bekannten Muster auf ein Brettchen gebaut.

Anspruchslose Verbraucher, Gleichstrommotoren, Relais, Lämpchen oder Akkus zum Beispiel, kommen mit dieser sehr buckligen Gleichspannung aus (Bild 9). Für die meisten elektronischen Schaltungen freilich braucht man eine "echte" Gleichspannung mit möglichst waagerechtem Spannungsverlauf. Zum Beweis darf man probeweise eine der Verstärker-Schaltungen aus dem 6. Kapitel (z.B. Bild 18) mit dem Experimentiernetzteil ausprobieren. Das Brummen überzeugt sofort von der Untauglichkeit des Netzteils auf diesem Stand. Man erzielt brummarme Gleichspannung mit einem Kondensator, wegen der notwendigen Kapazität meist einem Elko. Für unser Experimentiernetzteil eignet sich ein 2200-μF-Elko oder besser noch 4700 μF (16 V).

11

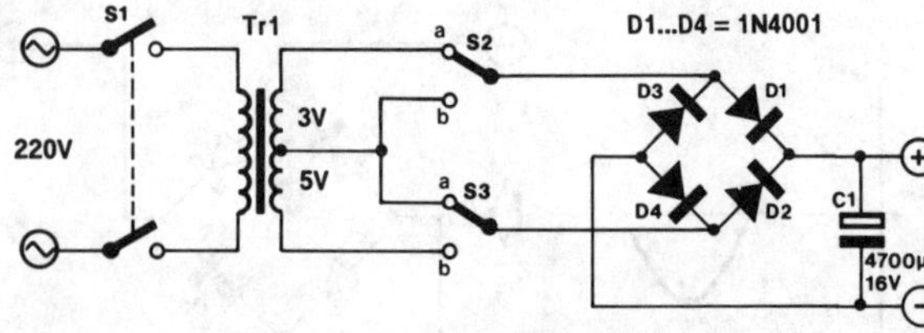

Bild 11. Ein Elko dazu, und schon wird die Gleichspannung glatt.

Bei jeder Halbwelle wird der Elko aufgeladen. Während der Halbwellen-Pausen entlädt er sich und liefert dabei Strom an die Ausgangsanschlüsse des Netzteils. In Bild 12a erkennt man die "Lückenbüßer-Funktion" des Elkos.

12

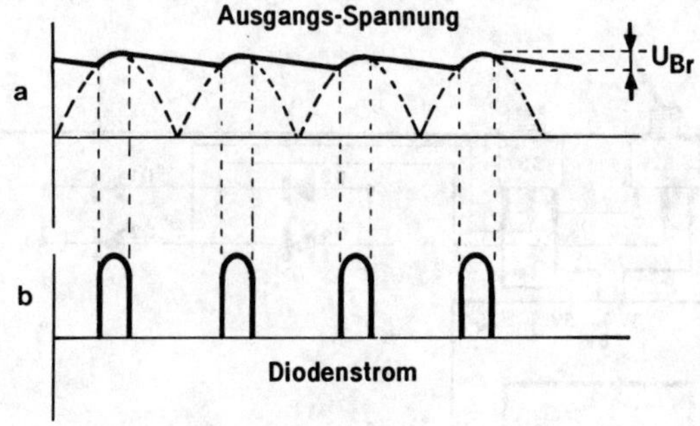

Bild 12. Der Ladeelko als Lückenbüßer. Er wird von den Halbwellenspitzen geladen (Ladestrom bei b) und überbrückt die Pausen dann mit eigenem Strom.

Die Ausgangsspannung ist immer noch nicht ganz konstant, aber der Spannungseinbruch zwischen den Halbwellen, die sogenannte Brummspannung U_{Br}, ist wesentlich geringer. Die Brummspannung hängt von der Kapazität des Ladeelkos und vom Strom, den die Schaltung liefert, ab. Je kleiner die Kapazität und/oder je höher der Laststrom, desto stärker wird der Elko in den Pausen entladen, desto tiefer also bricht die Spannung ein (siehe auch Anhang). Mit 4700 μF erzeugt das Experimentiernetzteil bei vollem Strom nur noch ca. 0,5 V_{SS} Brummspannung (Spitze-Spitze-Wert).

Übrigens leiten die Dioden nicht mehr während der ganzen Halbwellen. Denn sobald die Halbwellenspannung (vom Trafo) geringer als die Spannung am Elko wird, kehrt sich die Spannung an den beiden gerade leitenden Dioden um, und sie schließen vorzeitig (Bild 12b). Der Diodenstrom fließt also in kurzen, starken Impulsen (die oft Störungen verursachen). Man kann sich die Funktion des Ladeelkos auch anders deutlich machen. Die wellige Gleichrichterspannung ist nämlich eine Zusammensetzung aus reiner Gleichspannung und einer Wechselspannung. Auf den Gleichanteil hat der Kondensator bekanntlich keinen Einfluß. Den Wechselanteil schließt er weitgehend kurz.

So, mit dieser Schaltung steht Ihnen bereits ein vollwertiges Gleichspannungs-Netzteil mit drei Spannungen zur Verfügung. Aber welchen Spannungen? Messen Sie einmal nach (Tabelle 1)! Die Werte sind erheblich höher als vorher (ca. 5 V, 8 V und 12 V). Ein Teil der Überspannung läßt sich auf die erhöhte Leerlaufspannung des Trafos zurückführen. Die Hauptursache ist jedoch der Ladeelko. Er wird nämlich bei jeder Halbwelle auf den Spitzenwert geladen. Und der liegt (ca. 40%) über dem Effektivwert, den man bei Wechselspannungen angibt. Unter Last ist die durchschnittliche Kondensatorspannung wegen des Brumms etwas geringer. Insgesamt muß man bei Verwendung von Ladeelkos immer mit der 40%-igen Spannungserhöhung rechnen. Umsonst ist diese Erhöhung übrigens nicht. Der Ladeelko zieht vom Trafo mehr

13

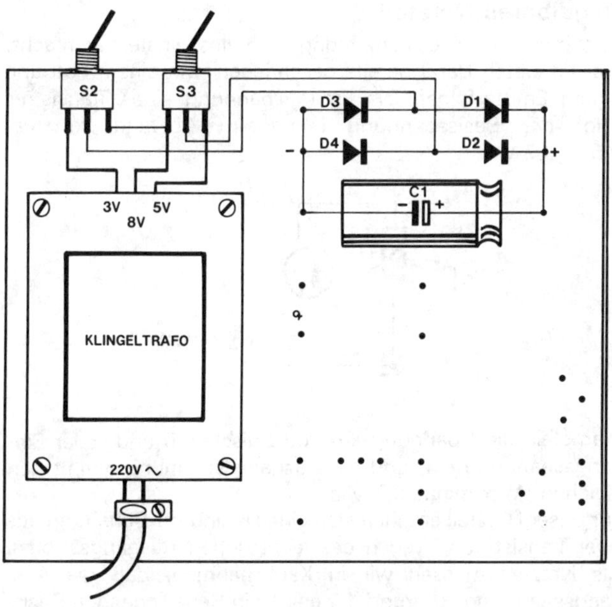

Bild 13. Zur Vermeidung von Drahtwiderständen wird der Ladeelko direkt neben den Gleichrichter gesetzt.

Strom (über die Impulse gemittelt), als am Ausgang herausfließt. Das muß so sein, damit die Energiebilanz stimmt. Ein Beispiel: Angenommen, das Netzteil steht auf 5 V Trafospannung (S2-b, S3-b) und die Ausgangsspannung beträgt 7 V (unter Last). Der Trafo liefert maximal 1 A, das ergibt eine Leistung von:

$$5\,V \cdot 1\,A = 5\,W$$

Die gleiche Leistung kann am Ausgang entnommen werden. Also beträgt der Ausgangsstrom (max.):

$$\frac{5\,W}{7\,V} = 0{,}7\,A$$

Fazit: Entnimmt man dem Netzteil mehr als ca. 0,7 A, steigt der Trafostrom über seine zulässige Obergrenze von 1 A. Fragt

14

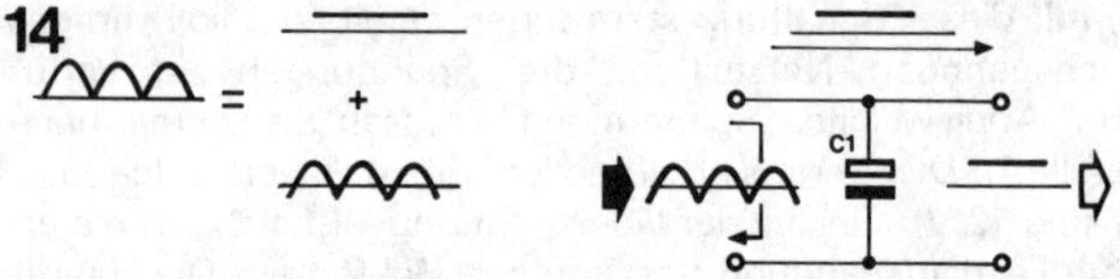

Bild 14. Der Ladeelko schließt Wechselspannung (mehr oder weniger) kurz. Nur der Gleichspannungsanteil gelangt zum Ausgang.

sich nur, wo der restliche Strom geblieben ist. Bild 14 gibt Auskunft: Der Trafo muß außer dem Ausgangsgleichstrom auch den Wechselstrom durch den Elko aufbringen. Dieser Strom erfordert zwar letztlich keine Energie (weil vom Kondensator laufend Energie ge- und entladen wird), trotzdem müssen die Trafowicklungen ihn verkraften.

Regelbares Netzteil

Wie man eine Gleichspannung stufenlos einstellbar macht, war im ersten Band bereits beschrieben: Mit einem Poti und einem Emitterfolger. Die Emitterspannung eines Transistors folgt der Basisspannung immer im Abstand von ca. 0,6...0,7 V.

15

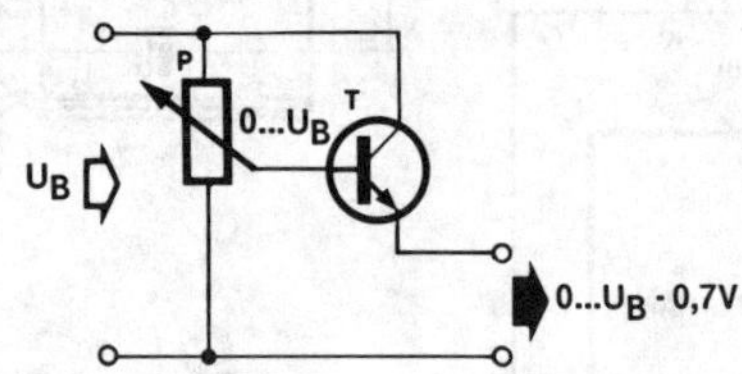

Bild 15. Der Emitterfolger entlastet das Poti. Seine Emitterspannung — gleich Ausgangs-Spannung — ist immer ca. 0,6...0,7 V geringer als die Potispannung.

Man stellt die Spannung am Poti zwischen 0 und voller Eingangsspannung ein, und die Ausgangsspannung nimmt den gleichen Wert minus 0,7 V an.
Für unser Netzteil empfielt sich eine Darlington-Schaltung aus zwei Transistoren, wegen des recht hohen Ausgangsstroms. Als Netzteil müssen wir in Kauf nehmen, daß die Ausgangsspannung aufgrund der beiden in Serie liegenden Basis-Emitter-Übergänge um ca. 1,4 V unter der Potispannung liegt.

Bild 16. Eine Darlingtonschaltung tut's noch besser, denn sie braucht nur winzige Basisströme. Dadurch ist die Beeinflussung der Potispannung durch Basisstrom minimiert.

16

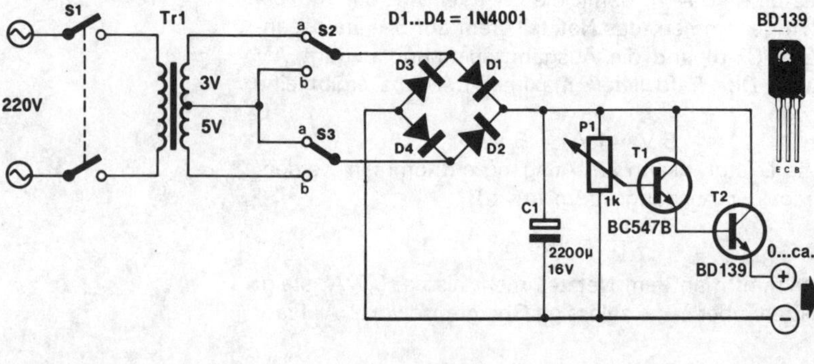

Den Leistungstransistor T2 sollte man mit einem Alublech kühlen. Dieser Transistor kann recht heiß werden, vor allem, wenn eine kleine Spannung eingestellt ist. Die sogenannte Verlustleistung am Transistor berechnet sich aus der Spannung, die über Emitter und Kollektor liegt und dem Kollektor-Strom. Bei maximalem Ausgangsstrom und **minimaler** Ausgangsspannung ist sie also am höchsten. Rechnen wir einmal nach: Ausgangsstrom 0,7 A, Trafostellung 8 V, Spannung am Elko unter Last beispielsweise 10 V, Ausgangsspannung 1 V (Basis-Spannung 2,4 V). An T2 fällt also die Differenz zwischen Elko- und Ausgangsspanung ab.

$$10\,V - 1\,V = 9\,V$$

Die Verlustleistung beträgt also:

$$9\,V \cdot 0{,}7\,A = 6{,}3\,W$$

Das ist schon was. Bei so kleinen Ausgangsspannungen kommt man dem T2 zur Hilfe, wenn man die Trafospannungs-Schalter auf beispielsweise 3 V umsetzt. Bei einer Elkospannung von ca. 4 V entsteht dann eine Verlustleistung von:

$$(4\,V - 1\,V) \cdot 0{,}7\,A = 2{,}1\,W$$

Der Transistor bleibt kühler, der Trafo auch, und man spart 4 W elektrischer Energie. Am Alublech kann man zwei Laborbuchsen für die Ausgangsspannung anbringen.

17

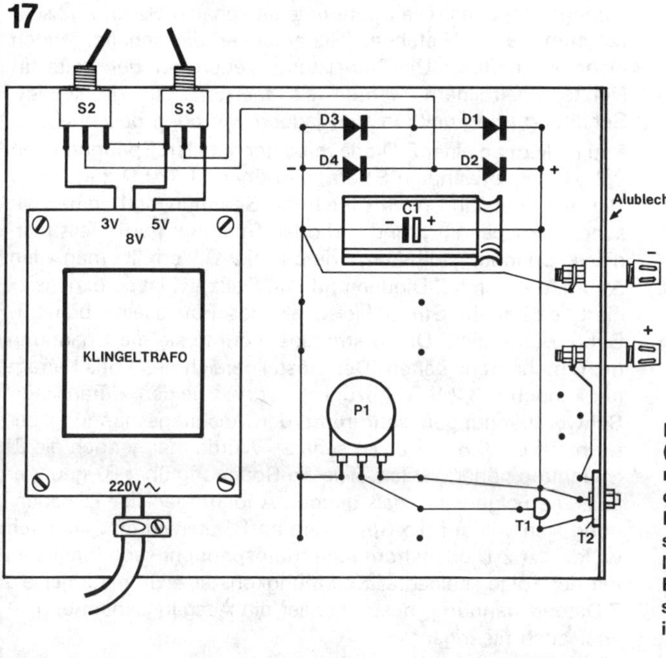

Bild 17. Das Kühlblech (ca. 50 mm hoch) kann man gut an eine Brettchenkante schrauben. Die Kühlfahne des Transistors sollte man mit einer Isolierscheibe (Zubehör) vom Blech isolieren, denn sie steht mit dem Kollektor in Verbindung.

Moderne Labornetzgeräte benutzen eine Art Dimmerschaltung aus Thyristoren zum Vermindern der Trafospannung. Deshalb haben sie oft erstaunlich kleine Kühlkörper.

Apropos moderne Netzgeräte: Unsere einfache Experimentierschaltung ist für gehobene Ansprüche noch viel zu unstabil. Bei höheren Ström fällt die Trafospannung, und mit ihr die

Spannung am Poti. Folglich sinkt die Basisspannung und zuletzt die Ausgangsspannung. Aber gerade das sollte bei einem guten Netzgerät nicht passieren. Zur Verminderung dieser Belastungsabhängigkeit müssen wir die Potispannung stabilisieren, und zwar mit einer Z-Diode.

18

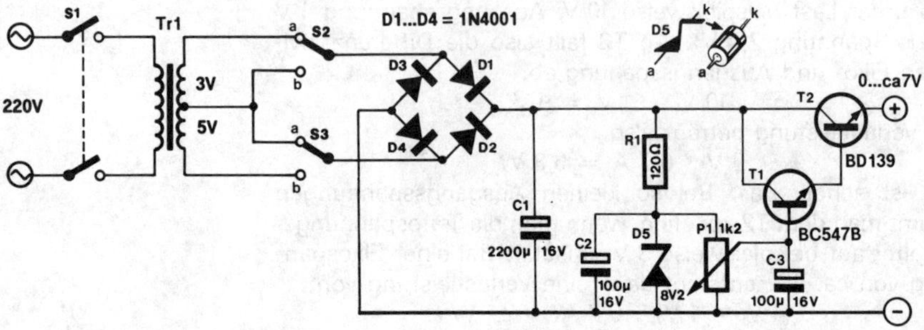

Bild 18. Hier wird die Potispannung selbst stabilisiert (von der Z-Diode) und entbrummt (von C2). Entsprechend stabil und brummarm ist auch die Ausgangsspannung, denn der Emitterfolger folgt der Basisspannung.

Dieses Schaltbild sieht zunächst ziemlich anders aus als die vorangegangenen. Die Spannungsumschalter S2 und S3 sollten immer auf 8 V stehen. (Sie brauchen die Schalter jedoch nicht auszulöten.) Die Transistoren liegen auf der Seite. In Netzteilschaltbildern werden sie meistens so gezeichnet, Schaltung und Funktion sind jedoch wie oben beschrieben.

Poti P1 liegt an einer Z-Diode mit einer stabilen Spannung von 8,2 V. Der notwendige Strom wird über R1 120 Ω zugeführt. Dieser Widerstand nimmt auch die Spannungsdifferenz zwischen Elkospannung und Z-Dioden-Spannung auf. Teilt man diese Spannungsdifferenz durch 120 Ω, erhält man den Strom, der durch Z-Dioden und Poti fließt. R1 ist so dimensioniert, daß mehr Strom fließt, als das Poti alleine braucht. Denn würde die Z-Diode stromlos, könnte sie die Spannung nicht mehr stabil halten. Der Einstellbereich des Potis beträgt nur noch 8,2 V. Abzüglich der beiden Transistor-Schwellspannungen schrumpft der Ausgangsspannungsbereich auf ca. 6,8 V. Das ist schade. Würde man jedoch die Z-Spannung höher wählen, fiele die Spannung über R1 geringer aus. Die Folge wäre, daß geringe Änderungen der Elkospannung sich voll auf die Spannung an R1 auswirkten. Dadurch würde der Z-Diodenstrom stark trafospannungsabhängig sein mit der Folge schlechter Spannungkonstanz. Je niedriger die Z-Diodenspannung, desto stabiler die Ausgangsspannung — aber auch niedriger.

Elko C2 verringert die Brummspannung, indem er die Brummspannungsreste unterdrückt, die über R1 zur Z-Diode gelangen. Auch C3 trägt zur Spannungsstabilität bei. Plötzliche Änderungen des Ausgangsstoms, die ebenso plötzliche Änderungen des Basistroms (von T1) verursachen, werden von C3 aufgefangen.

19

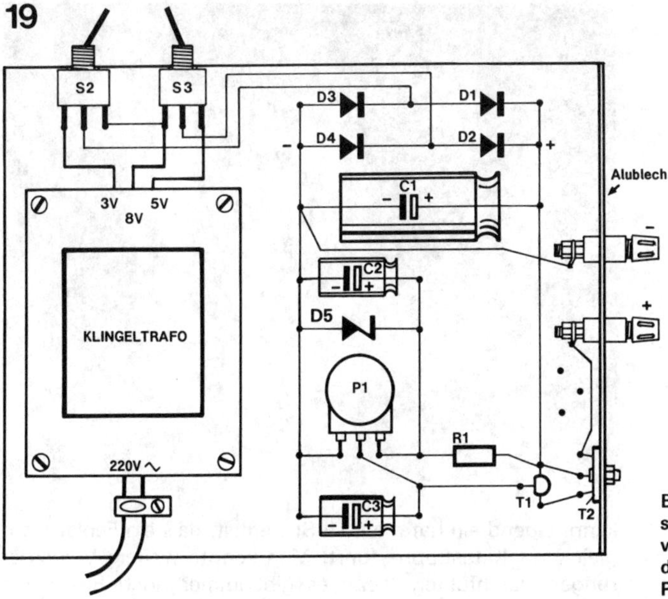

Bild 19. Die Leitung zwischen Plus und Poti muß wieder aufgetrennt werden, dann kann man die Potispannungs-Stabilisierung nachrüsten.

Strombegrenzung

Weil sie nur zwei weitere Bauteile erfordert, sollte die Netzteilschaltung mit einer Strombegrenzung abgesichert werden. Sie verhindert, daß – selbst bei Kurzschluß am Ausgang – der Ausgangsstrom über 0,7 A steigt.

20

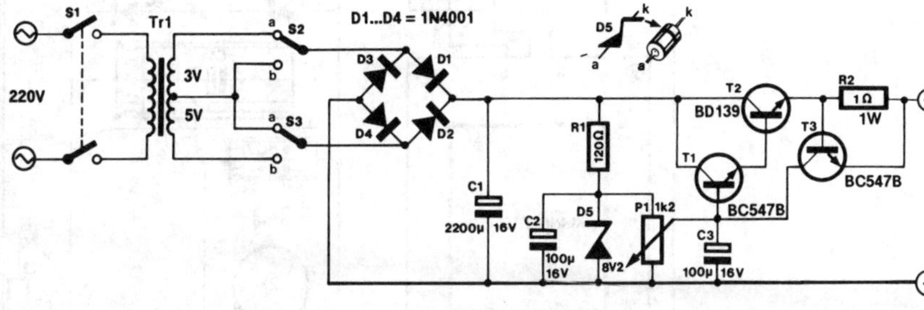

Der Ausgangsstrom fließt durch R2 und verursacht daran einen Spannungsabfall. Bei 0,7 A beträgt er ca. 0,7 V und macht Transistor T3 leitend. T3 zieht jetzt einen Teil des Basisstroms, der von P1 kommt und für T1/T2 bestimmt ist, ab, an den Transistoren vorbei zum Ausgang. T1 und T2 leiten weniger und verringern dadurch den Ausgangsstrom ein wenig. T3 zieht immer genau so viel Strom, daß durch R2 nicht mehr als 0,7 A fließt. Bei geringeren Strömen ist T3 inaktiv.

Bild 20. Ein Widerstand und ein Transistor – fertig ist die Strombegrenzung. Die Widerstand (Belastbarkeit beachten!) verschlechtert etwas die Ausgangsstabilität, da an ihm ein stromabhängiger Spannungsabfall entsteht.

Mittlerweile ist unser Netzgerät zu einer umfangreichen Schaltung angewachsen, mit der man recht gut experimentieren

Foto 2. Das fertige Netzteil (incl. Strombegrenzung nach Bild 20). Außer den Ausgangsbuchsen kann man evtl. auch das Poti auf das Kühlblech montieren und mit einer Spannungs-Skala versehen.

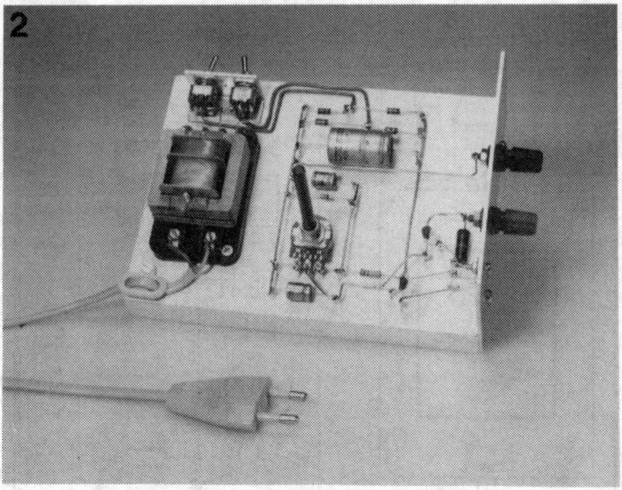

kann. Obendrein hat man die Sicherheit, daß ein Fehler nicht gleich zur Katastrophe führt. Man könnte weitere Verbesserungen durchführen, denn es gibt immer noch Reste von Brumm und Instabilität. Aber die Ergebnisse werden im Vergleich zum Aufwand zunehmend geringer.

21

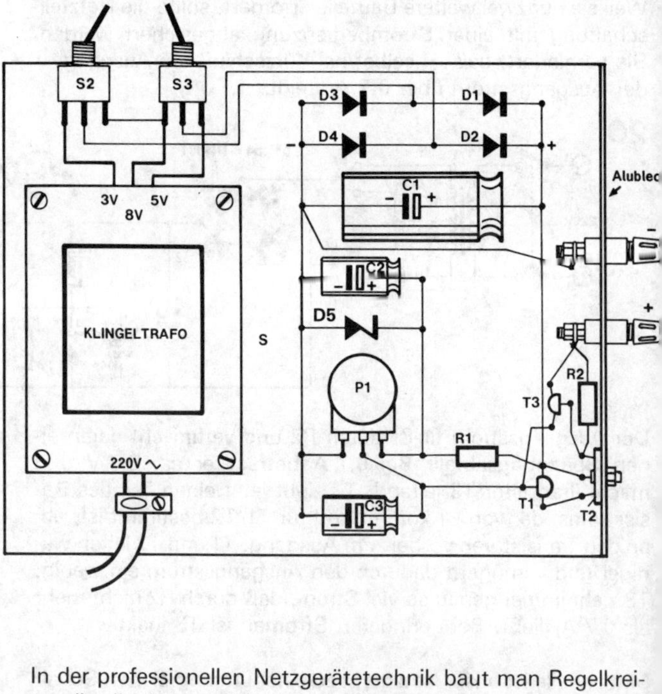

Bild 21. Die Bestückung in der Endversion. R2 führt gleich zur Ausgangsbuchse (Plus).

In der professionellen Netzgerätetechnik baut man Regelkreise, die die Ausgangsspannung überwachen.

22

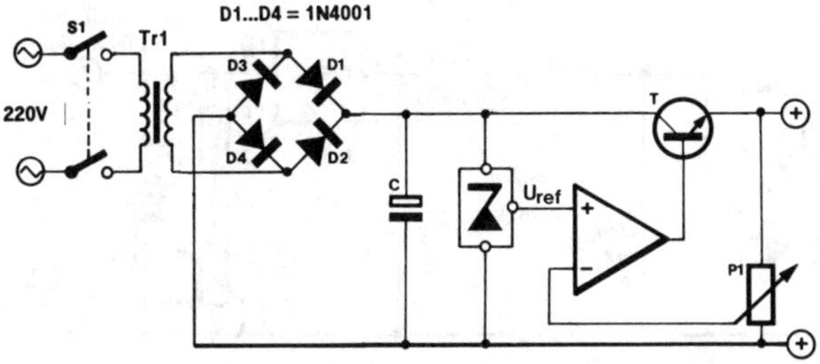

Bild 22. Geregelte Netzgeräte messen die Ausgangsspanung, um sie gegen alle Schwankungen zu schützen.

Der Längstransistor T wird von einem Operationsverstärker gesteuert, der eine hochkonstante Referenzspannung (U_{ref}) mit der geteilten Ausgangsspannung vergleicht. Er sorgt dafür, daß U_{ref} und Potispannung immer gleich sind. Sackt die Ausgangsspannung, zum Beispiel infolge einer höheren Belastung, sinkt auch die Potispannung unter die Referenzspannung. Der OpAmp reagiert, indem er T weiter durchsteuert. Dieses Überwachen nennt man "regeln", es findet ein "Soll-Ist-Vergleich" statt. Die Ausgangsspannung hängt von der Potistellung ab. Je weiter es "nach unten" gedreht ist, desto höher die Spannung.
Gute Regelschaltungen sind recht kompliziert und deshalb ein Fall für die IC-Technik. Als zweite Netzteilschaltung daher ein Gerät mit IC, einem sogenannten "Dreibeinregler".

Geregeltes Netzgerät

Ausgangsbasis ist diesmal ein Steckernetzteil, das meist für DM 10,–. . . DM 20,– zu haben ist. Diese Netzteile enthalten Trafo, Spannungswähler, Brückengleichrichter und einen kleinen Elko. Sie geben max. 12 V bei meist 300 mA ab (Bild 23). "Barfuß" sind die Steckernetzteile zum Experimentieren ungeeignet, der Brumm ist wegen der kleinen Elkos zu hoch. Deshalb schaltet man gleich einen 2200-µF- oder besser noch einen 4700-µF-Elko (25 V) nach. Die Sicherung am Schaltungseingang schützt das Steckernetzteil vor Überströmen. Übrigens sollte man die kleinen Netzteilchen nicht mit 300 mA Dauerstrom "fahren", sie werden sonst allzu heiß. Die gesamte Regelelektronik sitzt im LM 317 Spannungsregler-IC. Weil auch der Leistungstransistor mit integriert ist, muß man das IC kühlen, zum Beispiel indem man es an die Wand eines Gehäuses für die Zusatzschaltung montiert (isolieren!). R1 und P1 bilden den Spannungsteiler, der in Bild 22 P1 heißt. Damit das IC keinen Masseanschluß braucht, ist die Innenschaltung jedoch etwas anders als in Bild 22. Es wird die Spannung über R1 (Bild 23 mit einer Referenzquelle von 1,25 V verglichen. Die Ausgangsspannung ist also um das Teilerverhältnis zwischen R1 und P1 höher als 1,25 V. Bei ganz eingedrehtem Poti be-

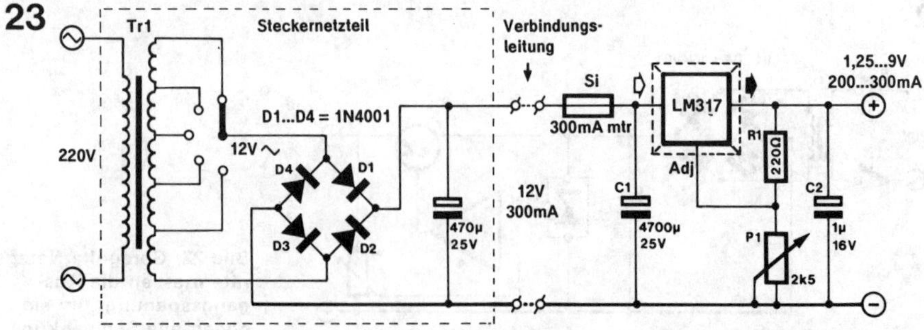

Bild 23. Ein echt geregeltes Netzteil. Wer ein Steckernetzteil verwendet, spart Mühen und Kosten und braucht nur die Zusatzschaltung aufzubauen. Man kann sie auch anstelle der Elektronik im Klingeltrafo-Netzteil verwenden (Si: 600 mA mtr.).

sie 1,25 V. Die obere Spannungsgrenze wird durch die maximale Steckernetzteil-Spannung gezogen. Das IC ''verbraucht'' selbst jedoch auch 2. . .3 V. Ausgangselko C2 ist zum Funktionieren des ICs nötig. Zum konkreten Aufbau schlagen wird vor, die Schaltung nicht auf ein Brettchen zu setzen, sondern in ein kleines Metallgehäuse. Poti, Ausgangsbuchsen (mit Lötfähnchen versehen) und Sicherungshalter bieten genügend feste Lötstützpunkte.

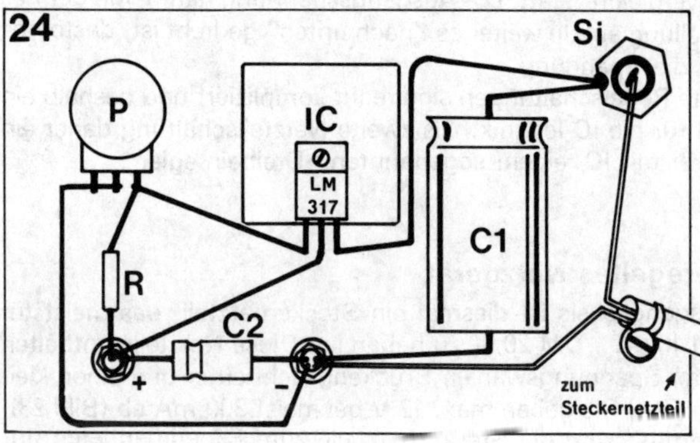

Bild 24. So kann man die Bauteile ohne zusätzliche Stützpunkte verbinden.

Der Schalter am Steckernetzteil muß immer auf 12 V stehen. Wieviel Strom das Gerät liefern kann (ohne zu brummen), hängt von der Ausgangsspannung ab. Das Labormuster konnte bei 9 V 200 mA lieferen, bei 8 V 250 mA und bei 7 V den Maximalstrom von 300 mA. (Bei geringeren Strömen kann das Netzteil höhere Spannungen abgeben, bis zu 15 V bei 10 mA.) Der LM 317 selbst ist kurzschlußfest mit einem Maximalstrom von 1,5 A — der bei unserem Netzteil natürlich nie ausgenutzt wird. Ein paar Daten von anderen Dreibeireglern mit festen Spannungen finden Sie im Anhang.

Variationen

Die beiden Netzteilschaltungen sind zwei Beispiele für eine Vielfalt an Möglichkeiten. Nicht nur die Regelelektronik wird

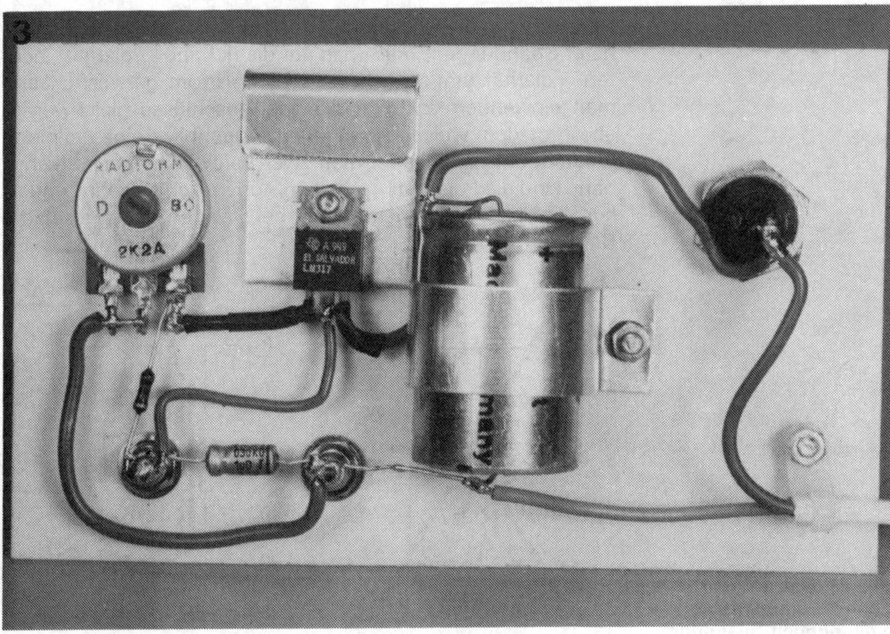

Foto 3. Ein handliches Gerätchen, das "Steckernetzteil mit Schuß".

variiert, auch für Trafos und Gleichrichter gibt es zahlreiche Schaltungsmöglichkeiten, von denen hier einige verbreitete aufgeführt werden.

Nicht immer sind mehrere Trafowicklungen bereits ab Werk zusammengeschaltet, wie beim Klingeltrafo. Getrennte Wicklungen haben den Vorteil, daß man mehrere Versorgungsschaltungen voneinander unabhängig betreiben kann. Unabhängig heißt hier: ohne leitende Verbindung. Die Spannungsschwankungen des Trafos, zum Beispiel aufgrund schwankender Stromabnahme, wirken sich jedoch auf alle Wicklungen aus.

25

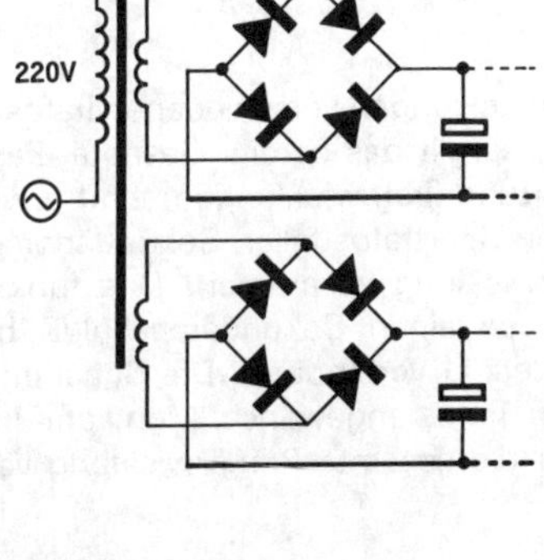

Bild 25. Ein Trafo — mehrere Sekundärwicklungen — mehrere unabhängige Stromversorgungen.

Schaltet man die Wicklungen doch in Reihe, zur Erzielung höherer Spannungen, muß man auf die richtige "Polarität" achten. Polarität gibt's doch bei Wechselstrom gar nicht, kann man einwenden. Zwar sind beide Anschlüsse gleichwertig, aber trotzdem weisen sie in jedem Augenblick eine definierte Polarität auf. Verschaltet man zwei Trafowicklungen verkehrt, dann sind die Polaritäten in jedem Augenblick verkehrt, und es kommt das gleiche heraus wie bei zwei entgegengesetzten Batterien, nämlich gar nichts.

26

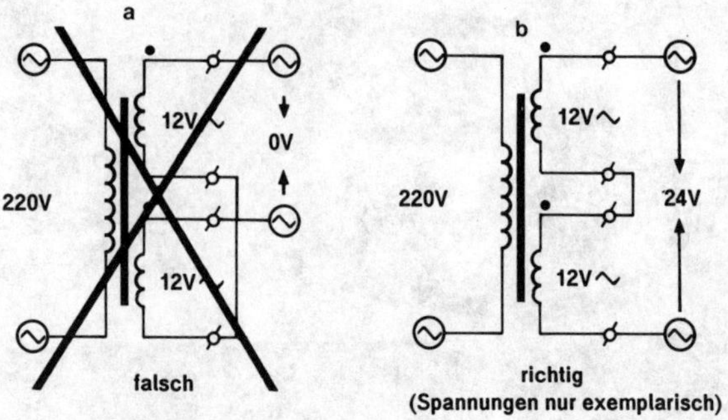

Bild 26. Nur mit den richtigen Verbindungen gibt's auch doppelt Spannung aus dem Trafo mit zwei Sekundärwicklungen.

Im Schaltbild schaut das zwar trivial aus, aber in der Praxis sieht man den Trafoanschlüssen oft nicht an, welcher welcher ist (es sei denn, die Richtung ist mit Punkten o.ä. gekennzeichnet). Am besten man probiert es aus: Wicklungen zusammenschalten und Spannung nachmessen.

27

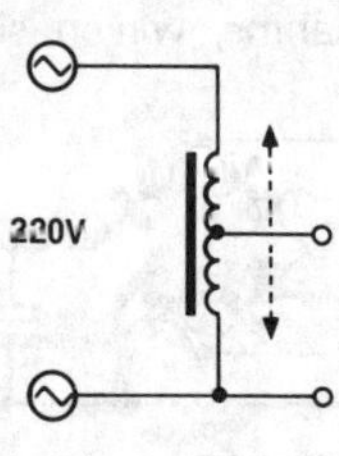

Bild 27. Bei Spartrafos ist das "untere" Stück Primärwicklung zugleich Sekundärwicklung. Sieht aus wie ein Poti, funktioniert auch wie ein Spannungsteiler, hat jedoch (nahezu) keine Verluste.

Auch Sekundärwicklungen verschiedener Trafos lassen sich in Reihe schalten, es gilt das bereits Gesagte. Parallelschaltungen von Trafos (und Trafowicklungen) sind unüblich.
Bei sogenannten Spartrafos fallen Sekundärwicklung und ein Teil der Primärwicklung zusammen. Das funktioniert auch, wenn man jedoch einen Sekundäranschluß berührt, steht man mit dem Netz in Verbindung. Die Schaltung wird häufig bei einstellbaren Trafos angewandt. Man kann ihre Sekundäranzapfung über die gesamte Primärwicklung verstellen.

Wird umgekehrt die Sekundärwicklung gespeist, kommt auf der Primärseite eine entsprechend höhere Spannung heraus — wie bei allen Trafos.
Braucht man die beiden (gleichen) Wicklungen eines Trafos nicht zur Erhöhung der Spannung, kann man statt dessen zwei Gleichrichterdioden einsparen, mit folgender Schaltung.

28

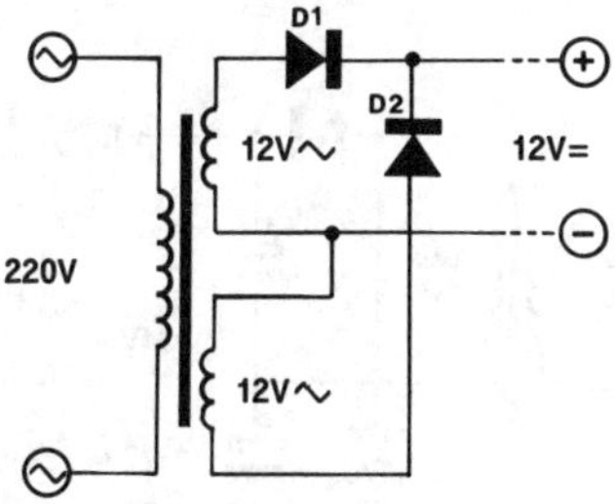

Bild 28. Dieser Zweiweggleichrichter wurde in der Röhrentechnik (mit Röhrendioden) verwendet. Beide Halbwellen werden genutzt.

Jede Wicklung liefert jeweils eine Halbwelle. Da die untere Wicklung entgegengesetzt geschaltet ist, dreht sie quasi die negativen Halbwellen um. Diese jetzt positiven Halbwellen passieren dann Diode D2. Die Wicklungen liefern abwechselnd Strom, und so kann diese Schaltung effektiv das Doppelte des Maximalstroms einer Wicklung liefern. Schaltet man hingegen die jeweils nicht benutzten Halbwellen auf eine dritte Leitung, erhält man eine weitere, zum ehemaligen Minus-Anschluß negative Spannung.

29

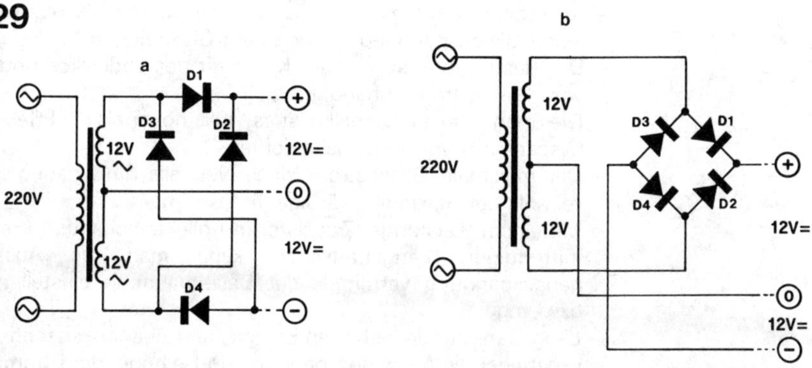

Bild 29. Mit doppelter Sekundärwicklung und Brückengleichrichter kann man zwei Gleichspannungen gewinnen.

Praktisch hat man hier wieder eine Brückenschaltung über die in Serie gelegten Trafowicklungen (Bild 29b). Der Mittelanschluß halbiert die (verdoppelte) Ausgangsspannung. Diese Schaltung benutzt man häufig zur Speisung von OpAmps mit einer (gegen Masse) positiven und einer negativen Betriebsspannung. Jeder Ausgangszweig ist mit dem Strom einer Wicklung belastbar.
Die letzte Gleichrichterschaltung dieses Kapitels weist eine Besonderheit auf: Sie verdoppelt die Spannung beim Gleichrichten. Über D1 werden die positiven Halbwellen in C1 geladen,

über D2 die negativen in C2. Das gibt (in Serie gelegt) die doppelte Ausgangsspannung. Mehr noch, denn wegen des Elkoladens auf die Spitzenspannung beträgt die Ausgangsspannung das 2,8-fache der Trafospannung. Allerdings ist die Spannung sehr instabil und neigt zum Brummen, das Richtige nur bei geringem Strombedarf.

30

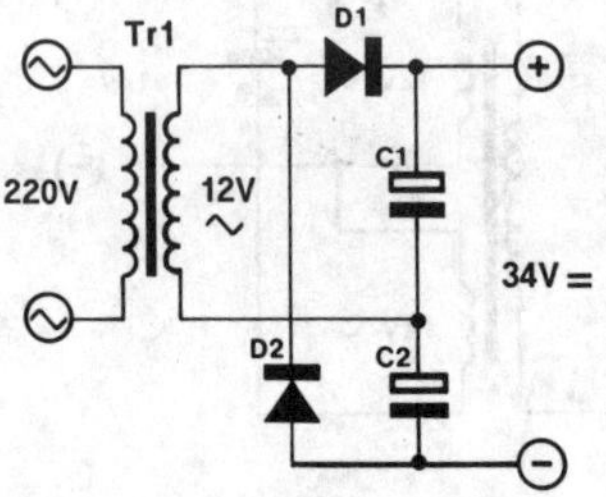

Bild 30. Jede Halbwelle lädt einen Kondensator. So entsteht doppelte Ausgangsspannung.

Zusammenfassung

- In Netzteilschaltungen setzen (meist) Trafos die Netzspannung auf die erforderliche Spannung um.
- Die Leerlaufspannung eines Trafos ist höher als die Nennspannung, die unter Nenn-Last gemessen wird).
- Mit einem Einweggleichrichter wird nur eine Halbwellen-Polarität ausgenutzt, mit einem Brückengleichrichter (o.ä.) beide.
- (Elektrolyt-)Kondensatoren (Ladeelkos) glätten die pulsierende Gleichspannung hinter einem Gleichrichter.
- Der Restbrumm ist von der Kapazität des Ladeelkos und vom Gleichstrom abhängig.
- Die Spannung am Ladeelko ist ca. 40% höher als die Effektivspannung vor dem Gleichrichter.
- Der maximale Gleichstrom eines Netzteils muß geringer sein als der maximal zulässige Trafostrom.
- Mit einem (Leistungs-)Transistor in Kollektorschaltung (Emitterfolger; Längstransistor) kann man die Ausgangsspannung vermittels der Basisspannung einstellen bzw. regeln.
- Längstransistoren verheizen Energie, und zwar um so mehr, je geringer die Ausgangsspannung und je höher der Strom.
- Reglerschaltungen überwachen die Ausgangsspannung eines Netzteils. Abweichungen vom Sollwert werden über den Längstransistor ausgeglichen.

11. Hochfrequenztechnik

Abgesehen von den Werten sind alle Wechselspannungen prinzipiell gleich. Bei höheren Frequenzen macht sich jedoch ein besonderes Phänomen bemerkbar: Sie können auch ohne Draht fließen, eben drahtlos gesendet und empfangen werden. Drahtlose Effekte hatten wir ja bereits früher erkannt: Die Übertragung von Wechselstromenergie zwischen zwei Trafo-Wicklungen, die miteinander nicht leitend verbunden sind, und der Wechselstromfluß durch einen Kondensator, dessen beiden Folien ebenfalls voneinander isoliert sind. Bevor wir uns weiter in die Theorie vertiefen, zunächst einmal etwas Hochfrequenz-Praxis.

Der Detektorempfänger

Die kleinste Radio-Schaltung ist unglaublich simpel.

1

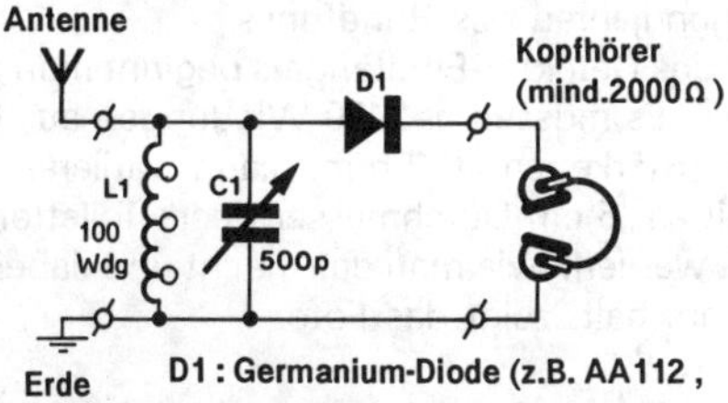

Bild 1. Nur vier Bauelemente und noch nicht einmal eine Spannungsquelle braucht man zum Radioempfangen.

Bestimmt werden sie die Batterie vermissen. Es ist keine nötig, denn diese sogenannte Detektorschaltung kommt alleine mit der Energie aus, die der Sender in die Antenne strahlt. Das ist zwar sehr, sehr wenig, reicht aber trotzdem für unser empfindliches Ohr. Die Wellen des Senders werden von der Antenne aufgefangen und bilden dort eine Wechselspannung gegen Erde. Diese Wechselspannung hat die sehr hohe Frequenz des eingestellten Senders. Sie wird von der Parallelschaltung aus Spule und Kondensator herausgefiltert. Schließlich soll das Radio nur einen Sender empfangen. Die Sendefrequenz selbst ist unhörbar. Sie dient nur als Träger der eigentlichen Information, Musik oder Sprache zum Beispiel. Die Information ist selbst auch eine Wechselspannung (niederfrequent). Sie wird im Sender einfach der Hochfrequenz (kurz: HF) aufgedrückt. Weil die Amplituden der HF jetzt von der aufgedrückten, fachmännisch: aufmodulierten Wechselspannung abhängen, spricht man von **Amplitudenmodulation** (AM). Man verwendet sie im Mittel-, Lang- und Kurzwellenrundfunk. (Auf UKW arbeitet man mit Frequenzmodulation (FM), bei der die Sende**frequenz** durch die Informationswechselspannung ein bißchen geändert wird.)

2

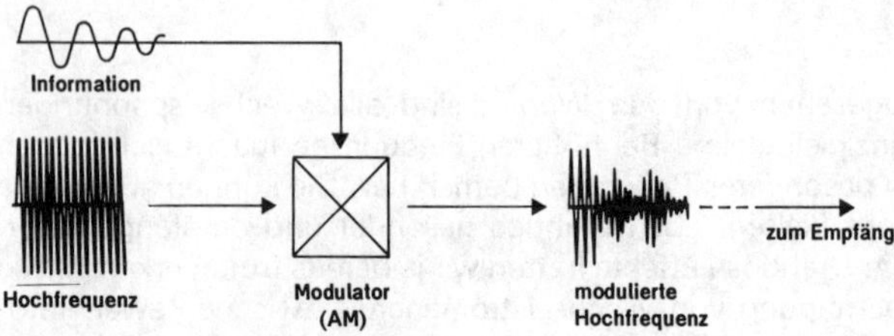

Bild 2. Hochfrequente Wellen dienen zum Übertragen der Information, als sogenannter "Träger".

Die Diode hat die Aufgabe, die ursprüngliche Information zu rekonstruieren, zu demodulieren. Faktisch richtet sie nur die hochfrequente Wechselspannung gleich. Übrig bleiben hochfrequente Halbwellen. Die Membran des Kopfhörers folgt wegen ihrer Trägheit nur den Amplituden; das aber heißt, daß sie im Rhythmus der ursprünglichen Informations-Wechselspannung schwingt. Man hört nur das Informationssignal. Ihren Namen "Detektor" hat die Diode bzw. die ganze Schaltung aus den Jugendjahren des Rundfunks.
Den Aufbau des Detektor-Empfängers beginnt man am besten mit der Spule. Es müssen ca. 100 Windungen aus lackiertem Kupferdraht (Stärke ca. 0,3 mm, kann variieren) auf eine Papprolle mit ca. 5 cm Durchmesser (leere Toilettenpapierrolle) gewickelt werden. Wie man das macht und dabei die Wicklungen stramm hält, zeigt das Foto.

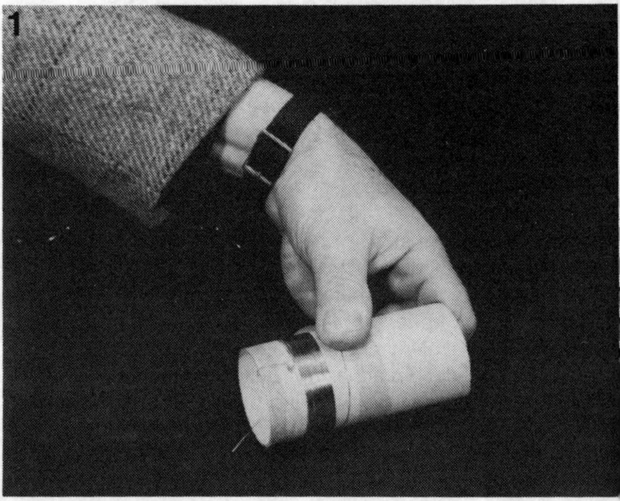

Foto 1. Beim Wickeln wird die Rolle gedreht, der Draht muß schön stramm sitzen.

Anfang und Ende vom Draht werden zweimal durch die Pappe geführt. Wer nach beispielsweise 30, 50 und 80 Windungen je eine kleine Schlaufe in den Draht biegt und verdrillt, hat später drei Anzapfungen zum Experimentieren. Vor dem Verzinnen bzw. Verlöten des Drahts muß der Lack abgekratzt werden. Aber Vorsicht, daß der Draht nicht bricht. Evtl. kann man den Lack auch "abbraten" indem man das Drahtende ein Weilchen in das flüssige Lötzinn an der Lötspitze taucht.

3

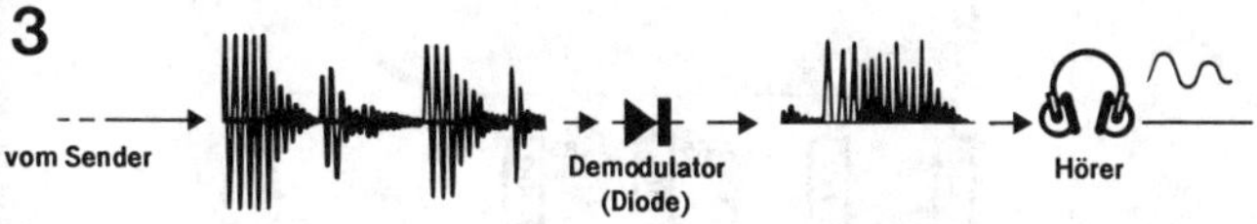

Bild 3. Der Demodulator, hier nur eine Diode, trennt das Informationssignal von der Trägerwelle.

Als Kondensator dient ein 500-pF-Drehkondensator, evtl. aus einem alten Radio mit Mittelwelle. (Bei mehreren Plattenpaketen ist eines der beiden (drei) dicken anzuschließen.) Das mit der Welle verbundene Paket des Drekos verbindet man mit dem geerdeten Ende der Spule (fachmännisch: das kalte Ende). Beide Spule-Kondensator-Verbindungen bitte so kurz wie möglich halten. Als Diode empfiehlt sich ein Germaniumtyp. Bei denen ist die Schwellspannung mit ca. 0,3 V geringer als bei Silizium. So braucht die HF nicht allzu stark zu sein, um die Diode anzusteuern. Der Kopfhörer sollte wenigstens 2000 Ω Impedanz aufeisen, sonst wird die Detektorschaltung zu stark belastet, und man hört nichts mehr. Moderne Hörer sind meist erheblich niederohmiger. Dafür sind die alten Typen preiswerter. Auch hochohmige (Kristall-)Ohrhörer eignen sich, und zur größten Not kann man eine Telefon-Hörkapsel mit einem Vorwiderstand von einigen hundert Ohm verwenden. Zum Schluß werden als Antenne ein paar Meter Draht angeschlossen, und die Erde legt man an ein Heizungs- oder Wasserleitungsrohr (nicht an die Schutzerde der Steckdose!).

4

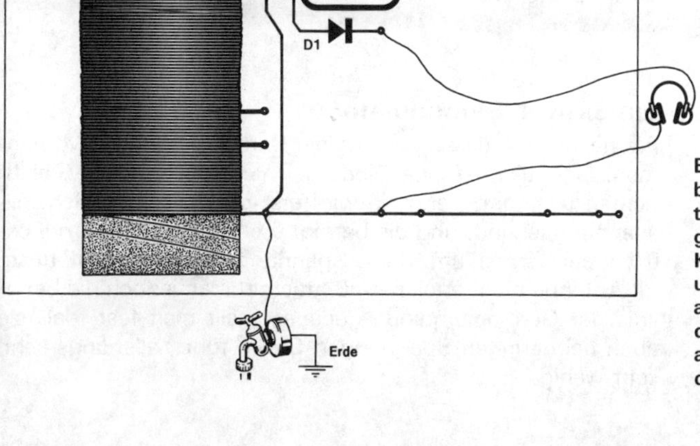

Bild 4. Auf dem Brettchen bleibt noch Platz für weitere Bauteile. Die Leitungen zwischen Spule und Kondensator sollten kurz und dick sein; die Leitung am erdseitigen Spulenende (Masseleitung) besteht aus einem durchgehenden, starken Draht.

Seien Sie nicht enttäuscht, wenn der Empfang weit hinter dem zurückbleibt, was wir heute an Rundfunk gewöhnt sind. Die Sender sind nur schwach zu hören, und dann vermutlich mehrere gleichzeitig. Es mangelt also an Verstärkung und Trennschärfe (Selektivität).
Zum Verstärken kann einer der Verstärker aus dem 6. Kapitel, zum Beispiel Bild 18 oder 19, eingesetzt werden. Der Detektor gehört an die Stelle des Lautsprecher-Mikrofons.

5

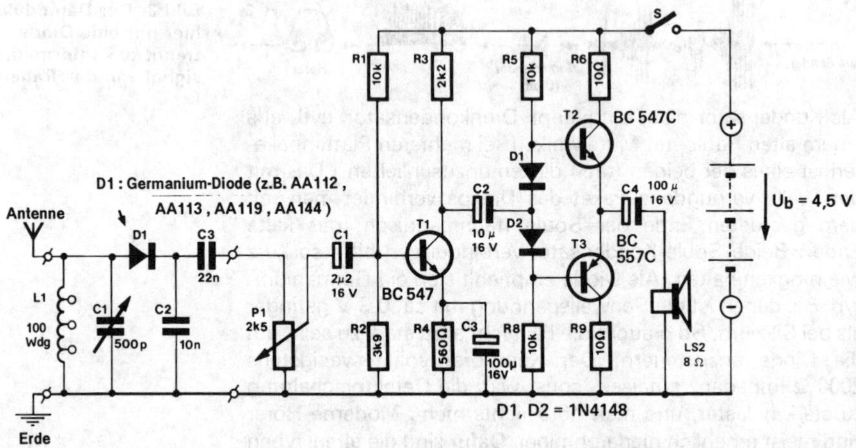

Bild 5. Mit dem Verstärker aus dem sechsten Kapitel (Bild 18) gibt's schon Lautsprecherbetrieb.

Kondensator C2 glättet die HF-Halbwellen (Bild 3). Für die demodulierte Niederfrequenz ist er zu klein, sie wird folglich nicht kurzgeschlossen, sondern via C3 an den Ausgang gekoppelt. C2 übernimmt also die Funktion der Membran-Trägheit des Kopfhörers.
Sollten Hochfrequenzreste in die Schaltung gelangen und dort Störgungen verursachen, lötet man einen 1-nF-Kondensator zwischen Basis und Kollektor des Eingangstransistors T1 BC 547 (gilt auch für weitere Versuche). Übrigens kann man den Empfang bei dieser und den folgenden Schaltungen verbessern, indem man Antenne und/oder Diode an verschiedene Spulen-Anzapfungen legt; etwas zum Experimentieren, davon später mehr.

Ein aktiver Demodulator

Als nächstes müssen wir uns die Demodulatordiode vornehmen. Eigentlich ist eine Diode gar nicht gut zum HF-Gleichrichten geeignet, denn sie wird erst oberhalb ihrer Schwellspannung leitend, und die beträgt 0,6 V bei Silizium bzw. ca. 0,3 V bei Germanium. Beide Spannungen dürfte die HF unserer Antenne nicht erreichen. Betrachtet man jedoch die Kennlinie der Germaniumdiode genauer, stellt man fest, daß sie auch bei geringen Spannungen Strom führt, allerdings sehr, sehr wenig.

6

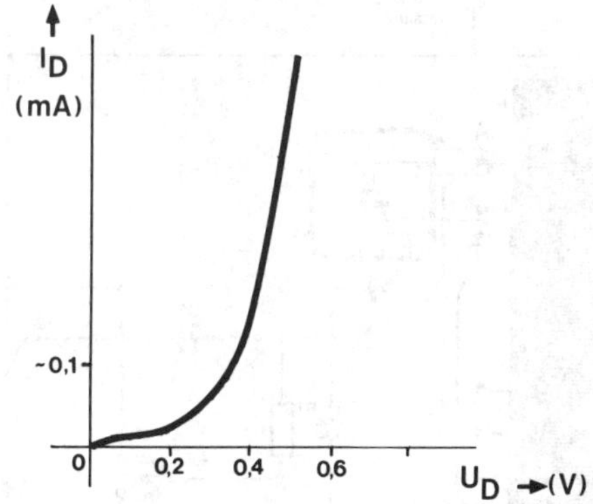

Bild 6. Germanium-Dioden werden auch bei geringen Spannungen schon ein wenig leitend.

Mehr Strom fließt, wenn man mehrere Dioden parallel schaltet. Tatsächlich wird der Empfang schon mit zwei parallelen (gleichen und gleichgepolten!) Germaniumdioden deutlich lauter. Man kann aber auch eine Diode effektiver ausnutzen, wenn man eine Gleichspannung anlegt, die so groß ist, daß die Diode gerade noch nicht leitend wird. Die winzigen HF-Spannungen von der Antenne öffnen die Diode dann leichter.

7

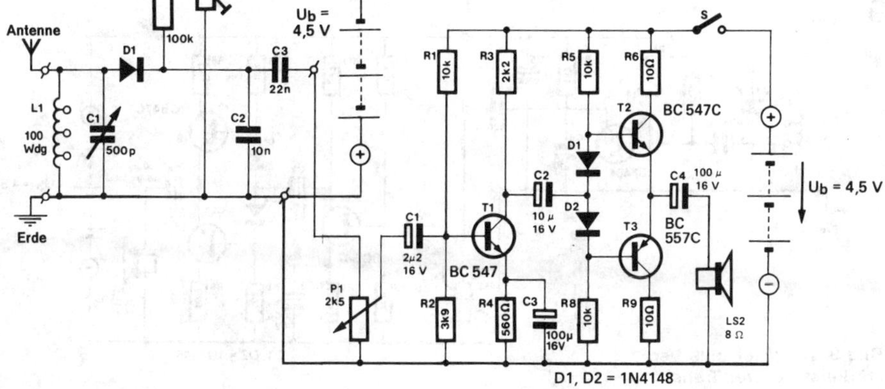

Hier wird die Vorspannung mit einem Trimmpoti eingestellt. Der Widerstand sorgt dafür, daß gerade der zum Öffnen nötige Strom fließt. Kondensator C3 verhindert, daß Gleichstrom durchs Lautstärkepoti abfließt. Wegen der Polung der Diode liegt diesmal der Pluspol der Speisespannung an Masse.

Bild 7. Ein geringer Strom öffnet die Diode etwas und verbessert so die Gleichrichterwirkung.

8

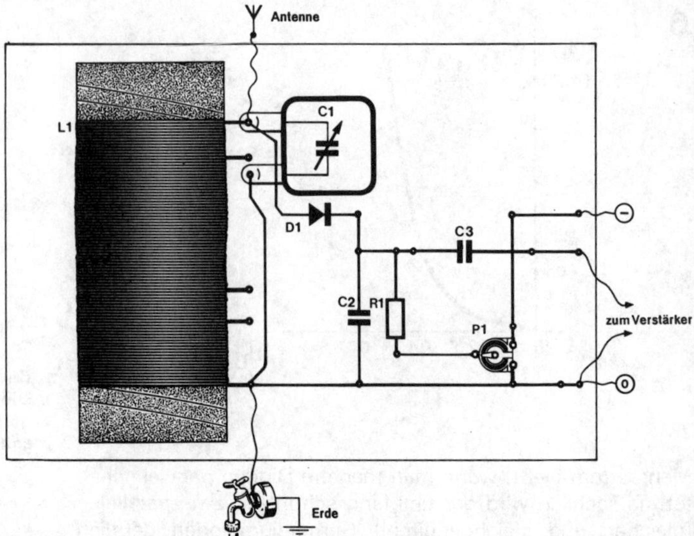

Bild 8. Der Aufbau der Schaltung aus Bild 7.

Man stellt das Poti P1 gehörmäßig auf optimalen Empfang ein. Übrigens könnte in diese Schaltung auch eine Siliziumdiode eingesetzt werden, denn das Problem Schwellspannung ist gelöst. Ansonsten ist die Gleichrichterwirkung der Si-Dioden eher besser als beim Germanium.

Stattdessen wollen wir, wo doch wieder eine Spannungsquelle eingesetzt wird, einen Transistor verwenden, der gleichrichtet und verstärkt.

9

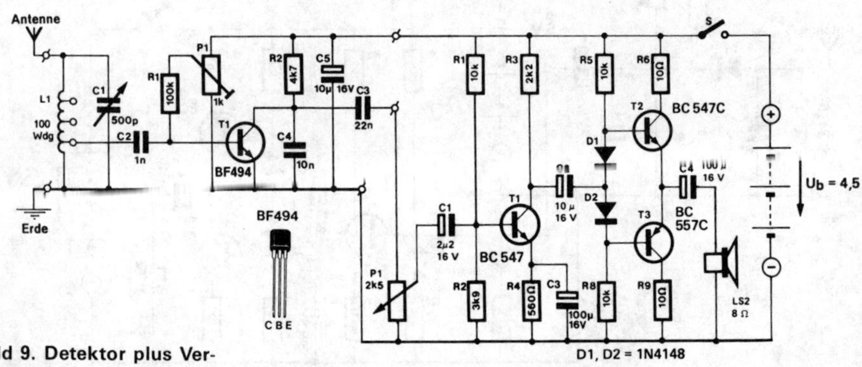

Bild 9. Detektor plus Verstärkerstufe. Der Transistor dient gleichzeitig als Demodulator.

Diesmal liegt (wegen des NPN-Transistors) wieder Minus an Masse. Die gleichrichtende Diodenstrecke liegt jetzt zwischen Schwingkreis und Masse: positive Halbwellen der HF öffnen die Basis-Emitter-Strecke und fließen dabei nach Masse ab, negative rufen keinen Basis-Strom hervor. Die positiven werden also verstärkt, die negativen nicht. (In Wirklichkeit sind die Unterschiede nicht so extrem, sondern eher graduell: positive

Halbwellen werden höher verstärkt als negative HF-Halbwellen. Die Gleichrichterwirkung beruht hier also auf dem "Übergewicht" der positiven Halbwellen.)
Trimmpoti und R1 erfüllen den gleichen Zweck wie oben: der Basis-Emitterstrecke die nötige Vorspannung (ca. 0,6 V) für optimale Gleichrichter-Empfindlichkeit zuzuführen. Es wird nach Gehör auf optimalen Empfang eingestellt. Damit die Spule diese Spannung nicht kurzschließt, ist ein Kondensator (C2) zwischengeschaltet, der mit 1 nF der HF nur wenig Wechselstromwiderstand entgegensetzt. Am Kollektor des Transistors liegt die verstärkte Ausgangsspannung, die der (verstärkte und gleichgerichtete) Kollektorstrom an R2 hervorruft.
Ein 10-µF-Elko am Plus-Anschluß dieses Brettchens verhindert, daß HF-Reste über die Plusleitung zum Verstärker gelangen. Verstärker- und Empfangsteil werden aus einer Batterie (oder einem Netzteil) gespeist.

10

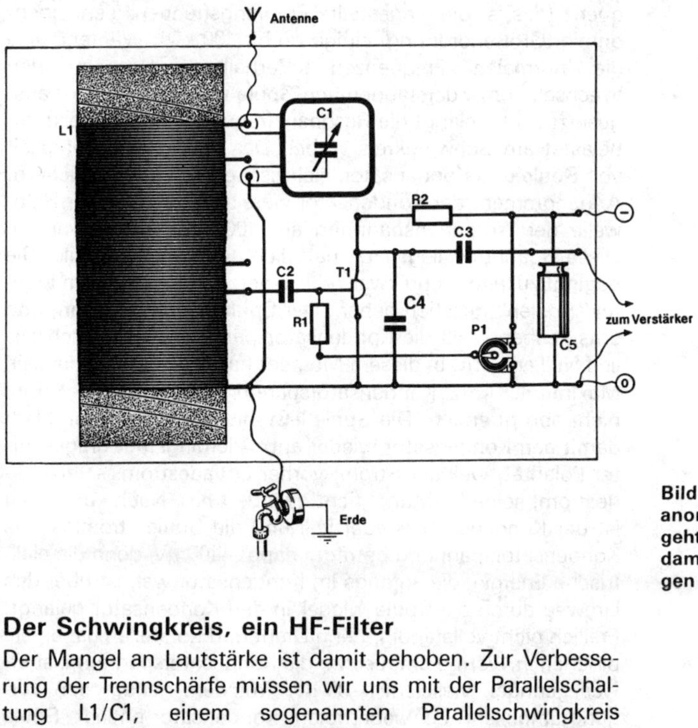

Bild 10. Die Bauteileanordnung zu Bild 9. Es geht etwas gedrängt zu, damit keine unnötig langen Leitungen entstehen.

Der Schwingkreis, ein HF-Filter

Der Mangel an Lautstärke ist damit behoben. Zur Verbesserung der Trennschärfe müssen wir uns mit der Parallelschaltung L1/C1, einem sogenannten Parallelschwingkreis beschäftigen, denn der soll die unerwünschten Sender ausfiltern. Sender mit Frequenzen über der gewünschten Empfangsfrequenz unterdrückt der Kondensator, denn sein Wechselstromwiderstand fällt mit steigender Frequenz. Und niedrigere Frequenzen führt die Spule ab, ihr Wechselstromwiderstand fällt mit sinkender Frequenz. Die unterschiedlichen Wechselstromwiderstände (Impedanzen) alleine erklären jedoch nicht die Filterwirkung, was leicht zu zeigen ist. Nehmen wir an, bei voll eingedrehten Drekoplatten, Kapazität also 500 pF, werde die Frequenz 500 kHz am unteren MW-Bandende empfangen. Laut Formel beträgt die Impedanz dann:

$$\frac{1}{2 \cdot \pi \cdot f \cdot C} = \frac{1}{2 \cdot \pi \cdot 500\ \text{kHz} \cdot 500\ \text{pF}} = 637\ \Omega$$

Die Spule hat die gleiche Impedanz. Könnte man die beiden Impedanzen einfach so zusammenrechnen, ergäbe sich als Parallelwert ca. 320 Ω. Diese Rechnung ist jedoch nicht nur falsch, sondern auch sehr unwahrscheinlich: Wie sollte eine Antennenspannung, die nur mit Mühe einen 2000-Ω-Hörer betreiben kann, einen so niedrigen Filterwiderstand verkraften? Tatsächlich wird der Parallelschwingkreis bei Resonanzfrequenz (das ist die eingestellte Empfangsfrequenz sehr hochohmig (Größenordnung: einige zig bis 100 kΩ). Während also die "normalen" Frequenzen außerhalb der Resonanz den Wechselstromwiderständen von Spule und Kondensator ausgesetzt sind, gelangt die Resonanzfrequenz selbst nahezu unbelastet am Schwingkreis vorbei. Das liegt an der Fähigkeit von Spule und Kondensator, elektrische Energie zu speichern. Angenommen, der Kondensator wäre soeben von einer Halbwelle der Antennenspannung auf 100 μV geladen worden. Diese Spannung liegt jetzt natürlich auch an der Spule. Sie beginnt zu leiten, und zwar zeitlich verzögert, wie wir im Kapitel "Spulen" gesehen haben. Der Spulenstrom steigt an, und entsprechend fällt die Kondensatorspannung, bis sie schließlich Null erreicht. In diesem Moment hat der Spulenstrom sein Maximum. Trotz Kondensatorspannung 0 kann der Strom nicht abrupt enden. Die Spule läßt ihn weiterfließen und lädt damit den Kondensator wieder auf. Allerdings mit umgekehrter Polarität, weil der Strom, vorher Entladestrom — jetzt Ladestrom, seine Richtung nicht geändert hat. Nach kurzer Zeit ist der Kondensator wieder voll und die Spule stromlos. Die Kondensatorspannung beträgt knapp −100 μV, denn die elektrische Energie, die anfangs im Kondensator war, ist über den Umweg durch die Spule wieder in den Kondensator gelangt. Freilich nicht vollständig, denn Draht und Lötstellen haben ein bißchen in Wärme umgesetzt; die Kondesatorspannung ist etwas geringer, vielleicht −95 μV. Trotzdem genug, den Vorgang umgekehrt zu wiederholen: Kondensator entlädt, Spule führt Strom, Kondensator wird wieder geladen. Jetzt beträgt die Kondensatorspannung ca. 90 μV, und zwar plus, weil die ursprüngliche Polarität wiederhergestellt wurde. Dieser Kreislauf wiederholt sich, bis die Kondensatorspannungsspitze auf Null abgeklungen ist. Man nennt das eine gedämpfe Schwingung, ihre Frequenz ist die Resonanzfrequenz des Schwingkreises.

11

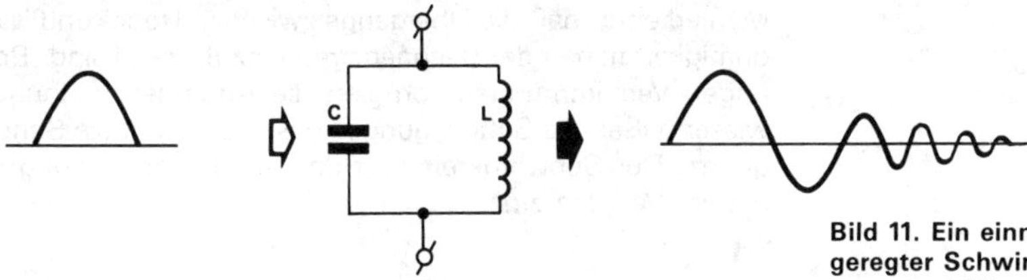

Bild 11. Ein einmalig angeregter Schwingkreis erzeugt abklingende Schwingungen.

Nun waren wir bei unseren Überlegungen von einer einzigen HF-Halbwelle ausgegangen, sozusagen die letzte des Senders. Was aber, wenn der Sender weiterarbeitet? Da sind zwei Fälle zu unterscheiden. Erstens, die Senderwechselspannung hat die gleiche Frequenz wie die Schwingungen des Kreises, also Resonanzfrequenz. Dann fällt die nächste, negative Halbwelle des Senders mit der negativen Halbwelle des Kondensators zusammen, und auch die folgende positive Halbwelle usw. Sender und Schwingkreis sind synchron. Die Antennenwechselspannung muß bei jeder Halbwelle nur den Spannungsverlust des Kreises ausgleichen, und das ist recht wenig. Verständlich also, daß die Antennenspannung im Resonanzfall nur wenig belastet wird.

12

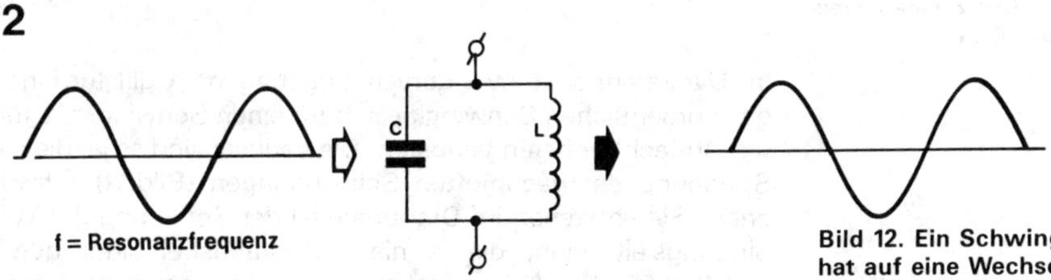

Bild 12. Ein Schwingkreis hat auf eine Wechselspannung mit seiner Resonanzfrequenz nahezu keinen Einfluß.

Anders im Fall zwei, wenn Schwingkreisfrequenz und Sendefrequenz nicht übereinstimmen. Zwar können einzelne Halbwellen den Schwingkreis anstoßen, aber danach fallen die Halbwellen von Schwingkreis und Antennenspannung nicht mehr zusammen und löschen sich gegenseitig aus.

13

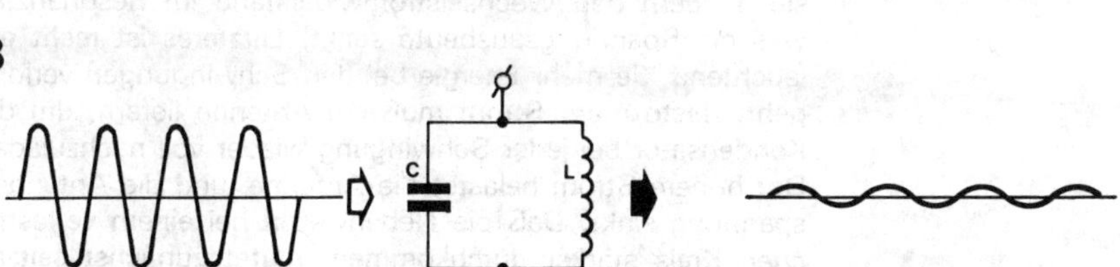

Bild 13. Wechselspannungen, die nicht auf Schwingkreis-Resonanz liegen, werden unterdrückt.

Kurz: Bei Resonanzfrequenz ist der Schwingkreis hochohmig, bei allen anderen Frequenzen niederohmig. Dieser Sachverhalt ist im folgenden Diagramm (14a) dargestellt.

Man erkennt, daß die Übergänge zwischen Hoch- und Niederohmigkeit neben der Resonanzfrequenz fließend sind. Bei geringen Verstimmungen korrigiert die Antennenspannung gewissermaßen die Schwingungen des Kreises auf die Sendefrequenz. Der Schwingkreis fügt der Antennenspannung dabei höhere Verluste zu.

14

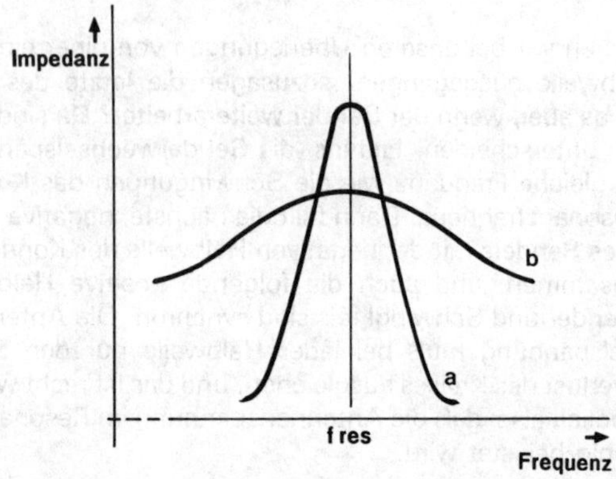

Bild 14. Durchlaßkurven von Schwingkreisen: Bei Resonanzfrequenz ist der Kreis hochohmig, bei den anderen Frequenzen sinkt die Impedanz ab. Kurve a charakterisiert einen Kreis hoher Güte, b einen Kreis geringer Güte.

Im Diagramm sind zwei Kurven eingetragen. A gilt für einen ganz ordentlichen Schwingkreis, b für einen Schwingkreis mit (ca. 10-fach) höheren Verlusten. Die Verluste sind es ja, die die Spannung der gedämpften Schwingungen (Bild 11) schwächen. Sie entstehen im Drahtmaterial der Spule und der Verbindungsleitungen, die ja nie widerstandsfrei sind, durch winzige Kriechströme zwischen den Kondensatoranschlüssen und ggf. durch Kernmaterialien der Spule bzw. Isolierstoffe des Kondensators (Dielektrika). Ganz vermeiden lassen sie sich nie, aber doch in Grenzen halten. Das sollte man in jedem Fall tun, denn wie das Diagramm zeigt, haben hohe Verluste gleich zwei unangenehme Folgen: sie verbreitern die Kurve, was bedeutet, daß sich die Trennschärfe verschlechtert, und sie mindern den Wechselstromwiderstand im Resonanzfall, was die Spannungsausbeute senkt. Letzteres ist recht einleuchtend. Je mehr Energie bei den Schwingungen verloren geht, desto mehr Strom muß die Antenne liefern, um den Kondensator bei jeder Schwingung wieder voll nachzuladen. Der höhere Strom belastet die Antenne, und die Antennenspannung sinkt. Daß die Nebenwellen bei einem verlustreichen Kreis stärker durchkommen, mutet zunächst seltsam an, müßten doch auch diese Frequenzen durch die höheren Verluste stärker bedämpft werden. Nun dämpfen die Verluste in ersten Linie die Schwingungen des Kreises, deren Spannung fällt stärker ab (Bild 11). Damit hat der Kreis aber auch weniger Spannung zum Auslöschen der Antennenspannung falscher Frequenz. Der verlustreiche Schwingkreis dämpft die Nebenwellen wenig ab und ist daher breitbandiger. Man

spricht auch von geringerer **Schwingkreisgüte** (Q). Das ist übrigens nicht immer von Schaden, manche Schwingkreise sollen gar nicht so schmalbandig filtern, Bandpässe zum Beispiel.
Daß es unserem Detektor-Schwingkreis an Trennschärfe und somit Güte mangelt, liegt erheblich an Diode und Kopfhörer. Sie entziehen dem Kreis ebenfalls Energie, mit den oben geschilderten Folgen. Es ist daher sinnvoll, zwischen Demodulator und Schwingkreis eine HF-Verstärkerstufe mit hochohmigem Eingang zu schalten. Es geht jedoch auch einfacher. Erstens kann man den Demodulator an eine Spulenanzapfung legen. Die Spule wirkt wie ein Spartrafo für HF. An einer Anzapfung liegt ein Teil der Schwingkreisspannung entsprechend dem Windungszahlverhältnis der Gesamtspule zur Anzapfung. Dadurch sinkt zwar die Spannung an der Basis, aber die Verluste des Kreises ebenfalls, weil der Detektor weniger Strom entzieht. Dieser Gewinn an Schwingkreisgüte macht die geringere Spannung teilweise wieder wett, zusätzlich steigt die Selektivität. Durch Ausprobieren stellt man fest, welche Anzapfung optimal ist (ca. 30 Wdg.).
Auch die zweite Methode ist simpel und sehr effektvoll: Rückführung eines Teils der verstärkten HF vom Transistor in den Schwingkreis. Diese HF gleicht die Verluste aus und erhöht so Güte bzw. Trennschärfe des Schwingkreises.

15

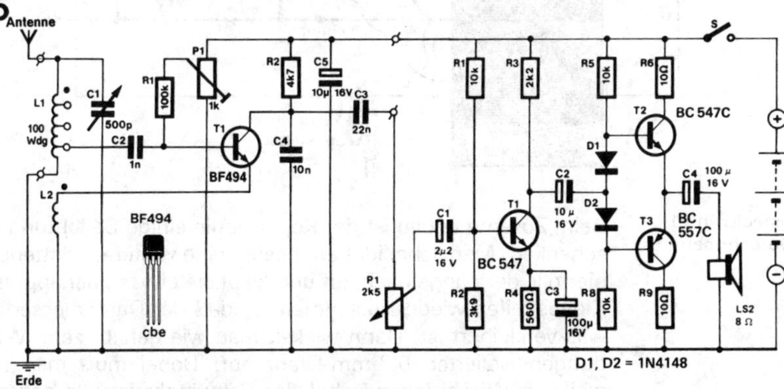

Der Emitterstrom fließt jetzt durch eine Zusatzspule, die nach Art eines Trafos mit der Schwingkreisspule verkoppelt ist. Zwar ist die HF des Emitterstroms bereits gleichgerichtet, dennoch wird genügend HF rückgekoppelt. Wenn man nicht aufpaßt, sogar zuviel. Dann gelangt mehr Energie in den Kreis zurück, als Verluste entstehen. Folge: Die Schaltung schwingt und strahlt sogar ein wenig HF über die Antenne ab. Optimal funktioniert die Schaltung, wenn die Rückkopplung genau die Verluste ersetzt: Dann sind sowohl Spannungsausbeute als auch Trennschärfe am besten. Allerdings ist dieser Zustand schwierig einzustellen. Zu diesem Zweck wird die Koppelspule in der Schwingkreisspule verschiebbar angeordnet. Nachdem das Trimmpoti (bei herausgezogener Koppelspule) auf optima-

Bild 15. Die Spule in der Emitterleitung koppelt HF-Energie in den Schwingkreis zurück, so werden die Schwingkreisverluste ausgeglichen.

len Empfang eingestellt wurde, schiebt man die Koppelspule ein, bis die Schaltung zu pfeifen beginnt. Danach muß man die Spule wieder herausziehen, damit das Pfeifen verstummt, um sich dann vorsichtig bis kurz vor den Punkt des Schwingungseinsatzes heranzutasten. Am Trimmpoti kann man feinabstimmen, denn beim BF 451 hängt die Stromverstärkung vom Kollektorstrom (bzw. Basis-Strom) ab. Diese Einstellungen sind etwas knifflig, da sich gleichzeitig auch die Empfangsfrequenz etwas verändert. Mit ein wenig Geschick kriegt man guten MW-Empfang zustande.

16

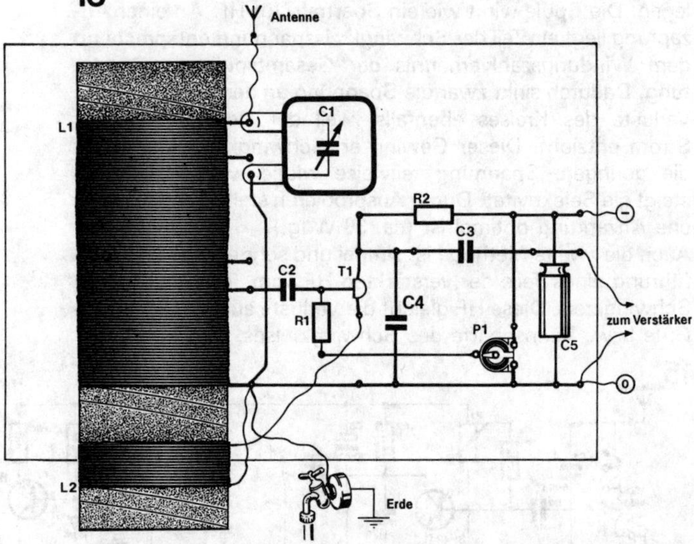

Bild 16. L2 steckt in L1 und kann verschoben werden.

Beim Zusammenbau ist der Koppelspule einige Beachtung zu schenken. Man schneidet am besten eine weitere Toilettenpapierrolle der Länge nach auf und klebt sie etwas überlappt mit Klebestreifen wieder zusammen, so daß der Durchmesser etwas verkleinert ist. Dann wickelt man wie gehabt zehn Windungen isolierten 0,3-mm-Draht auf. Dabei muß man auf gleichen Wickelsinn wie bei der Schwingkreisspule achten. Die Koppelspule soll sich in der Kreisspule gut verschieben lassen, jedoch nicht locker sitzen. Die beiden Spulenanschlüsse müssen mit dem Schaltplan übereinstimmen. Sind Wickelsinn **oder** Anschlüsse vertauscht, wirkt die Rückkopplung der ursprünglichen HF entgegen: Statt die Verluste auszugleichen, wird zusätzlich Energie entzogen, und der Empfang verschlechtert sich. Macht man beide oben genannten Fehler zugleich, heben sie sich jedoch auf.
Mit angezogener Rückkopplung, also pfeifendem Empfänger, wird die Schaltung zum HF-Oszillator bzw., da HF ja strahlt, zum Sender. Man kann ihn mit einem Mittelwellenradio oder einem zweiten Rückkopplungsempfänger gleicher Schaltung auch empfangen. Seine Reichweite ist minimal. Aber wer zwei

Empfänger baut und in die Spannungszuleitungen Morsetasten legt, kann über ein paar Meter drahtlos telegrafieren. (Dabei muß an beiden Empfängern die Rückkopplung angezogen sein.)
Damit wären wir wieder bei der Frage vom Kapitelbeginn angelangt, warum sich HF ohne Draht fortbewegen kann.

Felder — Strom ohne Draht

Sie tut das in Wellen, daher spricht man auch von Radiowellen oder, physikalisch korrekt, elektro-magnetischen Wellen. Die elektromagnetische Welle besteht aus einer elektrischen und einer magnetischen Komponente. Befassen wir uns zunächst mit der magnetischen. Um einen stromdurchflossenen Draht entsteht ein kreisförmiges Magnetfeld — im Kapitel 9 ist die Rede davon.

17

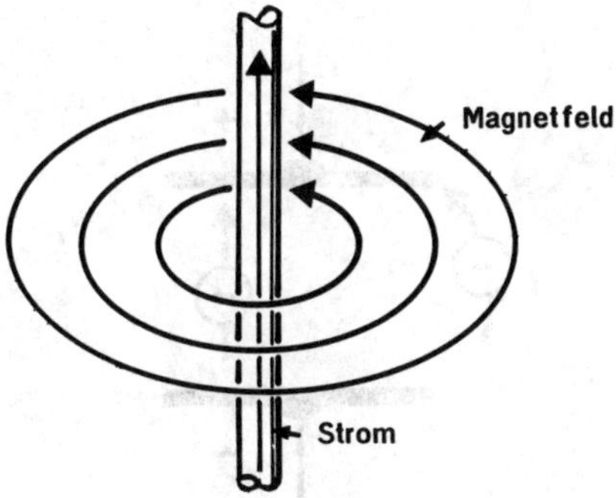

Bild 17. Um einen stromdurchflossenen Draht breitet sich ein Magnetfeld aus.

Nun entsteht dieses Magnetfeld nicht schlagartig, sondern es breitet sich in einer wenngleich sehr kurzen Zeitspanne aus. Schaltet man den Strom ab, bricht das Feld zusammen. Auch das braucht ein winziges bißchen Zeit: Das Feld "wandert" zurück, und seine Energie wird im Draht zu einer Spannung, der Induktionsspannung gewandelt. Bei hochfrequenten Strömen läuft das Ein- und Ausschalten bzw. Umpolen des Stroms im Draht sehr schnell ab, zu schnell für die Felder. Bevor ein Feld ganz zurückgewandert und abgebaut ist, entsteht bereits das nachfolgende, entgegengesetzt gerichtete. Es breitet sich ebenfalls aus und kann ebenfalls nicht rechtzeitig zurückkehren. Die entgegengesetzten Felder verselbstständigen sich, denn im Grenzbereich schließen sich neue Feldlinien (Bild 18).

Die neu entstehenden Felder sind, wie man sieht, nicht mehr an den Draht gebunden und breiten sich ihrerseits weiter aus. Ähnlich verhalten sich die elektrischen Felder. Mit elektrischen Feldern hatten wir uns noch nicht befaßt. Sie bestehen zwischen zwei Punkten unterschiedlicher Spannung, zum Beispiel zwischen zwei Kondensatorplatten. Man erkennt elektrische Felder, wie die magnetischen, daran, daß sie Kräfte ausüben können, die elektrischen auf geladene Gegenstände.

18

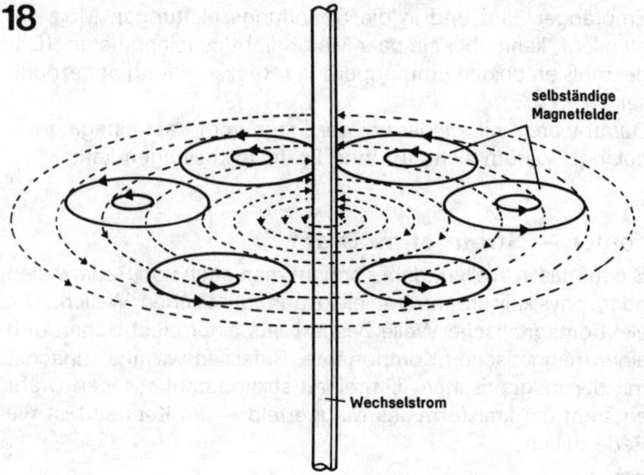

Bild 18. Bei schnellen Stromumkehrungen verselbständigen sich die außenliegenden Anteile des Magnetfeldes.

19

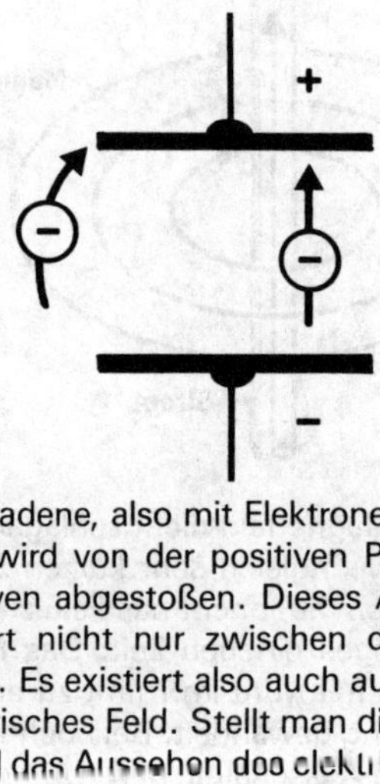

Bild 19. Auf negative Ladungen werden in einem geladenen Kondensator Kräfte ausgeübt – Beweis für das Vorhandensein des elektrischen Feldes.

Das negativ geladene, also mit Elektronenüberschuß versehene Kügelchen wird von der positiven Platte angezogen und von der negativen abgestoßen. Dieses Anziehen und Abstoßen funktioniert nicht nur zwischen den Platten, sondern auch außerhalb. Es existiert also auch außerhalb des Kondensators ein elektrisches Feld. Stellt man die Kraftwirkungen mit Pfeilen dar, wird das Aussehen des elektrischen Felds deutlich.

20

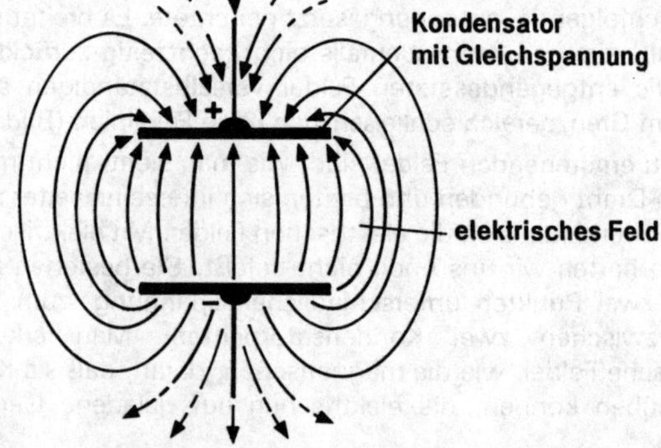

Bild 20. Nicht nur zwischen den Kondensatorplatten, auch in der weiteren Umgebung herrscht elektrisches Feld.

Das Feld braucht nach Anlegen der Spannung (ohne Spannung existiert natürlich kein Feld!) ein winziges bißchen Zeit, sich aufzubauen und auszubreiten. Und wie bei der Spule tritt bei Wechselspannung an den Kondensatorplatten ein Ablöse-Effekt auf: Das ausgebreitete elektrische Feld kann nach Abschalten bzw. Umpolen der Plattenspannung nicht schnell genug zurückkehren (und seine Energie als Entladestrom zurückgeben), sondern wird von dem sich neu ausbreitenden Feld entgegengesetzter Polarität nach außen gedrängt. Dabei schließen sich die entgegengesetzt gerichteten Feldlinien kreisförmig. So sind sie unabhängig von den Kondensatorplatten – vorher verliefen sie ja von Platte zu Platte – und breiten sich im Raum aus.

21

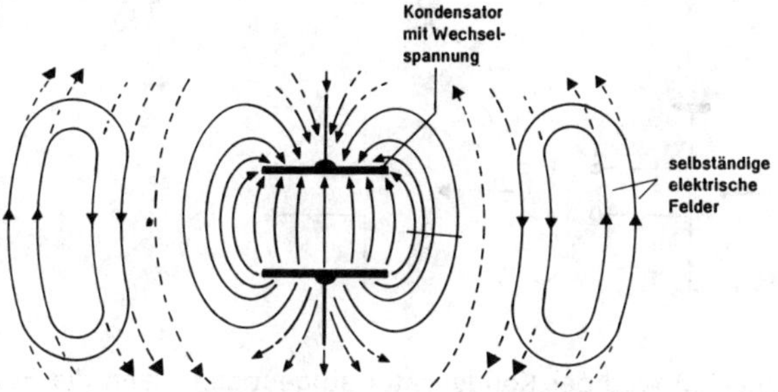

Bild 21. Auch bei schnellen elektrischen Feldänderungen verselbständigen sich die außenliegenden Feldanteile.

Nun war anfangs die Rede von der elektro-magnetischen Welle. Warum beides, wenn doch sowohl das magnetische als auch das elektrische Feld in der Lage sind, sich fortzubewegen? Strom und Spannung gehören jedoch unzertrennlich zusammen. Um beispielsweise den Kondensator aus Bild 20 hochfrequent zu laden und umzuladen, bedarf es eines hochfrequenten Lade-/Umladestroms. An den Zuleitungen zu den Platten bilden die hochfrequenten Ströme magnetische Felder aus, die abgestrahlt werden, während zwischen den Platten das elektrische Feld entsteht. In der Praxis benutzt man keinen Plattenkondensator zum Senden, sondern eine Sendeantenne, z.B. einen Dipol.

22

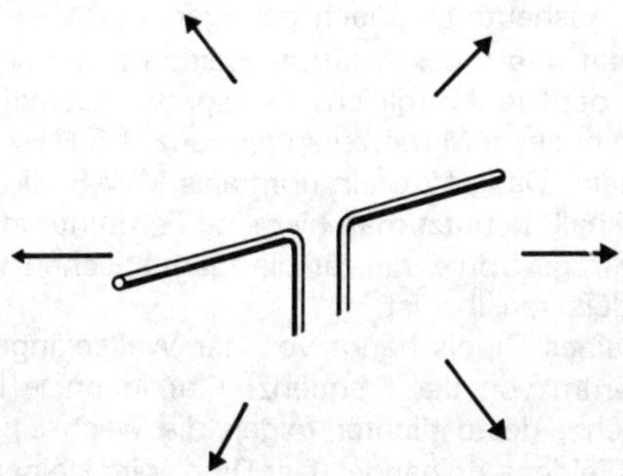

Bild 22. Ein Dipol strahlt in alle Richtungen senkrecht zu seiner Achse.

Diese Antennenbauform ist von den Fernsehantennen bekannt. (Dort sind vor und hinter dem (Empfangs-)Dipol eine Reihe Zusatzelemente zur Empfangsverbesserung angebracht.) Man kann einen Dipol auch als deformierten Schwingkreis ansehen, wie die folgende Verwandlung zeigt.

23

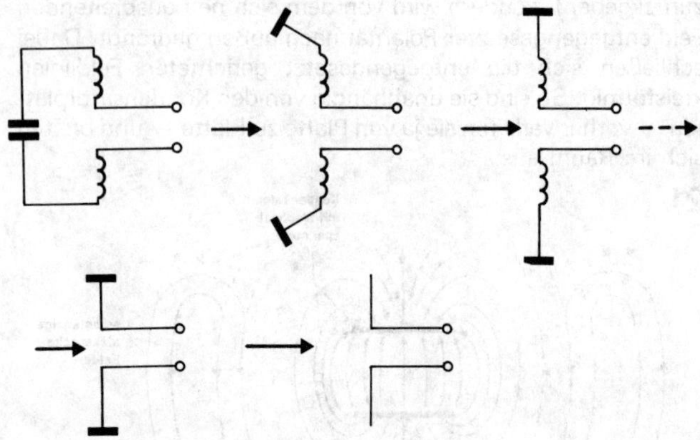

Bild 23. Ein Dipol funktioniert sehr ähnlich wie ein Schwingkreis.

Zunächst wird der Kondensator aufgebogen, dann die Spule auseinandergezogen, und schließlich bleiben zwei Drähte übrig, die Dipolhälften. Das Bild soll deutlich machen, daß der Dipol sowohl Kapazität zwischen den beiden Hälften aufweist als auch Induktivität durch die Länge der Drähte. Deshalb ist er zum Abstrahlen von elektromagnetischen Wellen geeignet. Wie der Schwingkreis hat der Dipol eine Resonanzfrequenz, nur auf dieser Frequenz ist er (gut) zum Senden geeignet.

Auch die Rückwandlung einer Radio-Welle in eine hochfrequente Spannung geht mit einem Dipol bei Resonanzfrequenz besonders effektiv: Das elektrische Feld bildet an der Dipol-Kapazität eine Spannung aus, und das magnetische Feld an der Induktivität einen Strom. Allerdings muß es nicht unbedingt ein Dipol sein, ein einfaches Stück Draht tut's auch, wie wir bei den Versuchen mit dem Detektor gesehen haben. Der Draht hat eine gewisse Induktivität und eine Kapazität gegen die Erde. Er ist jedoch im Gegensatz zum Dipol nicht in Resonanz, seine Ausbeute demnach geringer.

Weil Kapazität und Induktivität der beiden Leiter sehr gering sind, nimmt der Dipol vergleichsweise große Ausmaße an: Ein Dipol für die höchste Mittelwellenfrequenz (1,6 MHz) muß ca. 90 m lang sein. Das ist für ein normales MW-Radio natürlich zu lang. Deshalb benutzt man hier eine Ferritantenne. Das ist eine hochwertige Spule, die für die magnetischen Wellenanteile besonders sensibel ist.

Die Länge eines Dipols hängt von der Wellenlänge ab, und diese wiederum von der Frequenz. Klar, denn je höher die Sendefrequenz, desto dichter folgen die wechselnden, sich ablösenden Felder aufeinander. Der Dipol wird kleiner, weil sei-

24

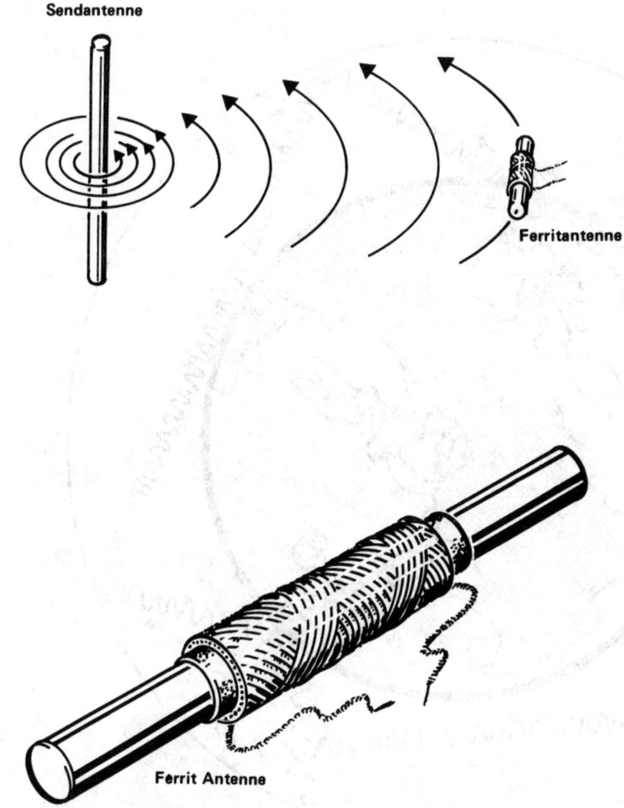

Bild 24. Der Ferritstab einer Ferritantenne empfängt optimal, wenn er in Richtung der magnetischen Feldlinien ausgerichtet ist.

ne Kapazität und Induktivität nicht so hoch zu sein braucht (höhere Schwingkreisfrequenz!). Übrigens hat die Wellenlänge direkt nichts mit der Reichweite zu tun, die Langwelle kommt nicht unbedingt am weitesten. Sie kann sich jedoch gut am Boden fortplanzen. Ihre Reichweite basiert also darauf, daß sie sich der Erdkrümmung anpaßt. Bei Mittel- und Kurzwelle ist die Bodenwelle weniger ausgeprägt. Dafür können sie von der Ionosphäre, einer leitfähigen Schicht in der äußeren Atmosphäre, reflektiert werden. Vor allem auf Kurzwelle sind unter günstigen Bedingungen weltweite Verbindungen möglich. Die Welle wird dabei zick-zack-förmig zwischen Erdboden und Ionosphäre reflektiert. Ultrakurze Wellen breiten sich wie Licht aus, also gradlinig, wobei optische Effekte, wie Beugung und Reflektion (nicht an der Ionosphäre), möglich sind und Überreichweiten verursachen.

25

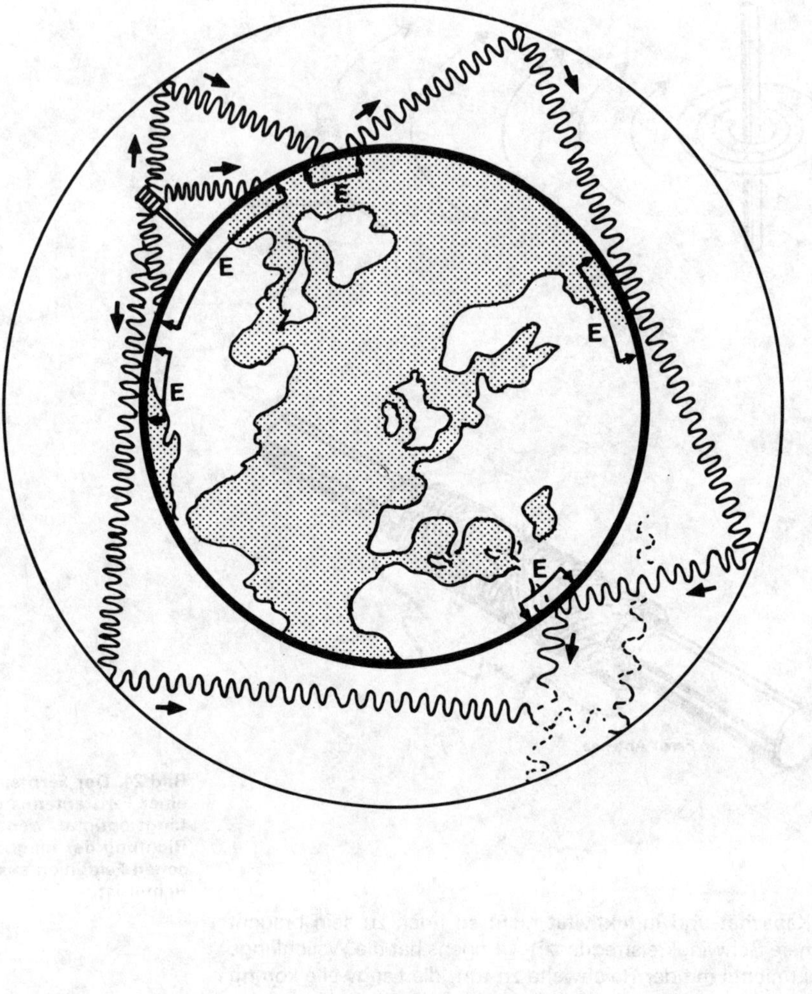

Bild 25. Außer der sogenannten Bodenwelle strahlen (vor allem Kurzwellen-)Sender Raumwellen ab, die unter bestimmten Bedingungen von der Ionosphäre reflektiert werden und somit weltweiten Funkverkehr ermöglichen.

Zusammenfassung

- Hochfrequente elektrische Energie kann sich ohne Leiter im Raum wellenartig ausbreiten.
- Radiowellen sind elektromagnetische Felder, die sich von einer Antenne (z.B. Dipol) ablösen, der mit hochfrequentem Strom gespeist wird.
- Zum Radioempfang muß die Frequenz der Welle (Sendefrequenz) ausgefiltert werden.
- Ein Schwingkreis aus Spule und Kondensator filtert Hochfrequenz. Bei Resonanzfrequenz wird ein Parallelschwingkreis hochohmig, sonst ist er niederohmig.
- Bei der Amplitudenmodulation (AM) werden die Hochfrequenzamplituden gemäß der niederfrequenten Information eingestellt.
- Zur AM-Demodulation wird die empfangene (und gefilterte) HF-Wechselspannung gleichgerichtet.
- Schwingkreisverluste verschlechtern die Filterwirkung des Kreises, er wird breitbandiger. Durch Rückführen von verstärkter HF-Energie kann man die Verluste ausgleichen und so die Trennschärfe des Kreises anheben (HF-Rückkopplung).

Das war's

Mit dieser kleinen Einführung in die HF-Technik endet der zweite Band "Elektronik — gar nicht schwer". War das schon alles über die Elektronik? Gewiß nicht; die Elektronik-Literatur füllt ganze Bibliotheken. Aber wir haben uns mit allen wichtigen, grundlegenden Phänomenen und Schaltungen der Elektronik befaßt. Selbst komplizierte Schaltungen setzen sich letztlich nur aus einfachen Grundschaltungen zusammen. Auch und gerade Computer. Computer-Grundschaltungen sind einfache Transistor- oder FET-Schaltungen mit nur zwei Ausgangsspannungen, beispielsweise 0 V und 5 V. Allerdings sind in einem modernen Rechner zahllose Schaltkreise nötig. Wer beide Bände "Elektronik — gar nicht schwer" aufmerksam gelesen hat, besitzt ein tragfähiges Wissens-Fundament. Welches "Gebäude" darauf errichtet werden soll, muß freilich jeder selbst entscheiden.

12. Anhang

Formeln

Effektivspannung von sinusförmigen Wechselspannungen

$$U_{eff} = \frac{U_s}{\sqrt{2}} = \frac{U_{ss}}{2\sqrt{2}}$$

U_{eff} $(= U)$ Effektivspannung

U_{ss} Spitze-Spitze-Spannung

U_s $(= \frac{U_{ss}}{2})$ Amplitude

Ohmsches Gesetz bei Wechselspannung

$$U_{eff} = I_{eff} \cdot R \qquad I_{eff} = \frac{U_{eff}}{R} \qquad R = \frac{U_{eff}}{I_{eff}}$$

Leistung

$$P = P_{eff} = U_{eff} \cdot I_{eff} = \frac{U_{eff}^2}{R} = I_{eff}^2 \cdot R$$

Kondensatorschaltungen

Parallelschaltung

$$C_{ges} = C1 + C2 + \ldots$$

Serienschaltung:

$$C_{ges} = \frac{1}{\frac{1}{C1} + \frac{1}{C2} + \ldots}$$

bei zwei Kondensatoren:

$$C_{ges} = \frac{C1 \cdot C2}{C1 + C2}$$

Spulenschaltungen

Serienschaltung:

$$L_{ges} = L1 + L2 + \ldots$$

Parallelschaltung:

$$L_{ges} = \frac{1}{\frac{1}{L1} + \frac{1}{L2} + \ldots}$$

Bei zwei Spulen:
$$L_{ges} = \frac{L1 \cdot L2}{L1 + L2}$$

Wechselstromwiderstände (Impedanzen)

Achtung: Wechselstromwiderstände werden meist in Ω (oder $\frac{V}{A}$) beziffert. Man darf sie jedoch nicht ohne weiteres untereinander oder mit ohmschen Widerständen verrechnen!

Kondensator:

$$X_c = \frac{1}{2\pi \cdot f \cdot C} \qquad \text{mit } 1\ F = 1\ \frac{As}{V} = \frac{1}{1\ \Omega \cdot Hz}$$

Man errechnet X_c in Ω, wenn f in MHz und C in µF eingesetzt werden.

Spule:

$$X_L = 2\,\pi \cdot f \cdot L \qquad \text{mit } 1\ H = 1\ \frac{Vs}{V} = 1\ \frac{\Omega}{Hz}$$

Man errechnet X_L in Ω, wenn f in kHz und L in mH eingesetzt werden.
(Siehe auch Frequenztapete.)

Schwingkreis

Resonanz herrscht, wenn X_c und X_L gleich sind. Dann gilt für die Frequenz (=Resonanzfrequenz):

$$f = \frac{1}{2\pi \cdot \sqrt{L \cdot C}}$$

Dioden

Kleinleistungsdioden

Dioden leiten Strom nur in einer Richtung. Zum Leiten muß nicht nur die richtige Polarität anliegen, sondern die treibende Spannung muß über 0,6 V (bei Silizium-Dioden) liegen. Dieser Spannungsabfall, die sog. Schwellspannung, steigt bei hohen Strömen weiter an. Germanium-Dioden haben nur ca. 0,2 V Schwellspannung; ihre Typenbezeichnungen beginnen mit "A". Auf der Seite 176 sind die wichtigsten Daten einiger Kleinleistungsdioden aufgelistet.

Sperrspannung: max. zulässige Spannung in Sperr-Richtung
Durchlaßstrom: max. zulässiger Dauerstrom in Durchlaß-Richtung
Spitzenstrom: kurzzeitiger (<1 µs) Durchlaßstrom
Durchlaßspannung: Schwellspannung für charakteristische Durchlaßströme

Sperrstrom: Reststrom, der durch den gesperrten Transistor fließt, für charakteristische Sperr-Spannungen

Typ	Sperr-spannung in V:	Durchlaß-strom in mA:	Spitzen-strom in mA:	Durchlaß spannung in V:	bei mA:	Sperrstrom in μA:	bei V:
AA 112	15	30	200	0,22	0,1	22	15
AA 116	20	24	200	0,18	0,1	90	20
AA 117	90	50	500	0,18	0,1	40	75
AA 119	30	35	200	0,23	0,1	35	30
BA 127	60	100	200	0,97	100	0,02	60
BA 147	25	150	500	1	50	0,5	25
BA 204	50	200	2000	1	100	0,1	30
BAX 13	50	48	250	1,53	75	0,2	50
1N914	100	75	–	1	10	25 n	20
1N4148	75	75	500	1	10	25n	20
1N4150	50	200	–	1	200	0,1	50
1N4151	50	200	2000	0,88	50	14 n	50
1N4448	75	150	–	1	100	25 n	20

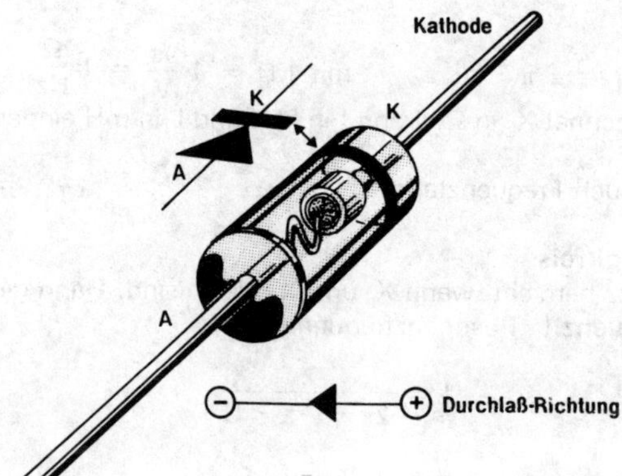

Silizium-Leistungs-Dioden

Leistungsdioden sind heute fast ausnahmlos Silizium-Typen. Für sie gilt das gleiche wie für Silizium-Kleinleistungsdioden (→ Kleinleistungsdioden). In der Hobby-Elektronik werden häufig Typen aus der 1N400X-Reihe verwendet. (Siehe auch: Gleichrichter: Brückengleichrichter).

Typ	Sperr-Spannung in V:	Durchlaß-strom in A:	Spitzen-strom in A:	Durchlaß-spannung in V:	bei A:	Sperrstrom in μA:	bei V:	Ge-häuse
BY 126	650	1	40	1,2	1	–	–	I
BY 127	1250	1	40	1,2	5	–	–	I
BYX 71/350	300	7	60	1,25	5	–	–	II
BYX 71/600	500	7	60	1,25	5	–	–	II
1N3879	50	6	75	1,4	6	3	50	III
1N3880	100	6	75	1,4	6	15	100	III
1N3881	200	6	75	1,4	6	15	200	III
1N3882	300	6	75	1,4	6	15	300	III
1N3883	400	6	75	1,4	12	3	400	III
1N3884	50	12	140	1,4	12	3	50	III
1N3885	100	12	140	1,4	12	3	100	III
1N3886	200	12	140	1,4	12	3	200	III
1N3887	300	12	140	1,4	12	3	300	III
1N3888	400	12	140	1,4	12	3	400	III
1N3889	50	12	140	1,4	12	25	50	III
1N4001	50	1	50	1,3	1	10	50	I
1N4002	100	1	50	1,3	1	10	100	I
1N4003	200	1	50	1,3	1	10	200	I
1N4004	400	1	50	1,3	1	10	400	I
1N4005	600	1	50	1,3	1	10	600	I
1N4006	800	1	50	1,3	1	10	800	I
1N4007	1000	1	50	1,3	1	10	1000	I
1N5400	50	3	100	1,1	3	20	50	III
1N5401	100	3	100	1,1	3	20	100	III
1N5402	200	3	100	1,1	3	20	200	III
1N5403	300	3	100	1,1	3	20	300	III
1N5404	400	3	100	1,1	3	20	400	III
1N5405	500	3	100	1,1	3	20	500	III
1N5406	600	3	100	1,1	3	20	600	III
1N5407	800	3	100	1,1	3	20	800	III
1N5408	1000	3	100	1,1	3	20	1000	III

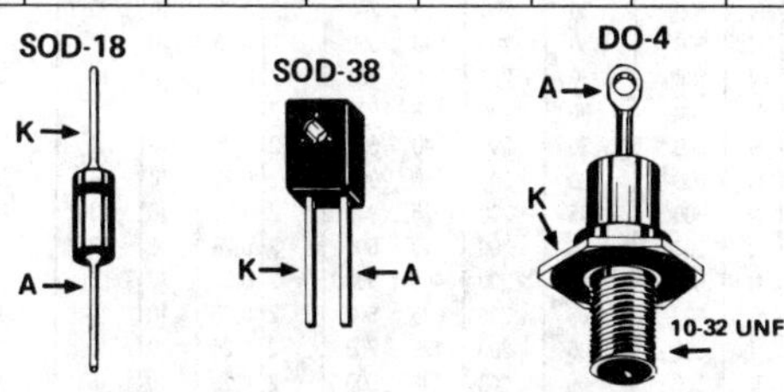

Daten von Kleinleistungstransistoren

Typ	Pol.	P_{max} mW	U_{max} V	I_{max} mA	Verstärkung bei I_c =	mA	U_{sat} U_c V	bei I_c mA	Rauschen dB	f_{grenz} MHz	Gehäuse
BC 107	N	300	45	200	125…500	2	0,2	10	10	150	I
BC 107A	N	300	45	200	125…260	2	0,2	10	10	150	I
BC 107B	N	300	45	200	240…500	2	0,2	10	10	150	I
BC 108	N	300	20	200	125…900	2	0,2	10	10	150	I
BC 108A	N	300	20	200	125…260	2	0,2	10	10	150	I
BC 108B	N	300	20	200	240…500	2	0,2	10	10	150	I
BC 108C	N	300	20	200	450…900	2	0,2	10	10	150	I
BC 109	N	300	20	200	125…900	2	0,2	10	4	150	I
BC 109B	N	300	20	200	240…500	2	0,2	10	4	150	I
BC 109C	N	300	20	200	450…900	2	0,2	10	4	150	I
BC 140	N	750	40	1000	40…400	100	<1	1000	–	50	II
BC 140-6	N	750	40	1000	40…100	100	<1	1000	–	50	II
BC 140-10	N	750	40	1000	63…160	100	<1	1000	–	50	II
BC 140-16	N	750	40	1000	100…250	100	<1	1000	–	50	II
BC 141	N	750	60	1000	40…400	100	<1	1000	–	50	II
BC 141-6	N	750	60	1000	40…100	100	<1	1000	–	50	II
BC 141-10	N	750	60	1000	63…160	100	<1	1000	–	50	II

Pol.:
N = NPN, P = PNP
P_{max}:
Maximal zulässige Verlustleistung
U_{max}:
Maximale Kollektor-Emitter-Spannung
I_{max}:
Maximaler Kollektorstrom
Verstärkung:
Stromverstärkungsfaktor beim angegebenen Kollektorstrom
U_{sat}:
Sättigungsspannung, d.i. die minimale Kollektor-Emitter-Spannung bei Vollaussteuerung mit dem angegebenen Kollektorstrom.
Rauschen:
Logarithmisches Maß des vom Transistor erzeugten Rauschens
f_{grenz}, Transitfrequenz:
Grenzfrequenz, bei der die Stromverstärkung auf 1 geht, also verschwindet.
T_{ein}:
Zeit, die der Leistungstransistor zum Einschalten braucht.
Gehäuse:
siehe Tabelle

Typ	Pol.	P_{max} mW	U_{max} V	I_{max} mA	Verstärkung bei I_c =	mA	U_{sat} U_c V	bei I_c mA	Rauschen dB	f_{grenz} MHz	Gehäuse
BC 141-16	N	750	60	1000	100...250	100	<1	1000	–	50	II
BC 160	P	750	40	1000	40...400	100	<1	1000	–	50	II
BC 160-6	P	750	40	1000	40...100	100	<1	1000	–	50	II
BC 160-10	P	750	40	1000	63...160	100	<1	1000	–	50	II
BC 160-16	P	750	40	1000	100...250	100	<1	1000	–	50	II
BC 161	P	750	60	1000	40...400	100	<1	1000	–	50	II
BC 161-6	P	750	60	1000	40...100	100	<1	1000	–	50	II
BC 161-10	P	750	60	1000	63...160	100	<1	1000	–	50	II
BC 161-16	P	750	60	1000	100...250	100	<1	1000	–	50	II
BC 177	P	300	45	200	75...500	2	0,2	10	10	130	I
BC 177A	P	300	45	200	125...260	2	0,2	10	10	130	I
BC 177B	P	300	45	200	240...500	2	0,2	10	10	130	I
BC 178	P	300	25	200	75...900	2	0,2	10	10	130	I
BC 178A	P	300	25	200	125...260	2	0,2	10	10	130	I
BC 178B	P	300	25	200	240...500	2	0,2	10	10	130	I
BC 178C	P	300	25	200	450...900	2	0,2	10	10	130	I
BC 179	P	300	20	200	125...900	2	0,2	10	4	130	I
BC 179B	P	300	20	200	240...500	2	0,2	10	4	130	I
BC 179C	P	300	20	200	450...900	2	0,2	10	4	130	I
BC 414	N	300	45	100	240...900	2	0,25	10	3	250	III
BC 414B	N	300	45	100	240...500	2	0,25	10	3	250	III
BC 414C	N	300	45	100	450...900	2	0,25	10	3	250	III
BC 416	P	300	45	100	240...900	2	0,25	10	2	200	III
BC 416B	P	300	45	100	240...500	2	0,25	10	2	200	III
BC 416C	P	300	45	100	450...900	2	0,25	10	2	200	III
BC 546	N	500	65	200	75...500	2	0,25	10	10	300	III
BC 546A	N	500	65	200	125...260	2	0,25	10	10	300	III
BC 546B	N	500	65	200	240...500	2	0,25	10	10	300	III
BC 547	N	500	45	200	75...900	2	0,25	10	10	300	III
BC 547A	N	500	45	200	125...260	2	0,25	10	10	300	III
BC 547B	N	500	45	200	240...500	2	0,25	10	10	300	III
BC 548	N	500	30	200	75...900	2	0,25	10	10	300	III
BC 548A	N	500	30	200	125...260	2	0,25	10	10	300	III
BC 548B	N	500	30	200	240...500	2	0,25	10	10	300	III
BC 548C	N	500	30	200	450...900	2	0,25	10	10	300	III
BC 549	N	500	30	200	125...900	2	0,25	10	4	250	III
BC 549B	N	500	30	200	240...500	2	0,25	10	4	250	III
BC 549C	N	500	30	200	450...900	2	0,25	10	4	250	III
BC 550	N	500	45	200	125...900	2	0,25	10	3	300	III
BC 550B	N	500	45	200	240...500	2	0,25	10	3	300	III
BC 550C	N	500	45	200	450...900	2	0,25	10	3	300	III
BC 556	P	500	65	200	75...500	2	0,25	10	10	150	III
BC 556A	P	500	65	200	125...260	2	0,25	10	10	150	III
BC 556B	P	500	65	200	240...500	2	0,25	10	10	150	III
BC 557	P	500	45	200	75...500	2	0,25	10	10	150	III
BC 557A	P	500	[illegible]	200	125...260	2	0,25	10	10	150	III
BC 557B	P	500	45	200	240...500	2	0,25	10	10	150	III
BC 558	P	500	30	300	75...900	2	0,25	10	10	150	III
BC 558A	P	500	30	200	125...260	2	0,25	10	10	150	III
BC 558B	P	500	30	200	240...500	2	0,25	10	10	150	III
BC 558C	P	500	30	200	450...900	2	0,25	10	10	150	III
BC 559	P	500	30	200	125...900	2	0,25	10	4	150	III
BC 559B	P	500	30	200	240...500	2	0,25	10	4	150	III
BC 559C	P	500	30	200	450...900	2	0,25	10	4	150	III
BC 560	P	500	45	200	125...900	2	0,25	10	2	150	III
BC 560B	P	500	45	200	240...500	2	0,25	10	2	150	III
BC 560C	P	500	45	200	450...900	2	0,25	10	2	150	III

TO-18

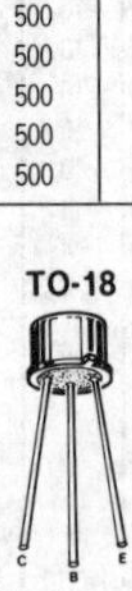

TO-39

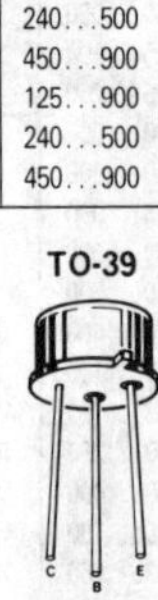

SOT-54

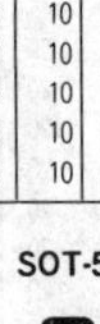

Daten von Leistungstransistoren

Typ	P_{max} W	U_{max} V	I_{max} A	Verstärkung bei I_c =	mA	U_{sat} U_{ce} bei I_c V	mA	Transit-frequenz MHz	T_{ein} ns	Ge-häuse	Pol.
BD 135	7,5	45	1,5	40...250	150	<0,5	500	50	–	I	NPN
BD 135-6	7,5	45	1,5	40...100	150	<0,5	500	50	–	I	NPN
BD 135-10	7,5	45	1,5	63...160	150	<0,5	500	50	–	I	NPN
BD 135-16	7,5	45	1,5	100...250	150	<0,5	500	50	–	I	NPN
BD 136	7,5	45	1,5	40...250	150	<0,5	500	75	–	I	PNP
BD 136-6	7,5	45	1,5	40...100	150	<0,5	500	75	–	I	PNP
BD 136-10	7,5	45	1,5	63...160	150	<0,5	500	75	–	I	PNP
BD 136-16	7,5	45	1,5	100...250	150	<0,5	500	75	–	I	PNP
BD 137	7,5	60	1,5	40...160	150	<0,5	500	50	–	I	NPN
BD 137-6	7,5	60	1,5	40...100	150	<0,5	500	50	–	I	NPN
BD 137-10	7,5	60	1,5	63...160	150	<0,5	500	50	–	I	NPN
BD 138	7,5	60	1,5	40...160	150	<0,5	500	75	–	I	PNP
BD 138-6	7,5	60	1,5	40...100	150	<0,5	500	75	–	I	PNP
BD 138-10	7,5	60	1,5	63...160	150	<0,5	500	75	–	I	PNP
BD 139	7,5	80	1,5	40...160	150	<0,5	500	50	–	I	NPN
BD 139-6	7,5	80	1,5	40...100	150	<0,5	500	50	–	I	NPN
BD 139-10	7,5	80	1,5	63...160	150	<0,5	500	50	–	I	NPN
BD 140	7,5	80	1,5	40...160	150	<0,5	500	75	–	I	PNP
BD 140-6	7,5	80	1,5	40...100	150	<0,5	500	75	–	I	PNP
BD 140-10	7,5	80	1,5	63...160	150	<0,5	500	75	–	I	PNP
BD 233	25	45	6	40...250	150	<0,6	1 A	3	–	I	NPN
BD 234	25	45	6	40...250	150	<0,6	1 A	3	–	I	PNP
BD 235	25	60	6	40...250	150	<0,6	1 A	3	–	I	NPN
BD 236	25	60	6	40...250	150	<0,6	1 A	3	–	I	PNP
BD 237	25	80	6	40...160	150	<0,6	1 A	3	–	I	NPN
BD 238	25	80	6	40...160	150	<0,6	1 A	3	–	I	PNP
BD 239	30	45	4	>40	200	<0,7	1 A	3	300	II	NPN
BD 239A	30	60	4	>40	200	<0,7	1 A	3	300	II	NPN
BD 239B	30	80	4	>40	200	<0,7	1 A	3	300	II	NPN
BD 239C	30	100	4	>40	200	<0,7	1 A	3	300	II	NPN
BD 240	30	45	4	>40	200	<0,7	1 A	3	300	II	PNP
BD 240A	30	60	4	>40	200	<0,7	1 A	3	300	II	PNP
BD 240B	30	80	4	>40	200	<0,7	1 A	3	300	II	PNP
BD 240C	30	100	4	>40	200	<0,7	1 A	3	300	II	PNP
BD 241	40	45	5	>25	1 A	<1,2	3 A	3	300	II	NPN
BD 241A	40	60	5	>25	1 A	<1,2	3 A	3	300	II	NPN
BD 241B	40	80	5	>25	1 A	<1,2	3 A	3	300	II	NPN
BD 241C	40	100	5	>25	1 A	<1,2	3 A	3	300	II	NPN
BD 242	40	45	5	>25	1 A	<1,2	3 A	3	200	II	PNP
BD 242A	40	60	5	>25	1 A	<1,2	3 A	3	200	II	PNP
BD 242B	40	80	5	>25	1 A	<1,2	3 A	3	200	II	PNP
BD 242C	40	100	5	>25	1 A	<1,2	3 A	3	200	II	PNP
BD 243	65	45	10	>15	3 A	<1,5	6 A	3	300	II	NPN
BD 243A	65	60	10	>15	3 A	<1,5	6 A	3	300	II	NPN
BD 243B	65	80	10	>15	3 A	<1,5	6 A	3	300	II	NPN
BD 243C	65	100	10	>15	3 A	<1,5	6 A	3	300	II	NPN
BD 244	65	45	10	>15	3 A	<1,5	6 A	3	200	II	PNP
BD 244A	65	60	10	>15	3 A	<1,5	6 A	3	200	II	PNP
BD 244B	65	80	10	>15	3 A	<1,5	6 A	3	200	II	PNP
BD 244C	65	100	10	>15	3 A	<1,5	6 A	3	200	II	PNP
BD 245	80	45	15	>20	3 A	<4	10 A	3	300	III	NPN
BD 245A	80	60	15	>20	3 A	<4	10 A	3	300	III	NPN
BD 245B	80	80	15	>20	3 A	<4	10 A	3	300	III	NPN
BD 245C	80	100	15	>20	3 A	<4	10 A	3	300	III	NPN
BD 246	80	45	15	>20	3 A	<4	10 A	3	200	III	PNP
BD 246A	80	60	15	>20	3 A	<4	10 A	3	200	III	PNP
BD 246B	80	80	15	>20	3 A	<4	10 A	3	200	III	PNP
BD 246C	80	100	15	>20	3 A	<4	10 A	3	200	III	PNP
BD 249	125	45	40	>10	15 A	<4	25 A	3	300	III	NPN
BD 249A	125	60	40	>10	15 A	<4	25 A	3	300	III	NPN
BD 249B	125	80	40	>10	15 A	<4	25 A	3	300	III	NPN
BD 249C	125	100	40	>10	15 A	<4	25 A	3	300	III	NPN
BD 250	125	45	40	>10	15 A	<4	25 A	3	200	III	PNP
BD 250A	125	60	40	>10	15 A	<4	25 A	3	200	III	PNP
BD 250B	125	80	40	>10	15 A	<4	25 A	3	200	III	PNP

Typ	P_{max} W	U_{max} V	I_{max} A	Verstärkung bei I_c =	mA	U_{sat} U_{ce} V	bei I_c mA	Transit-frequenz MHz	T_{ein} ns	Ge-häuse	Pol.
BD 250C	125	100	40	>10	15 A	<4	25 A	3	200	III	PNP
BD 379	25	80	3	40...375	150 mA	<1	1 A	50	50	I	NPN
BD 380	25	80	3	40...375	150 mA	<1	1 A	50	75	I	PNP
MJ 2955	150	60	15	20...70	4 A	<3	10 A	4	–	V	PNP
MJE 2955	90	60	10	20...70	4 A	<8	10 A	2	–	IV	PNP
MJE 3055	90	60	10	20...70	4 A	<8	10 A	2	–	IV	NPN
2N3055	115	60	15	20...70	4 A	<1,1	4 A	0,8	–	V	NPN

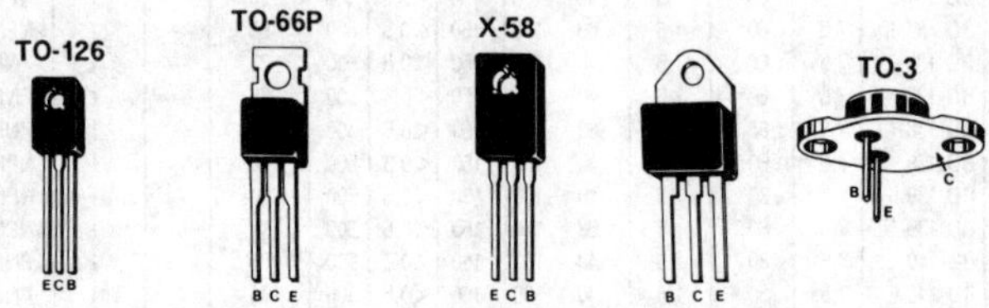

Dimensionierung von astabilen Multivibratoren (AMV)

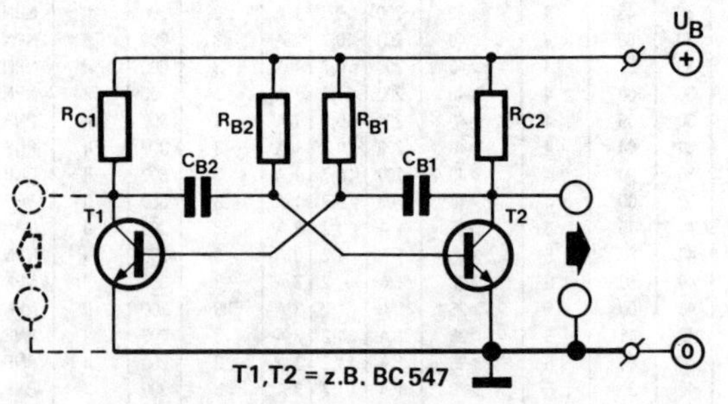

Der astabile Multivibrator (Kapitel 2ff) ist eine betriebssichere, einfache Oszillatorschaltung. Seine Schwingfrequenz hängt von den Basis-Widerständen (R_B) und -Kondensatoren (C_B) ab. Zur Verzehnfachung der Frequenz muß man die Basiswiderstände oder die Kapazitäten auf ein Zehntel senken, und umgekehrt.

Frequenz	0.01 µF	0.02 µF	0.05 µF	0.1 µF	0.2 µF
100Hz	710kΩ	360kΩ	140kΩ	71kΩ	36kΩ
200Hz	360kΩ	180kΩ	71kΩ	36kΩ	18kΩ
300Hz	240kΩ	120kΩ	48kΩ	24kΩ	12kΩ
400Hz	180kΩ	89kΩ	36kΩ	18kΩ	8.9kΩ
500Hz	140kΩ	71kΩ	29kΩ	14kΩ	7.1kΩ
750Hz	96kΩ	48kΩ	19kΩ	9.6kΩ	4.8kΩ
1kHz	71kΩ	36kΩ	14kΩ	7.1kΩ	3.6kΩ
2kHz	36kΩ	18kΩ	7.1kΩ	3.6kΩ	1.8kΩ
3kHz	24kΩ	12kΩ	4.8kΩ	2.4kΩ	1.2kΩ
4kHz	18kΩ	8.9kΩ	3.6kΩ	1.8kΩ	
5kHz	14kΩ	7.1kΩ	2.9kΩ	1.4kΩ	

Der Wert der Kollektorwiderstände (R_C) wird so bemessen, daß die Ausgangsspannung bei maximalem Ausgangsstrom nicht zu niedrig wird. Sie brauchen nicht gleich zu sein, wenn nur ein Kollektor als Ausgang dient. Ein Beispiel: Der Ausgang an T2 soll maximal 10 mA abgeben, die Ausgangsspannung soll die Hälfte der Betriebsspannung von (beispielsweise) 10 V, also 5 V, nicht unterschreiten. Bei Entnahme der 10 mA beträgt der Spannungsabfall über R_{C2} maximal 5 V, damit am Ausgang noch 5 V zur Verfügung stehen. Somit sind Strom und Spannung über R_{C2} bekannt, und man berechnet nach dem Ohmschen Gesetz:

$$R_{C2} = \frac{5\ \text{V}}{10\ \text{mA}} = 0{,}5\ \text{k}\Omega = 500\ \Omega$$

(Nächster Normwert: 470 Ω.) Weil durch R_{C1} hier kein (Ausgangs-)Strom fließt, darf der Widerstand höher sein. Vorteil: Er verbraucht weniger (nutzlosen) Strom, während T1 eingeschaltet ist. Zu groß darf er jedoch nicht werden, da sonst C_{B2} zu langsam umlädt. Dazu schaut man in der Tabelle nach, welche Frequenz sich unter den Werten für R_{C1} und C_{B2} ergibt. Sie sollte deutlich größer als die Schwingfrequenz sein. Noch ein Hinweis: die Basiswiderstände sollten nicht höher als das Hundertfache des Kollektorwiderstands am gleichen Transistor sein ($R_{B2} < 100 \cdot R_{C2}$; $R_{C1} < 100 \cdot R_{C1}$).
Sind die Basiswiderstände bzw. -Kondensatoren nicht untereinander gleich, ergibt sich ein unsymmetrisches Impuls/Pausen-Verhältnis. Die Berechnung der Frequenz ist jetzt etwas komplizierter. Man ermittelt zunächst die beiden Frequenzen für R_{B2}/C_{B2} und R_{B1}/C_{B1}. Beide Frequenzwerte werden verdoppelt und durch Kehrwertbildung in Zeitwerte umgerechnet. Diese beiden Zeiten addiert man. Der Kehrwert des Ergebnisses ist die gesuchte Frequenz. Übrigens ist das Verhältnis der beiden Zeitwerte gleich dem Impuls/Pausen-Verhältnis.
Beispiel: R_{B1} = 36 kΩ, C_{B1} = 10 nF, R_{B2} = 1,8 kΩ und C_{B2} = 100 nF. Laut Tabelle ergeben sich aus den beiden Wertepaaren: 2 kHz und 4 kHz; nach Verdopplung 4 kHz und 8 kHz. Die Kehrwerte betragen 0,25 ms und 0,125 ms. Summe: 0,375 ms. Daraus wieder der Kehrwert ist bereits die Frequenz: 2,67 kHz Impuls/Pausen-Verhältnis: 0,25 ms : 0,125 ms = 2 : 1 (67% : 33%).

Frequenzen der Töne temperiert gestimmter Instrumente

Die Frequenzen der Töne unserer Musik entstammen der temperierten Tonskala. Der Frequenzabstand zwischen allen Halbtönen ist gleich, d.h. die Frequenz erhöht sich jeweils um den Faktor $\sqrt[12]{2}$ (≈1,00017). Nach 12 Tönen hat sich die Frequenz also verdoppelt, 12 Halbtöne bilden eine Oktav. Die beiden Tabellen geben die Frequenzen der 12 Halbtöne über neun Oktaven an. Gestimmt wird nach dem Kammerton A (440,0 Hz).

Ton	Oktave								
	0	1	2	3	4	5	6	7	8
C	16,3516	32,7032	65,4064	130,813	261,626	523,251	1046,50	2093,00	4186,01
Cis	17,3239	34,6478	69,2957	138,591	277,183	554,65	1108,73	2217,46	4434,92
D	18,3540	36,7081	73,4162	146,832	293,665	587,330	1174,66	2349,32	4698,64
Dis	19,4454	38,8909	77,7817	155,563	311,127	622,254	1244,51	2489,02	4978,03
E	20,6017	41,2034	82,4069	164,814	329,628	659,255	1318,51	2637,51	5274,04
F	21,8268	43,6536	87,3071	174,614	349,228	698,456	1396,91	2793,83	5587,65
Fis	23,1247	46,2493	92,4986	184,997	369,994	739,989	1479,98	2959,96	5919,91
G	24,4997	48,9994	97,9989	195,998	391,995	783,991	1567,98	3135,96	6271,93
Gis	25,9565	51,9131	103,826	207,652	415,305	830,609	1661,22	3322,44	6644,88
A	27,5000	55,0000	110,000	220,000	440,000	880,000	1760,00	3520,00	7040,00
Ais	29,1352	58,2705	116,541	233,082	466,164	932,328	1864,66	3729,31	7458,62
H	30,8677	61,7354	123,471	246,942	493,883	987,767	1975,53	3951,07	7902,13

Frequenzen in Hz.

Frequenzumfang von Musikinstrumenten

Im Diagramm ist der Frequenzumfang wichtiger Instrumente und der Singstimmen aufgetragen. Die fetten Balken zeigen den Umfang der Grundtöne, also der gespielten Töne. Zusätzlich erzeugen alle (natürlichen) Instrumente **Obertöne** mit höheren Frequenzen. Eine Gitarrensaite schwingt z.B. auf der doppelten, dreifachen, etc. Frequenz. Der Umfang der Obertöne wird von den gerasterten Balken dargestellt. Alle Obertonspektren fangen eine Oktav über den Grundtönen an: Der niedrigste Oberton hat die doppelte Grundtonfrequenz. Ein **Oktave** Tonabstand entspricht immer einen **Frequenzverdopplung** bzw. **-halbierung**.

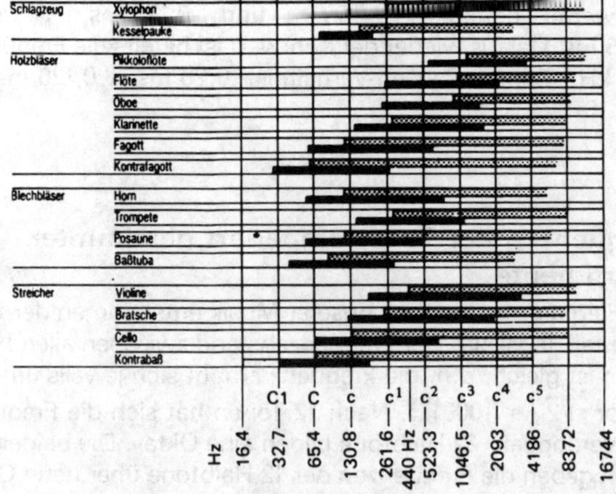

Lautstärke

Ein Ton von 1000 Hz wird normalerweise gerade noch wahrgenommen, wenn er eine Intensität von 10^{-12} W/m² hat; das entspricht einem Druck von $2 \cdot 10^{-5}$ Pa*. Dieser Wert ist ein Referenzwert (Hörschwelle). Geräusche mit einem Schalldruck von 20 Pa sind so laut, daß die Schmerzschwelle überschritten wird.
Schalldruck ist die physikalische Größe für Lautstärke, definiert als die Kraft pro Fläche, die der Schall auf Atome und Moleküle seiner Umgebung ausübt.

Der Schalldruck wird in dB(A) $= 10 \log \frac{I}{I_o}$ angegeben mit:

I = Schalldruck in W/m²
I_o = Hörgrenze beim Menschen, 10^{-12} W/m²
dB(A) = Dezibel "bewertet" gemessen nach der sogenannten A-Kurve.

Eine Zunahme von 10 dB(A) wird als eine Verdopplung der Lautstärke wahrgenommen. Geräusche, die als störend empfunden werden, nennt man Lärm. Lärm kann zu Nervosität, Krankheit und Hörschäden führen.
Der durchschnittliche Schalldruck in Discotheken beträgt etwa 90 dB(A). Bei Live-Rockkonzerten kommt man auf Werte von 100 dB(A). Ein Walkman kann durchschnittlich 90 dB(A) und Spitzenwerte von 120 dB(A) liefern.

*Pa (Pascal) ist die SI-Grundeinheit für Druck. Es entspricht: 1 Pa = 1 N/m² = 10^5 bar

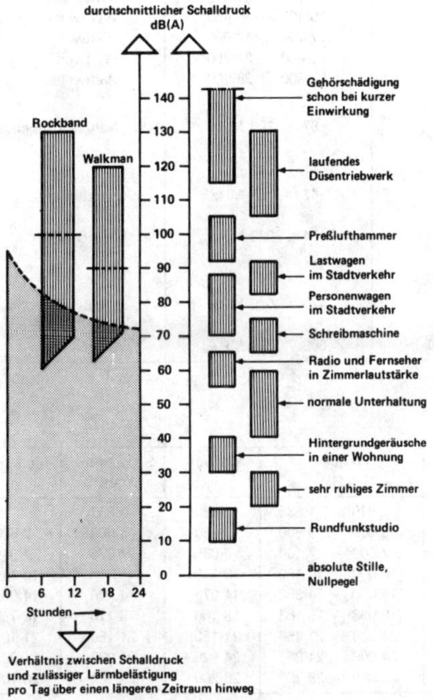

Rundfunk-, Fernseh- und Amateurfunkbänder

Die beiden Tabellen geben Auskunft über die Frequenzbänder des Amateurfunks, des Rundfunks und der Fernsehns. Die Reichweitenangaben in der Rundfunktabelle sind nur als Anhaltswerte zu betrachten, da sie besonders auf Kurzwelle sehr stark schwanken.

Die Amateurfunkbänder sind hauptsächlich in zwei Bereiche eingeteilt: dem unteren (niederfrequenten), der dem Morsen (CW) vorbehalten ist, und dem oberen, auf dem Morsen und Sprechfunk betrieben wird. Dazwischen oder im Morse-Teil befindet sich ein kleiner Abschnitt für Funkfernschreiben. (Zusätzliche Bereiche für Sonderbetriebsarten sind hier nicht aufgeführt.)

Bereich Wellenlänge (m)	Frequenz (kHz)	Vorzugsweise Sender aus
Langwelle		
2 000 – 1 053	151 – 281	Europa
Mittelwelle		
565 – 187	531 – 1 602	Europa
Kurzwelle		
120-m-Band	2 300 – 2 495	nur für Rundfunk in den Tropen
90-m-Band	3 200 – 3 400	nur für Rundfunk in den Tropen
75-m-Band	3 900 – 4 000	nur für Rundfunk in den Tropen
60-m-Band	4 750 – 5 060	nur für Rundfunk in den Tropen
49-m-Band	5 950 – 6 200	Europa
41-m-Band	7 100 – 7 300	Europa
31-m-Band	9 500 – 9 775	Mittelstrecken (> 1000 km)
25-m-Band	11 700 – 11 975	Mittelstrecken
19-m-Band	15 100 – 15 450	Weltweit
16-m-Band	17 700 – 17 900	Weltweit
13-m-Band	21 450 – 21 750	Weltweit
11-m-Band	25 600 – 26 100	Weltweit
Ultrakurzwelle		
3,42 – 2,78	87 – 108 MHz	Nähere Umgebung
VHF		
Bereich I		
Kanal 2...4	47 – 68 MHz	Sichtweite
Bereich III		
Kanal 5...11	174 – 223 MHz	Sichtweite
UHF		
Bereich IV		
Kanal 21...37	470 – 605 MHz	Sichtweite
Bereich V		
Kanal 38 – 60	606 – 789 MHz	Sichtweite

Band	Frequenz (kHz)	Morsen bis	Sprechfunk ab	Funkfernschreiben bei
160 m	1 815 – 1 835	1 832	1 832	–
80 m	3 500 – 3 800	3 580	3 600	3 600 ±20
40 m	7 000 – 7 100	7 035	7 035	7 040 ± 5
30 m	10 000 – 10 150	10 140	–	10 145 ± 5
20 m	14 000 – 14 350	14 075	14 100	14 087,5 ±12,5
17 m	18 068 – 18 168	18 100	18 110	18 105 ± 5
15 m	21 000 – 21 450	21 150	21 150	21 100 ±20
12 m	24 890 – 24 990	24 920	24 930	24 925 ± 5
10 m	28 000 – 29 700	28 200	28 300	28 100 ±50

Morsezeichen

1. Die Dauer eines Striches entspricht der Länge von drei Punkten
2. Pausen zwischen Punkten und Strichen und auch zwischen Punkten von ein und demselben Buchstaben sind so lang wie ein Punkt.
3. Pausen zwischen Buchstaben, Zahlen oder Zeichen sind so lang wie drei Punkte.
4. Pausen zwischen Worten oder Gruppen von Zahlen sind so lang wie sieben Punkte.

Buchstaben

A	- —
B	— - - -
C	— - — -
D	— - -
E	-
F	- - — -
G	— — -
H	- - - -
I	- -
J	- — — —
K	— - —
L	- — - -
M	— —
N	— -
O	— — —
P	- — — -
Q	— — - —
R	- — -
S	- - -
T	—
U	- - —
V	- - - —
W	- — —
X	— - - —
Y	— - — —
Z	— — - -

Zahlen

1	- — — — —
2	- - — — —
3	- - - — —
4	- - - - —
5	- - - - -
6	— - - - -
7	— — - - -
8	— — — - -
9	— — — — -
0	— — — — —

Satzzeichen

Punkt	- — - — - —
Komma	— — - - — —
Fragezeichen	- - — — - -
Bindestrich	— - - - - —
Doppelpunkt, Division	— — — - - -
Unterstreichen (vor und nach dem Wort)	- - — — - —
Apostroph	- — — — — -
Anführungszeichen	- — - - — -
Klammer auf	— - — — -
Klammer zu	— - — — - —
Gleichheitszeichen	— - - - —
Plus-Zeichen	- — - — -
Wiederholungszeichen	— - - —
Querstrich	— - - — -
Trennungszeichen	- — - - —

Übrige Zeichen

Warnung	- — - - —
Irrung	- - - - - - - -
Wiederholung (ii ii)	- - - -
Warten (AS)	- — - - -
Unterbrechung (BK)	— - - - — - —
Verstanden (VE)	- - - — -
Sendung empfangen (R)	- — -
Anfang Bericht (KA)	— - — - —
Ende Bericht (AR)	- — - — -
Ende der Sendung (K)[4)]	— - —
Ende der Sendung (KN)[5)]	— - — — -
Schlußzeichen (SK)[6)]	- - - — - —
Sender schaltet ab (CL)	— - — - - — -

Allgemeine Eigenschaften von Kondensatoren

Arten von Festkondensatoren:

1. Kunststoffolienkondensatoren
2. Keramische Kondensatoren
3. Glimmer-(Mika-)Kondensatoren
4. Papierkondensatoren
5. Elektrolytkondensatoren

Metallisierte Kunststoff-Kondensatoren (MK) heilen sich nach einem Durchschlag selbst, denn die Metallschicht ist auf die Isolierfolie aufgedampft und verdampft bei Überspannung um die Durchschlagstelle. Je nach Isoliermaterial eignen sie sich für unterschiedliche Anwendungen.
Polystyrol- (MKS-) und Polypropylen- (MKP-) Kondensatoren eignen sich besonders für Schwingkreise, Filter und andere Anwendungen, die hohe Stabilität und einen kleinen Verlustfaktor erfordern.
Polyester- (MKT-) und Polycarbonat- (MKC-) Kondensatoren werden meist als Kopplungs- und Siebkondensatoren verwendet, Polycarbonatkondensatoren eignen sich wegen des kleinen Temperaturbeiwerts auch sehr gut für Zeitglieder (Multivibratoren, RC-Oszillatoren). Der Verlustfaktor ist aber höher als bei MKS- und MKP-Kondensatoren.

Keramische C's sind Kondensatoren mit keramischen Dielektrikum. Das Material läßt es zu, den Temperaturkoeffizienten im Bereich von +100 ppm/K bis −5600 ppm/K bei der Herstellung zu wählen. Durch Wahl eines Kondensators mit entsprechendem TK lassen sich die Temperaturgänge anderer Bauteile, z.B. von Spulen mit Ferritkern, kompensieren.
Bei der Montage von Durchführungskondensatoren darf das maximale Anzugsmoment nicht überschritten werden, da das Keramikfilter sonst bricht.

Bei Elektrolytkondensatoren entsteht das Dielektrikum durch einen elektrolytischen Vorgang (Ausbildung einer Metalloxydschicht) Man unterscheidet Aluminium- und Tantal-Elektrolytkondensatoren. Beide Ausführungen sind meist gepolt, es gibt aber auch bipolare (umgepolte) Elkos. Im allgemeinen haben Tantalelkos kleinere Leckströme und größere Lebensdauer als Aluminium-Elkos.
Hinweis: Für alle Kondensatoren gibt es eine maximale Wechselspannungs- bzw. Wechselstrombelastbarkeit. Dieser Wert darf unter keinen Umständen überschritten werden.

Kennzeichnung nach DIN:
M = metallisiert
K = Kunststoff
Dritter Buchstabe der Bezeichnung des Dielektrikums
S = Polystyrol (MKS = MKY)
P = Polypropylen (MKP)

C = Polycarbonat (MKC = MKM)
T = Polyterephtalat
(Polyester) (MKT = MKH)
U = Celluloseacetat (MKU = MKL)

Farbkennzeichnungen auf Kondensatoren

Kondensatoren, vor allem Keramik-Kondensatoren, werden oft farbig gekennzeichnet. Drei Ringe beziffern den Wert so ähnlich wie bei Widerständen, der vierte Ring steht für die maximale Fertigungstoleranz. Ein Ring davor bzw. dahinter gibt Auskunft über Temperaturverhalten bzw., (bei Folienkondensatoren) Betriebsspannung.

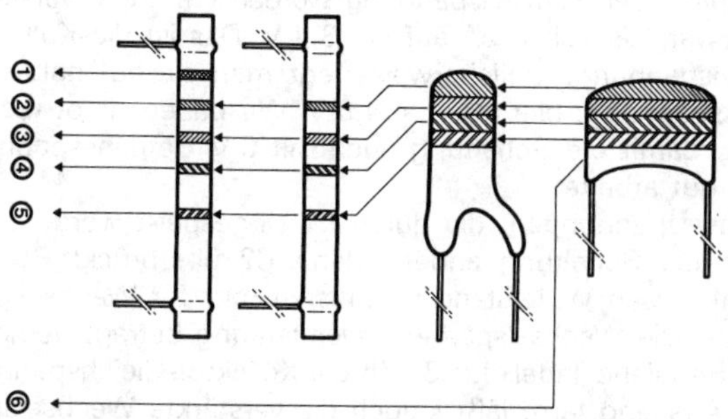

Farbe	1 Temperatur-beiwert in $10^{-6}/°C$
rot/vio	+100
dklgrau	+33
schwarz	0
braun	−33
dklrot	−47
rot	−75
hellgr	−110
orange	−150
gelb	−220
dklgr	−330
blau	−470
violett	−750
or/or	−1500

Farbe	2 Wert	3
schwarz	0	0
braun	1	1
rot	2	2
orange	3	3
gelb	4	4
grün	5	5
blau	6	6
voilett	7	7
grau	8	8
weiß	9	9

6 Betriebs-spannung (Folien-K)	Farbe
250 V	rot
400 V	gelb
630 V	blau

4 Wert	Farbe
× 1 p	schwarz
× 10 p	braun
× 100 p	rot
× 1 n	orange
× 10 n	gelb

5 Toleranz > 10 p	< 10 p	Farbe
± 20%	–	schwarz
± 10%	± 1 p	weiß
± 5%	± 0,5 p	grün
± 2%	± 0,2 p	rot
± 1%	± 0,1 p	braun

Spannungsverstärkerstufe

Die gezeigte Verstärkerstufe verstärkt niederfrequente Wechselspannungen 3-. . .100-fach, je nach Wahl von R4 und R5. Die Spannungsverstärkung solch einer Emitterstufe bestimmt sich aus dem Verhältnis Kollektorwiderstand zu Emitterwiderstand. Es läßt sich hier gleich zweimal ansetzen: einmal für Gleichspannung und einmal für Wechselspannung. Für Gleichspannung ist der Kondensator C2 inaktiv, man braucht ihn nicht zu beachten. Der Emitterwiderstand beträgt demnach bei allen vier Varianten ca. 1,2 kΩ (R4 + R5). Mit dem Kollektorwiderstand von 2,2 kΩ ergibt sich eine 1,8-fache Verstärkung. Verstärkt wird die Basisgleichspannung abzüglich der Basis-Emitter-Schwellspannung. Der Teiler R1/R2 teilt die Betriebsspannung im Verhältnis 10 : 37, also auf ca. 2,4 V. Abzüglich der Schwellspannung werden ca. 1,8 V verstärkt, und zwar 1,8-fach (s.o.) auf ca. 3,4 V. Das ist die Kollektor-Gleichspannung. Üblicherweise legt man sie auf halbe Betriebsspannung, hier also ca. 4,5 V. Wir haben sie etwas gesenkt, damit die Schaltung auch mit 6 V Betriebsspannung noch gut arbeitet.

Wechselspannungen, die durch C1 eingespeist werden, verstärkt die Schaltung anders, denn C2 überbrückt R5 und macht diesen Widerstand unwirksam (nur für Wechselspannung!). Die Wechselspannungsverstärkung beträgt demnach R3 : R4 (siehe Tabelle). C3 hält die Kollektor-Gleichspannung vom Ausgang fern, läßt jedoch die verstärkte Wechselspannung passieren.

In der Tabelle sind des weiteren Werte für Ein- und Ausgangsimpedanz angegeben. Eingangsimpedanz bedeutet, daß die Schaltung eine vorhergehende Stufe so belastet wie ein "echter" Widerstand der gleichen Größe. Die Ausgangsimpedanz beziffert, wie stark die Ausgangsspannung der Stufe bei Belastung zurückgeht. Dazu stellt man sich vor, der Ausgangsstrom (Wechselstrom) würde durch einen Widerstand gleicher Größe zur folgenden Schaltung oder Stufe fließen. An diesem Widerstand entstünde ein belastungsabhängiger Spannungsabfall. Der Spannungsrückgang der Verstärkerstufe entspricht diesem Spannungsabfall.

Die Schaltung eignet sich gut, wenn eine Audio-Spannung nicht hoch genug zum Ansteuern einer Schaltung ist. Ihr Klirrfaktor liegt unter 3 %. Die Betriebsspannung darf zwischen 6 V und 24 V liegen. Die Elkos müssen entsprechend spannungsfest sein.

Version	A	B	C	D
R4	1,5 Ω	56 Ω	220 Ω	680 Ω
R5	1,2 kΩ	1,2 kΩ	1 kΩ	470 Ω
Verstärkungsfaktor	100	30	10	3
Eingangsimpedanz	3,5 kΩ	4 kΩ	6 kΩ	7 kΩ
Ausgangsimpedanz	2 kΩ	2 kΩ	2 kΩ	2 kΩ

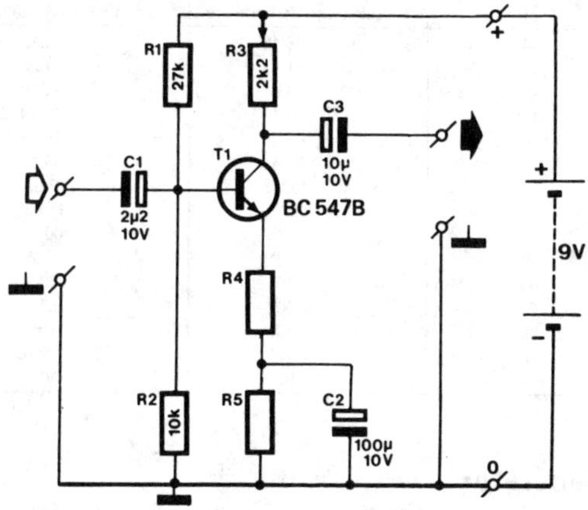

Dezibel (dB)

In dB werden Verhältnisse zwischen zwei Spannungen (oder Ströme) bzw. zwei Leistungen beziffert. Die Tabelle führt einige Umrechnungswerte zwischen dB und Spannungs- bzw. Leistungsverhältnissen auf. Die dazugehörenden Rechenregeln:

— Positive dB-Zahlen stehen für Verhältnisse >1, also Verstärkungen. Es gelten die aufgelisteten Werte.
— Abschwächungen (Dämpfungen) werden mit negativen dB-Zahlen beziffert. Nimmt man die umseitigen dB-Werte negativ, muß man die Kehrwerte (1:. . .) der Verhältniszahlen bilden.
— Werden dB-Zahlen addiert, multiplizieren sich die entsprechenden Verhältniszahlen.
— Wird eine dB-Zahl abgezogen, muß die Spannung bzw. Leistung durch den entsprechenden Wert dividiert werden.

dB	Leistungs-Verhältnisse	Spannungs-Verhältnisse
0	1,000	1,000
0,5	1,122	1,059
1,0	1,259	1,122
1,5	1,413	1,189
2,0	1,585	1,259
2,5	1,778	1,334
3,0	1,995	1,413
3,5	2,239	1,496
4,0	2,512	1,585
4,5	2,818	1,679
5,0	3,162	1,778
6,0	3,981	1,995
7,0	5,012	2,239
8,0	6,310	2,512
9,0	7,943	2,818
10	10,00	3,162
11	12,59	3,548
12	15,85	3,981
13	19,95	4,467

Tabelle: Fortsetzung Seite 190

dB	Leistungs-Verhältnisse	Spannungs-Verhältnisse
14	25,12	5,012
15	31,62	5,623
16	39,81	6,310
17	50,12	7,079
18	63,10	7,943
19	79,43	8,913
20	100,0	10,00
30	1000	31,62
40	10^4	100,0
50	10^5	316,2
60	10^6	1000
70	10^7	3162
80	10^8	10^4
90	10^9	3162×10^4
100	10^{10}	10^5

RC-Generator

Die Frequenz einer RC-Generators hängt von den Werten der Kondensatoren und Widerstände in der Phasenschieberkette ab (hier C1...C3, R1...R3). Meist werden gleiche R- bzw. C-Werte eingesetzt, gelegentlich vier statt drei Glieder.

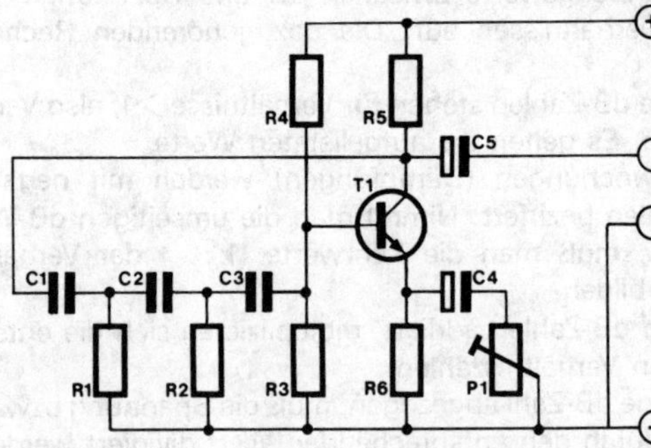

Die Frequenz ermittelt man nach folgenden Faustformeln:

$$f = \frac{1}{15{,}4 \cdot R \cdot C} \text{ (drei Glieder)}$$

$$f = \frac{1}{7{,}53 \cdot R \cdot C} \text{ (vier Glieder)}$$

Die minimale Verstärkung des Transistorteils muß 29 (drei Glieder) bzw. 19 (vier) betragen.
Beispiel: Der RC-Generator aus Kapitel 6 (Bild) hat rechnerisch eine Frequenz von 955 Hz.

Operationsverstärker-Daten

In der folgenden Tabelle sind die wichtigsten Daten einiger OpAmps aufgelistet.

Typ	Versorgungsspannung symmetr. min.	Versorgungsspannung symmetr. max.	Versorgungsspannung unsymmetr. min.	Versorgungsspannung unsymmetr. max.	Eingangsspannungs-Bereich $U_B = \pm 15$ V		Eingangsspannungs-Grenze $U_B = \pm 15$ V		Ausgangsspannungs-Bereich $U_B = \pm 15$ V		Ausgangsstrom max. $U_B = \pm 15$ V		Ruhestrom $U_B = \pm 15$ V	Offsetspannung	Eingangsimpedanz	Slew-Rate	Eingangsrauschen	Kurzschlußfest	intern frequenzkompensiert	Leerlaufverstärkung	Gehäuse
	± V	± V	+ V	+ V	− V	+ V	− V	+ V	− V	+ V	− mA	+ mA	mA	± mV	MΩ	V/µs	$nV/\sqrt{Hz}$			dB	
301	2	18	4	36	13	15	15	15	14	14	16	16	1,8	2	2	10	15	ja	nein	104	I,II
324	1,5	16	3	32	15	13,5	15,3	15	15	13,5	20	40	1,5	2	2	0,5	–	ja	ja	100	V
387 [1]	–	–	9	30	(0,3)	(0,3)	–	–	(+0,5)	(28,5)	(+2)	(8)	(10)	–	0,1	10	7	ja	ja	104	IV
709	9	18	18	36	5	5	10	10	14	14	10	10	3	2	0,25	0,5 20	–	nein	nein	93	I, II
741	2	18	4	36	13	13	15	15	14	14	25	25	1,7	1	2	0,5	20	ja	ja	106	I, II
1458	2	18	4	36	13	13	15	15	14	14	25	25	3	1	1	0,5	45	ja	ja	104	III
4136	2	18	4	36	13	13	15	15	14	14	25	25	5	0,5	5	1	10	ja	ja	110	VI
CA 3130 [2]	2,5	8	5	16	7,5	7,5	7,5	7,5	7,5	7,5	22	20	(2 10)	8	$1{,}5 \times 10^6$	10	–	nein	nein	110	I, II
CA 3140	2	18	4	36	8	8	15,5	23	14,4	13	1	10	4	5	$1{,}5 \times 10^6$	9	40	ja	ja	100	I, II
LF 356	3	18	6	36	12	15	15	15	13	13	15	15	5	3	1×10^6	12	20	ja	ja	106	I, II
LF 357	3	18	6	36	12	15	15	15	13	13	15	15	5	3	1×10^6	50	20	ja	ja (V>5)	106	I, II
TL 074	5	18	10	36	10	10	15	15	13	13	20	20	5,6	3	1×10^6	13	18	ja	ja	106	V
TL 084	5	18	10	36	10	10	15	15	13	13	20	20	5,6	5	1×10^6	13	25	ja	ja	106	V

Erläuterungen

Versorgungsspannung: Es sind die Mindest- und Höchstwerte für Betrieb mit einer (unsym.) oder zwei (sym.) Spannungsquellen angegeben.

Eingangsspannungen: Angegeben sind sowohl die Bereiche, in denen der OpAmp funktioniert, als auch die Grenzen, bei denen Zerstörung droht.

Der Ausgangsspannungsbereich ist kleiner als die Betriebsspannung. Bei anderen Betriebsspannungen kann man davon ausgehen, daß der Abstand von der Betriebsspannung gleich der Differenz der angegebenen Werte von ±15 V.

Ausgangsstrom: Bei den kurzschlußfesten OpAmps setzt darüber die Strombegrenzung ein. Die Werte gelten in etwa auch für andere Betriebsspannungen.

Ruhestrom entnimmt der OpAmp auch ohne weitere Beschaltung der/den Versorgungsspannungsquelle/n.

Offsetspannung charakterisiert einen Spannungsfehler, den der OpAmp intern erzeugt (Maximalwerte angegeben). Die angegebenen Daten sind Werte einer gedachten Spannungsquelle an den Eingangsanschlüssen, die an einem (intern) fehlerfreien OpAmp den gleichen Spannungsfehler verursachen. Bei vielen OpAmps kann der Offset-Fehler mit einem zusätzlichen Trimmpoti kompensiert werden.

Die Eingangswiderstände von OpAmps sind recht hoch, bei einigen Typen (mit MOSFET-Eingangsstufen) liegen sie in der Größenordnung Billionen Ohm (10^6 MΩ).

Slew-rate in V/µs kennzeichnet die maximale Anstiegsgeschwindigkeit der OpAmp-Ausgangsspannung.

Anhand der Eingangsrauschwerte kann man das Rauschverhalten der OpAmps vergleichen. Für anspruchsvolle Audio-Schaltungen eignen sich spezielle Audio-Verstärker-ICs (LM 381, LM 387, NE 5533, NE 5534 etc.) mit besonders niedrigen Rauschdaten (ca. eine Größenordnung besser als OpAmps) besser. Ein kurzschlußfester OpAmp nimmt auch bei dauerndem Kurzschluß des Ausgangsanschlusses keinen Schaden.

Nur wenige OpAmps benötigen einen externen Kondensator zur Kompensation interner Kapazitäten.

Die Leerlaufverstärkung stellt sich ohne Gegenkopplungswiderstand ein.

Tabelle 1	Pin 1	Pin 5	Pin 8
301 CA 3130	Phasen-Komp. Offset-Null	Offset-Null	Phasen-Komp.
709	Phasen-Komp. des Eingangs	Phasen-Komp. des Ausgangs	Phasen-Komp. des Eingangs
741 LF 356 LF 357	Offset-Null	Offset-Null	–
CA 3140	Offset-Null	Offset-Null	Strobe

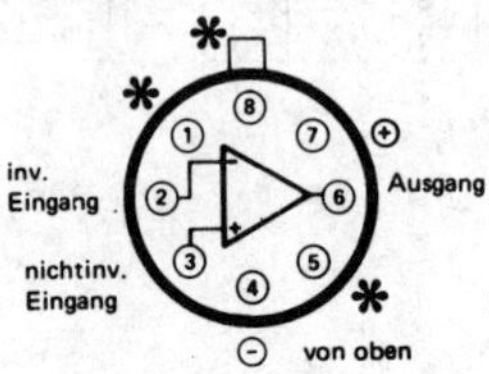

84931-A-10a

* siehe Tabelle 1

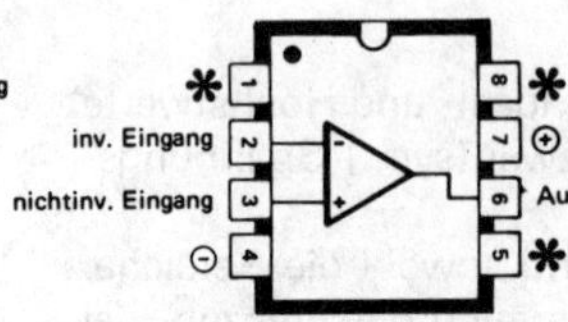

84931-A-10b

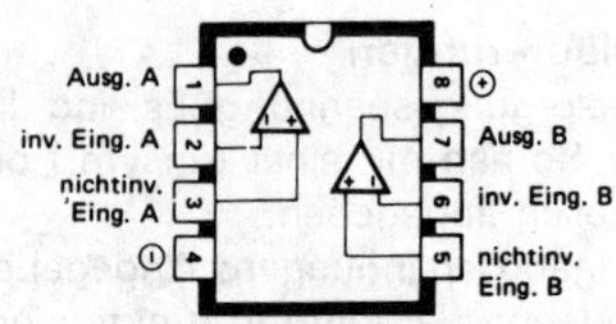

84931-A-10c

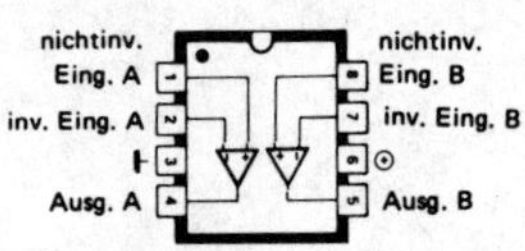

84931-A-10d

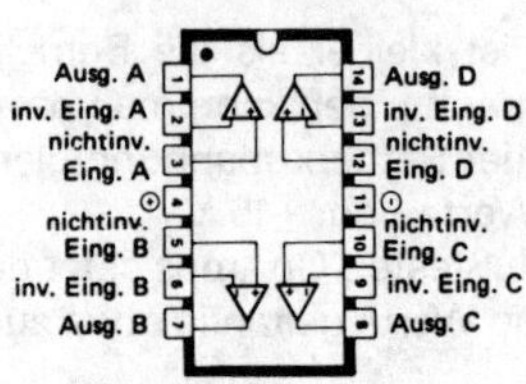

84931-A-10e

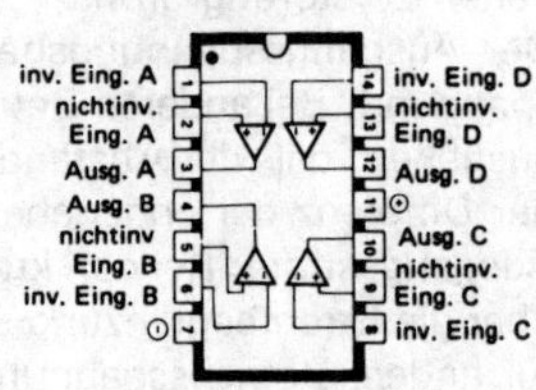

84931-A-10f

Operationsverstärker – Grundschaltungen

Invertierender Verstärker

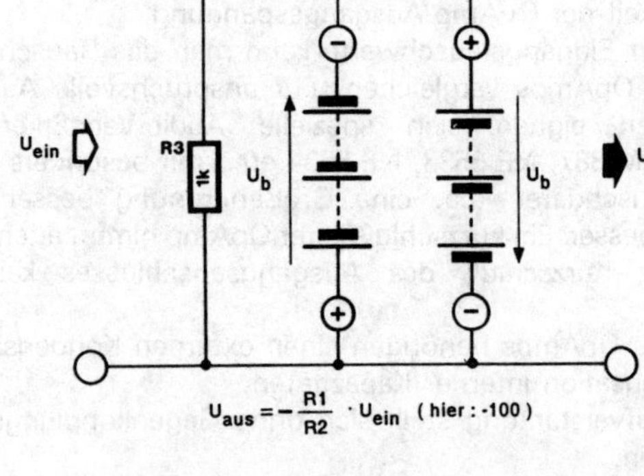

$$U_{aus} = -\frac{R1}{R2} \cdot U_{ein} \quad (\text{hier: } -100)$$

Pufferstufe
(Hoher Eingangswiderstand, niedriger Ausgangswiderstand)

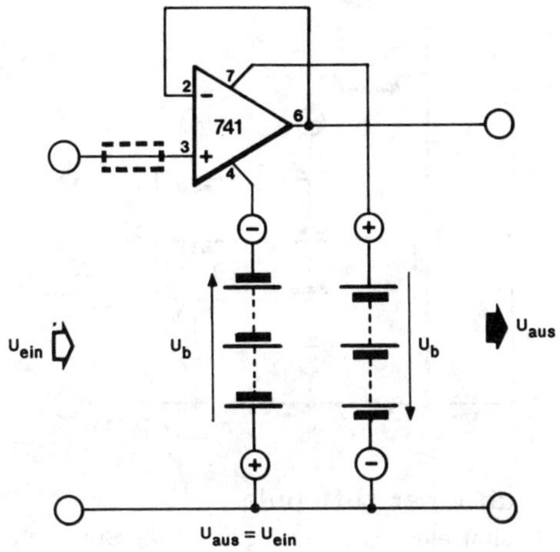

Hochohmiger nichtinvertierender Verstärker

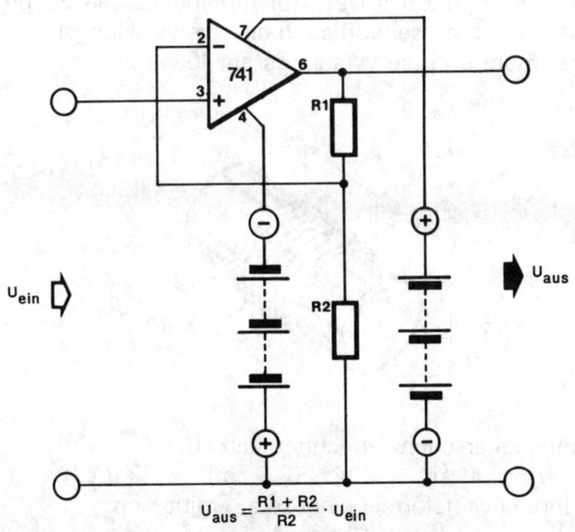

Oszillator

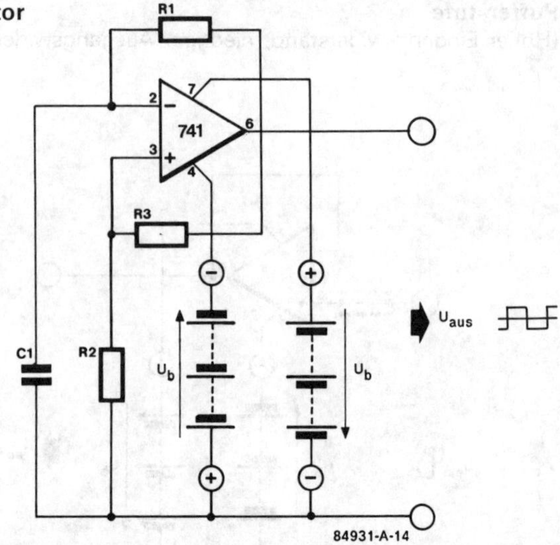

Induktivität einer Luftspule

Die Induktivität einer Luftspule, also einer Spule ohne Kern, läßt sich (angenähert) nach folgender Formel berechnen:

$$L = \mu_o \cdot \frac{A}{l} \cdot N^2$$

Dabei ist A die Querschnittsfläche der Spule (bei zylindrischen Spulen also eine Kreisfläche πr^2), l die Spulenlänge, N die Windungszahl und μ_o die sogenannte Permeabilitätskonstante, eine Naturkonstante der Größe

$$\mu_o = 1{,}25 \frac{\mu H}{m}$$

Beispiel: Die Spule des Detektorempfängers. Die Papprröhre hat einen Durchmesser von ca. 5 cm, die Wicklungslänge beträgt ca. 6 cm und die Windungszahl 100.

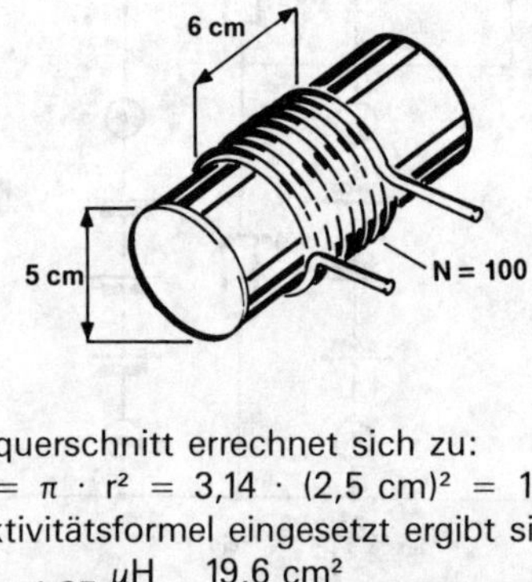

Der Spulenquerschnitt errechnet sich zu:

$$A = \pi \cdot r^2 = 3{,}14 \cdot (2{,}5\ cm)^2 = 19{,}6\ cm^2$$

In die Induktivitätsformel eingesetzt ergibt sich:

$$L = 1{,}25 \frac{\mu H}{m} \cdot \frac{19{,}6\ cm^2}{6\ cm} \cdot 10000 = 408\ \mu H$$

Ermitteln von Netz-Transformatordaten

Spannungen und maximale Ströme der Sekundäranschlüsse bzw. Trafo-Leistungen sind die wichtigen Daten eines Netztrafos. Die Spannungen mißt man mit dem Multimeter aus. Sie sind beim Messen etwas höher als die Nennspannungen. Die Gesamtleistung eines Trafos kann man anhand seiner Maße abschätzen (siehe Tabelle 1). Liegt nur eine oder mehrere hintereinandergeschaltete Wicklungen vor, läßt sich daraus der Maximalstrom berechnen: Leistung dividiert durch (maximale) Spannung. Bei unterschiedlichen Wicklungen ermittelt man die einzelnen Ströme anhand Tabelle 2, die auflistet, wieviel Strom ein Kupferlackdraht bestimmter Stärke verkraftet. (Die Werte in dieser Tabelle beziehen sich auf eine Stromdichte von 3 A/mm².)

Tabelle 1.

Typ	l mm	b mm	Leistung VA	Windungszahl pro Volt $\frac{Wdg}{V}$
M42	42	15	4...5	20,6...17,6
M55	55	20	16...20	10,2...8,7
M65	65	27	34...44	6,6...5,6
M74	74	32	62...80	4,7...4,0
M85	85	32	82...107	2,8...2,3
M102a	102	35	143...180	3,0...2,5
M102b	102	52	198...271	2,1...1,7

Tabelle 2.

Belastung in A	Drahtdurchmesser (mit Lack) in mm
0,011	0,10
0,024	0,138
0,053	0,200
0,094	0,259
0,147	0,316
0,212	0,374
0,289	0,430
0,377	0,487
0,588	0,595
0,849	0,70
1,16	0,81
1,51	0,92
1,91	1,03
2,36	1,13
3,39	1,34
5,30	1,64
6,81	1,86
9,42	2,18
14,73	2,80
21,20	3,35
28,86	3,90
37,71	4,45

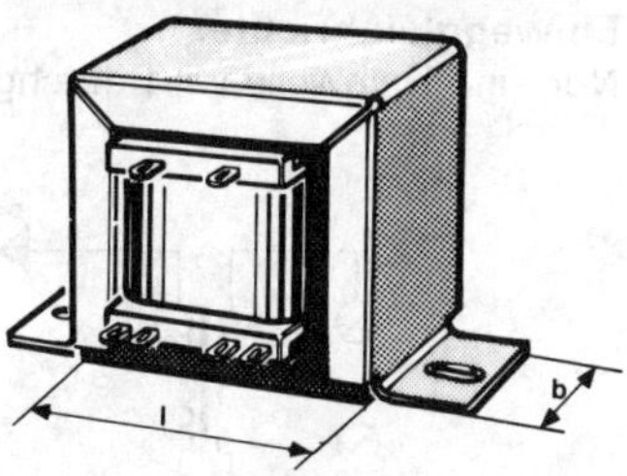

Netzspannungsregeln

Anleitung zum Arbeiten mit Netzspannungsgeräten.

1. Aufbau

∗ Netzspannungsführende Leiter müssen so isoliert sein, daß sie bei geschlossenem Gehäuse nicht berührbar sind, auch nicht unter Zuhilfenahme eines langen, dünnen Stabes.
Alle von außen erreichbaren metallischen Teile müssen geerdet werden (wenn sie nicht von innen isoliert sind). Ein Netzspannungsschalter mit Metallknebel muß auch dann geerdet werden, wenn er in ein Kunststoffgehäuse montiert wird.

∗ Das Netzkabel muß mittels einer Zugentlastung am Gehäuse befestigt werden.

∗ Die drei Adern des Netzkabels müssen mechanisch stabil befestigt sein. Die Befestigung darf nicht alleine auf einer Lötung beruhen.

∗ Der Erdleiter (Kennfarben: gelb-grün) muß länger als die beiden anderen Leiter sein, damit er sich bei eventuellem Herausreißen des Netzkabels als letzter löst.

∗ Nicht isolierte netzspannungsführende Teile müssen von anderen, ebenfalls blanken Lietern mindestens 3 mm entfernt sein.

2. Testen

∗ Alle Arbeiten (Löten, Montieren . . .) am geöffneten Gerät dürfen nur bei gezogenem Netzstecker durchgeführt werden. Abschalten alleine genügt nicht. (Stecker in die Hosentasche!)

∗ Vor der Inbetriebnahme prüfen, ob alle netzspannungsführenden Teile stabil befestigt sind. Mit dem Ohm-Meter auf nichtleitende Kontakte bzw. Kurzschlüsse untersuchen.

∗ Beim Testen des netzspannungsführenden Teils einer Schaltung zuerst Meßschnüre mit isolierten Clipsen anklemmen, dann den Stecker einstecken. Clipse erst nach dem Abschalten wieder lösen.

∗ Beim Messen im Niederspannungsteil einer Schaltung müssen alle netzspannungsführenden Teile isoliert sein, um ein versehentliches Berühren auszuschließen.

Gleichrichterschaltungen

Einweggleichrichter

Nur eine Halbwelle wird durchgelassen.

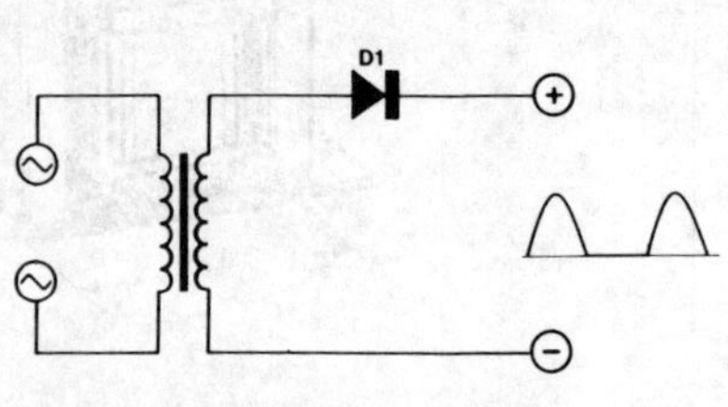

Mittelpunktschaltung
Beide Halbwellen werden durchgelassen, jedoch zwei Trafowicklungen nötig.

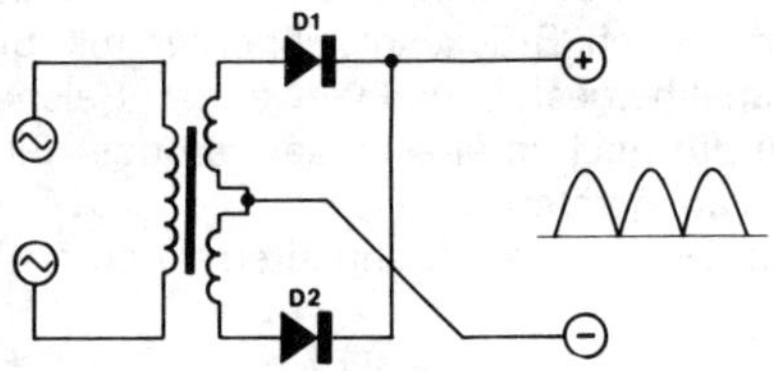

Brückenschaltung
Beide Halbwellen werden durchgelassen, nur eine Wicklung nötig, jedoch vier Dioden.

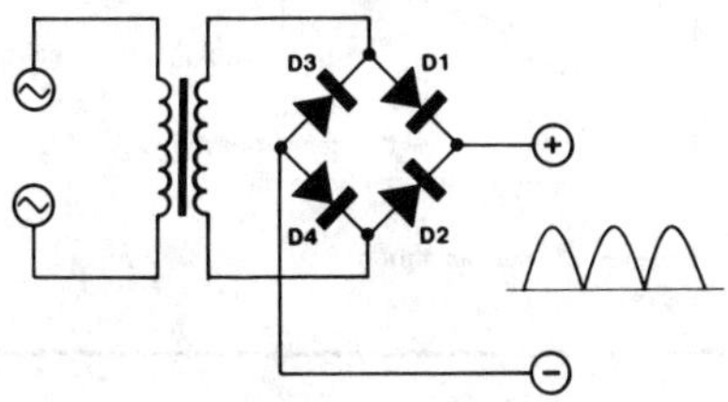

Symmetrische Mittelpunktschaltung
Erzeugt zwei Ausgangsspannungen, eine positive und eine negative (jeweils gegen den Mittelpunkt).

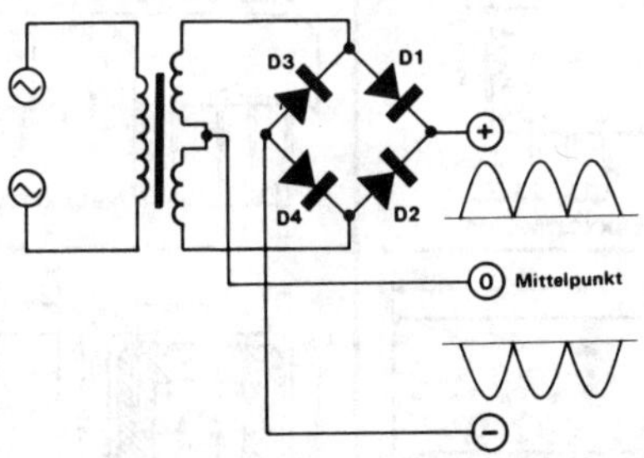

Delon-Verdopplerschaltung
Spannungsverdoppler, die Ausgangsspannung ist nicht sehr stabil (u.a. von C1 und C2 abhängig).

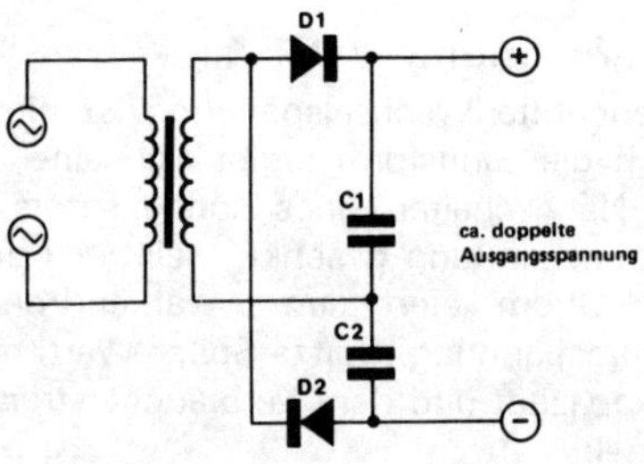

Brückengleichrichter

Ein Brückengleichrichter besteht aus vier in einem Gehäuse untergebrachten und in Brücke geschalteten Dioden. Heute werden fast nur noch Brückengleichrichter mit Silizium als Halbleitermaterial hergestellt und verwendet. Selengleichrichter findet man nur noch in älteren Geräten oder Billigprodukten wie Akku-Ladegeräten.
Germanium hat bei Brückengleichrichtern noch nie eine Rolle gespielt.

Silizium-Gleichrichter werden für Ströme von 500 mA bis 25 A und Spannungen von 20 V_{eff} bis 500 V_{eff} hergestellt.
Aus der Bezeichnung lassen sich im allgemeinen die technischen Daten ableiten.

Beispiel: B40C5000/3300

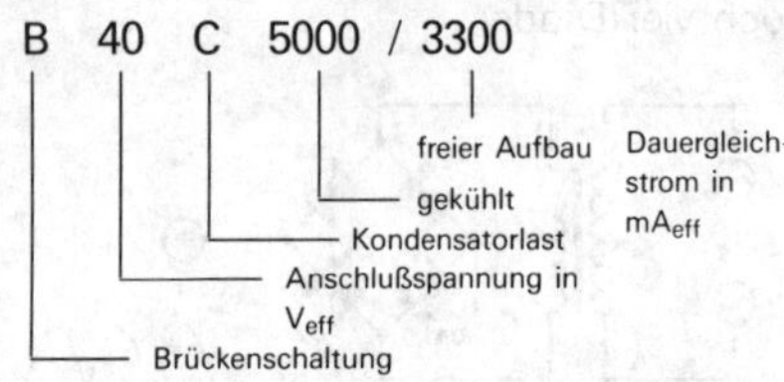

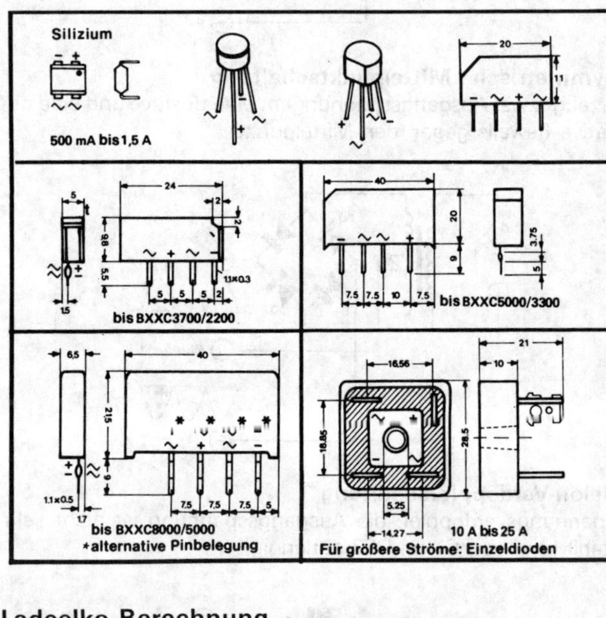

Ladeelko-Berechnung

Eine gleichgerichtete Wechselspannung ist nicht konstant, sondern durch die Sinusform ergibt sich eine Brummspannung. Durch Nachschalten eines Kondensators (meist Elko) wird die Brummspannung gesenkt, weil der Kondensator in den "Pausen" Strom liefert, den er während der Halbwellen lädt. Die Brummspannung (Spitze-Spitze-Wert) hängt von der Kondensatorkapazität und dem Verbraucherstrom ab, gemäß der Faustformel:

$$U_{Br} = 10 \frac{I}{C}$$

(U_{Br}: Brummspannung in V_{ss}, I: Strom in mA, C: Ladekapazität in μF). Zum Berechnen eines notwendigen Ladeelkos stellt man die Formel um:

$$C = 10\ \mu F \cdot \frac{I}{U_{Br}}$$

(Bei Einweggleichrichtern wird der Faktor 10 durch 20 ersetzt). Zu beachten: Die Spitzenspannung am Ladeelko ist gleich der 1,4-fachen Trafospannung (effektiv).

Ein Rechenbeispiel: Ein Netzteil besteht aus einem 18-V-Trafo, einem Brückengleichrichter und einem Ladeelko. Wie groß muß dessen Kapazität sein, damit die Ausgangsspannung bei einem Maximalstrom von 520 mA nicht unter 20 V fällt? Für die Faustformel benötigen wir den Spitze-Spitze-Wert der maximalen Brummspannung (U_{Br}). Der ergibt sich aus der Spitzenspannung der Halbwellen einerseits und aus der Minimalspannung andererseits (Bild b). Die Höchstspannung:

$$18\ V \cdot 1{,}4 = 25{,}2\ V$$

Die Brummspannung:

$$25{,}2\ V - 20\ V = 5{,}2\ V$$

Nach der Faustformel gilt:

$$C = 10\ \mu F \cdot \frac{520}{5{,}2} = 1000\ \mu F$$

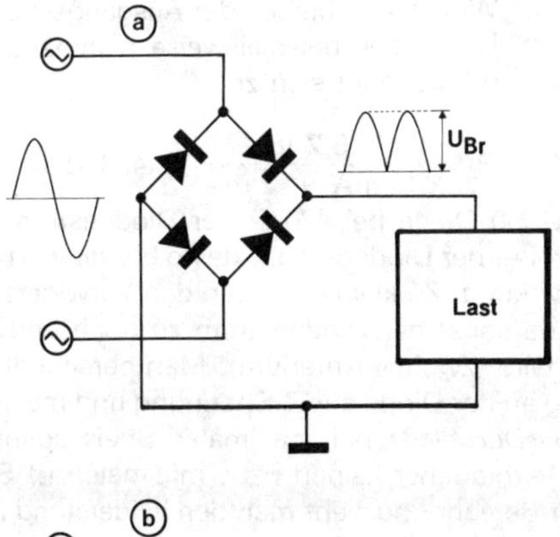

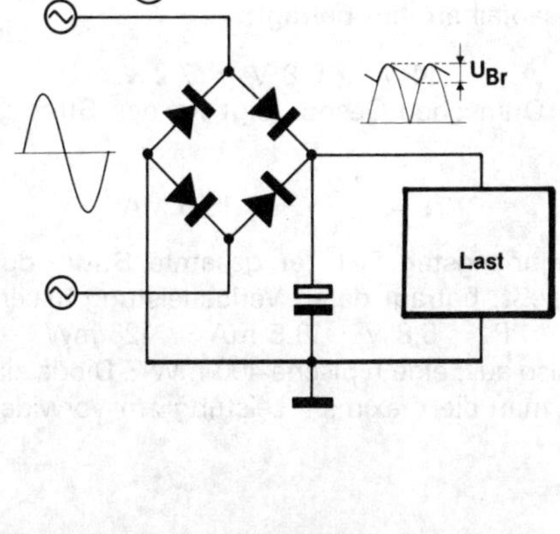

Z-Dioden-Stabilisierung

Bei der Dimensionierung einer Z-Dioden-Stabilisierung sind zwei Gesichtspunkte zu beachten: Erstens muß auch im ungünstigsten Fall ein minimaler Strom durch die Diode fließen, da die Z-Diode andernfalls nicht arbeitet. Zweitens darf die Z-Diode nicht überlastet werden.

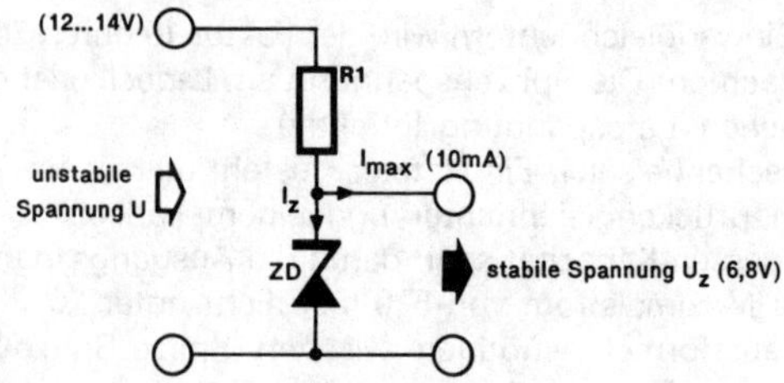

Der erste Fall (minimalen Diodenstroms) tritt auf, wenn der angeschlossene Verbraucher seinen Maximalstrom zieht und die unstabile Spannung minimal ist. Der Vorwiderstand muß so klein sein, daß noch Z-Diodenstrom fließt.
Dazu ein Beispiel (Werte in Klammern): Die Speisespannung schwankt zwischen 12 V und 14 V, der Verbraucher zieht maximal 10 mA, die Z-Spannung beträgt 6,8 V. Bei minimaler Speisespannung fällt über dem Widerstand

$$12\ \text{V} - 6{,}8\ \text{V} = 5{,}2\ \text{V}$$

ab. Durch den Widerstand fließen der Ausgangsstrom und der Diodenstrom, letzter soll beispielsweise minimal 2 mA sein. Der Widerstand berechnet sich zu:

$$R = \frac{5{,}2\ \text{V}}{10\ \text{mA} + 2\ \text{mA}} = 433\ \Omega$$

Normwert: 390 Ω, da bei 470 Ω der Diodenstrom zu knapp wird. Je größer der Diodenstrom, desto besser wird die stabilisierende Wirkung. Zu klein darf man den Vorwiderstand nicht auslegen, da sonst der Diodenstrom zu hoch und die Diode überlastet wird (zweites Kriterium). Man berechnet die Maximalleistung an der Diode aus Z-Spannung und maximalem Diodenstrom. Der fließt bei maximaler Speisespannung und wenn der Verbraucher keinen bzw. minimalen (!) Strom entnimmt. Zur Berechnung zieht man den Widerstand heran. Der Spannungsabfall an ihm beträgt:

$$14\ \text{V} - 6{,}8\ \text{V} = 7{,}2\ \text{V}$$

Nach dem Ohmschen Gesetz folgt für den Strom:

$$I = \frac{7{,}2\ \text{V}}{390\ \Omega} = 18{,}5\ \text{mA}$$

Da im ungünstigsten Fall der gesamte Strom durch die Z-Diode abfließt, beträgt deren Verlustleistung maximal:

$$P = 6{,}8\ \text{V} \cdot 18{,}5\ \text{mA} = 126\ \text{mW}$$

Es reicht also aus, eine typische 400-mW-Z-Diode einzusetzen. Ggf. muß man die maximale Leistung am Vorwiderstand berücksichtigen (bei Maximalstrom und -spannung):

$$P(R) = 7{,}2\ V \cdot 18{,}5\ mA = 133\ mW$$

Ein Achtel-Watt-Widerstand (125 mW) ist also leicht überlastet, ein Viertel-Watt-Typ (250 mW) tut's vollkommen.

Schwingkreisgüte

Parallelschwingkreis:

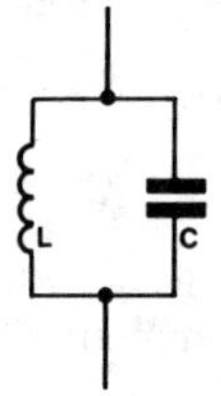

Sperrt bei Resonanzfrequenz (hochohmig) und leitet bei anderen Frequenzen.

Serienschwingkreis:

Leitet bei Resonanzfrequenz (niederohmig) und sperrt andere Frequenzen.

Güte

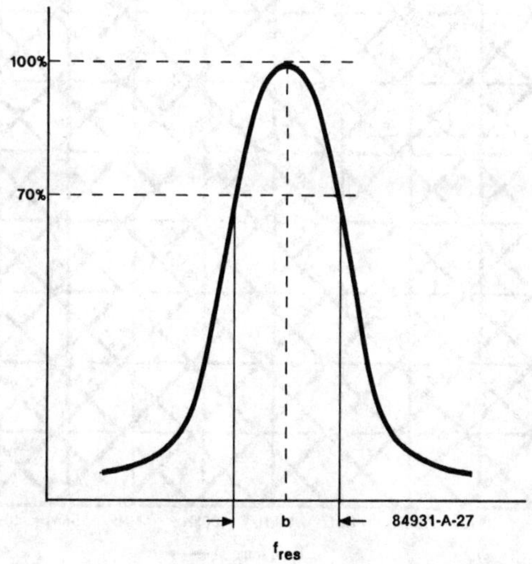

Kennzeichnet Verlustarmut (hohe Güte: geringe Verluste). Bei hoher Güte wird der Schwingkreis schmalbandiger (bessere Selektivität).
Als Bandbreite definiert man den Abstand der Frequenzen, bei denen die Durchlaß- oder Sperrwirkung um 30% abgenommen hat (Faktor $1/\sqrt{2}$; -3 dB).

Es gilt für die Güte (Q):

$$Q = \frac{f_{res}}{b}$$

Umgekehrt kann man die −3-dB-Bandbreite aus Resonanzfrequenz und Güte bestimmen:

$$b = \frac{f_{res}}{Q}$$

Spulen, Kondensatoren, Resonanzfrequenzen

Mit den folgenden Diagrammen kann man im Handumdrehen die Wechselstromwiderstände von Kondensatoren oder Spulen in Abhängigkeit von der Frequenz ermitteln, ebenfalls die Resonanzfrequenz eines Schwingkreises (bzw. welche Spule und Kondensator für eine bestimmte Resonanzfrequenz nötig sind).

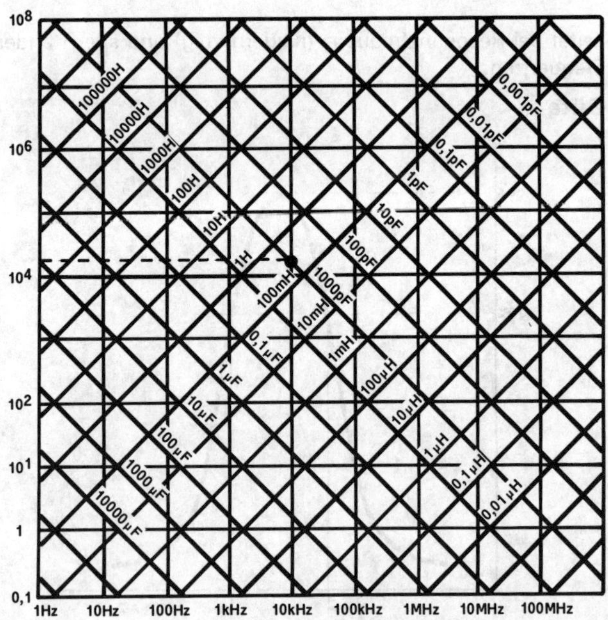

Die schrägen Linien von rechts unten nach links oben repräsentieren jeweils eine bestimmte Kapazität; die Werte (in Zehnerstufen) sind angeschrieben. Schneidet man eine dieser Kapazitäts-Schrägen mit der Senkrechten einer Frequenz und zieht man vom Schnittpunkt eine Waagerechte nach links zur Widerstandsachse, kann man an dieser Achse den zugehörigen Wechselstromwiderstand ablesen. Eingezeichnetes Beispiel: ein 1000-pF-Kondensator hat bei einer Frequenz von 10 kHz einen Wechselwiderstand von etwas mehr als 10 kΩ (zur Genauigkeit später mehr). Die Fragestellung des Beispiels hätte auch anders lauten können, z.B. bei welcher Frequenz ein 1000-pF-Kondensator gut 10 kΩ Widerstand hat. Dann hätte man zunächst eine Waagerechte am Widerstandswert eingezeichnet und unter dem Schnittpunkt den kHz-Wert ermittelt. Oder: Welche Kapazität hat bei 10 kHz mindestens 10 kΩ? Diesmal muß man die Senkrechte über 10 kHz mit der Waagerechten bei 10 kΩ schneiden und die nächsthöhere Kapazitätsgerade ablesen.

In der gleichen Weise verfährt man mit Induktivitäten (Spulen) und deren Wechselstromwiderständen bei entsprechenden Frequenzen. Für Induktivitäten sind die Schrägen von links unten nach rechts oben eingezeichnet, denn der Wechselwiderstand einer Spule steigt mit zunehmender Frequenz.

Die Resonanzfrequenz eines Schwingkreises liest man unter dem Schnittpunkt der Kondensatorschrägen mit der Induktivitätsschrägen für die Schwingkreiselemente ab. Beispiel: Ein 100-pF-Kondensator hat zusammen mit einer 100-μH-Spule eine Resonanzfrequenz von etwas mehr als 1 MHz. Kennt man umgekehrt Resonanzfrequenz und Kondensator, kann man ablesen, welche Spule benötigt wird.

Die Einteilung des Diagramms ist so grob, daß man die Werte nur ungefähr ermitteln kann. Nachfolgend ist die Feineinteilung der Planquadrate des vorigen Diagramms abgedruckt. Sie müßte eigentlich in jedes Planquadrat eingezeichnet werden, aber dann wäre das Diagramm zu unübersichtlich.

Zur Erläuterung noch einmal das erste Beispiel (100 pF, 10 kHz). Der Schnittpunkt liegt an rechten Rand des vierten Planquadrats von rechts in der vierten Zeile (des Grobdiagramms). Man muß sich jetzt das Feindiagramm in dieses Planquadrat eingesetzt denken. Der Schnittpunkt liegt jetzt am rechten Rand der Feineinteilung (Ziffer 10) und auf der (fett gedruckten) Schräge mit der Ziffer 1. Der Schnittpunkt liegt auf der Höhe 1,6. Dies ist die Ziffernfolge unseres Ergebnisses. Die genaue Zahl lautet 16 kΩ, denn wir hatten vorher "etwas über 10 kΩ" herausbekommen. Das Problem bei der Benutzung des Feindiagramms ist, wie man sieht, die Ziffern in die richtige Dimension zu setzen. Dazu muß man immer mit dem Grobdiagramm vergleichen, welches die Eckwerte des Planquadrats sind.

Betrachten wir noch einmal das Beispiel Schwingkreis 100 pF/100 μH. Der Schrägenschnittpunkt liegt auf der oberen Begrenzung des dritten Quadrats von rechts in der

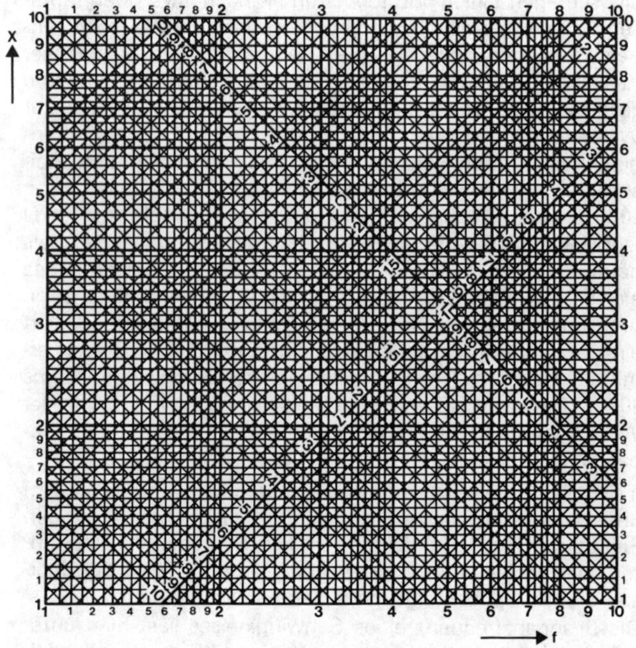

sechsten Zeile von oben. Dieses Quadrat geht (waagerecht) von 1 MHz. . .10 MHz und (senkrecht) von 100 Ω. . .1 kΩ. Die waagerechten Ziffern 1. . .10 des Feindiagramms entsprechen also diesmal 1 MHz. . .10 MHz, die senkrechten Ziffern 1. . .10 den Ohmzahlen 100 Ω. . .1 kΩ. Die 100-pF-Schräge erscheint im Feindiagramm als die fette, lange Diagonale (links oben nach rechts unten), die 100-μH-Schräge als kurze Diagonale in der Ecke oben rechts. Der Schnittpunkt steht an der Ziffer 1,6, vollständig: 1,6 MHz.

Rechnen wir noch ein wenig weiter: Angenommen 1,6 MHz sei zu hoch, die Resonanz sollte bei 1 MHz liegen. Die 1-MHz-Gerade ist hier der linke Diagrammrand. Die kleine 100-μH-Diagonale schneidet ihn in der Nähe der Ziffer 6. Es interessiert jedoch nicht die Impedanz, sondern der nötige Kondensator. Dazu muß man feststellen, welche Kondensator-Schräge (links oben nach rechts unten) durch den Schnittpunkt verläuft. Am besten, man legt ein Lineal an. Etwas oberhalb des Schnittpunkt liegt eine Schräge, die zweite unterhalb der Kondensatorschräge mit der Ziffer 2 (siehe Diagramm-Mitte). Sie steht für 2,4. Da die "1" in der Diagramm-Mitte für 100 pF steht (Ind.: für 10 μH), bedeutet 2,4 folglich 240 pF.

Die Aufgabe läßt sich auch mit einer anderen Spule lösen. Dann bleibt die (lange) 100-pF-Schräge. Sie schneidet die 1-MHz-Senkrechte jedoch nicht im Feindiagramm. Also muß man mit einem anderen Planquadrat arbeiten, und zwar mit dem nächst höheren (Eckwerte: 1 MHz. . .10 MHz; 1 kΩ. .

..10 kΩ). Die 100-pF-Schräge wird jetzt im Feindiagramm nicht mehr durch die lange Diagonale in der Mitte, sondern durch das kurze Diagonalenstück in der Ecke links unten wiedergegeben. Sie schneidet den rechten Diagrammrand (1 MHz) bei der Ziffer 1,6. Verfolgt man die Spulen-Schräge von Schnittpunkt (nach rechts oben), stellt man fest, daß sie etwa den Wert 2,6 vertritt. Ergebnis (da "1" für Induktivitäten in diesem Planquadrat 100 μH entspricht): 260 μH.

Wellenlänge

Die Wellenlänge (λ) einer elektromagnetischen Welle beträgt (im Vakuum genau, in Luft etwa):

$$\lambda = \frac{c}{f} \qquad\qquad 1\,\text{Hz} = \frac{1}{s}$$

mit c = 300000 km/s (Lichtgeschwindigkeit im Vakuum) und Sendefrequenz f.

Beispiel: gesucht ist die Wellenlänge der MW-Frequenz 600 kHz.

$$\lambda = \frac{300.000\ \text{km/s}}{600.000\ 1/\text{s}} = 0{,}5\ \text{km} = 500\ \text{m}$$

(λ = Lambda)

Aufbauskizzen

Maßstab 1:1

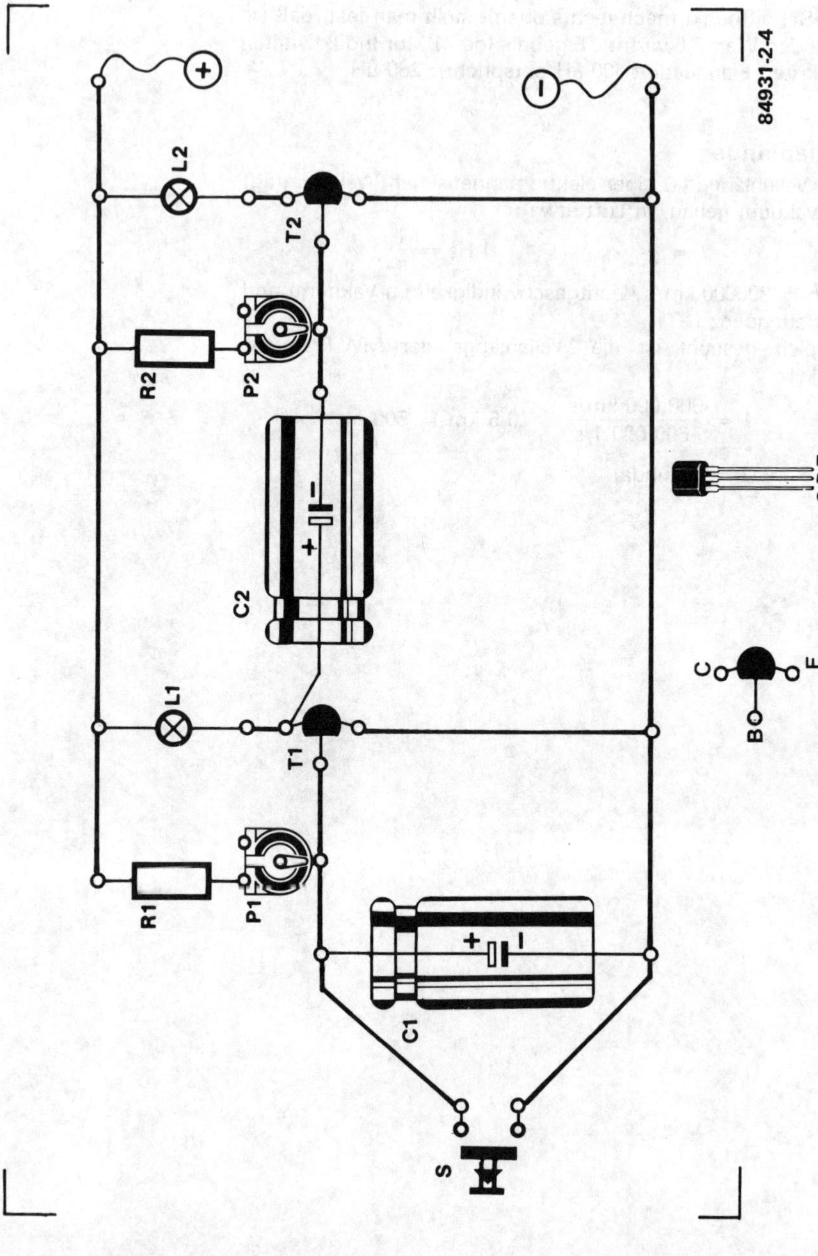

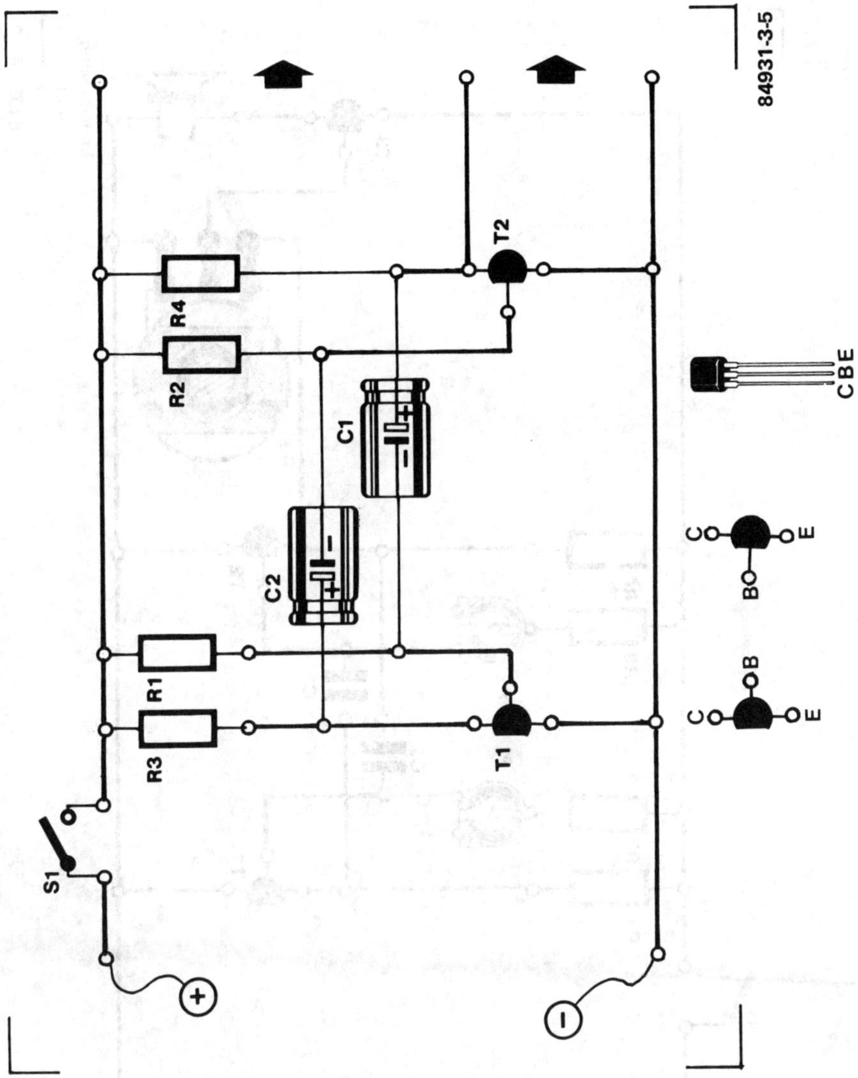

84931-3-5
S1
R1
R2
R3
R4
C1
C2
T1
T2
+
−
C
B
E
CBE

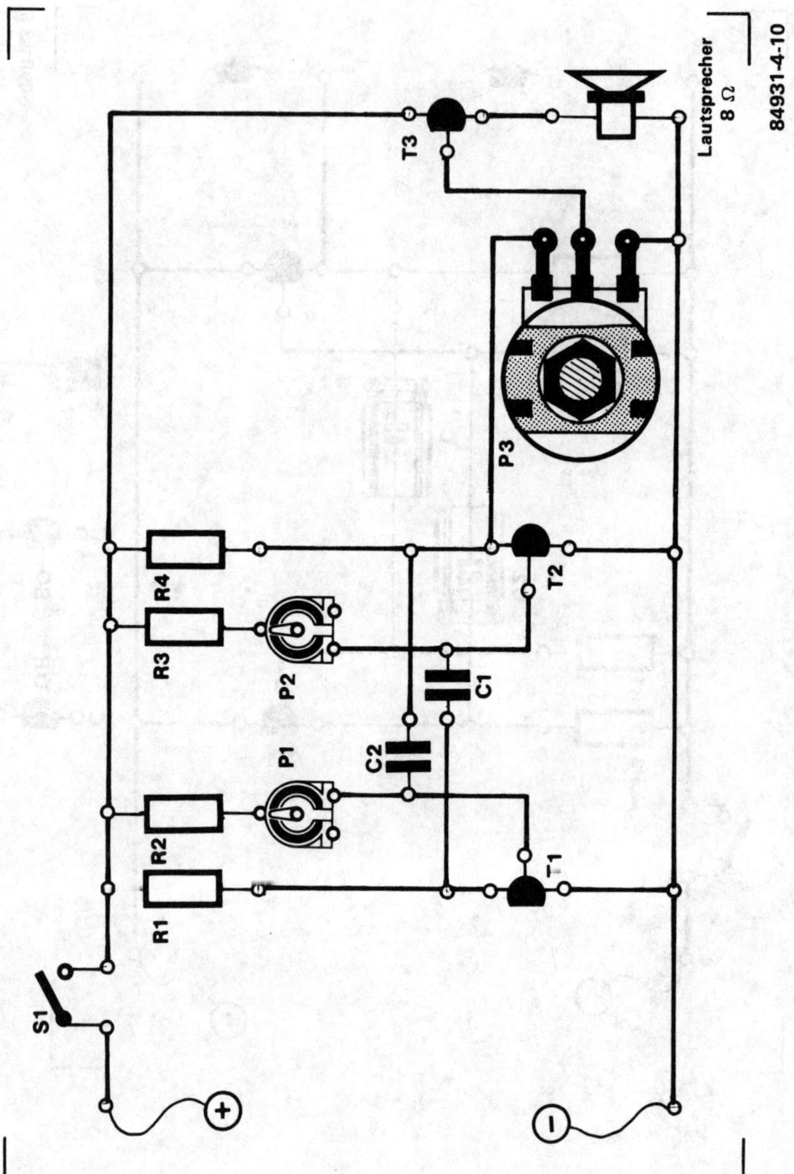
S1
R1
R2
R3
R4
P1
P2
P3
C1
C2
T1
T2
T3
Lautsprecher
8 Ω
84931-4-10
+
−

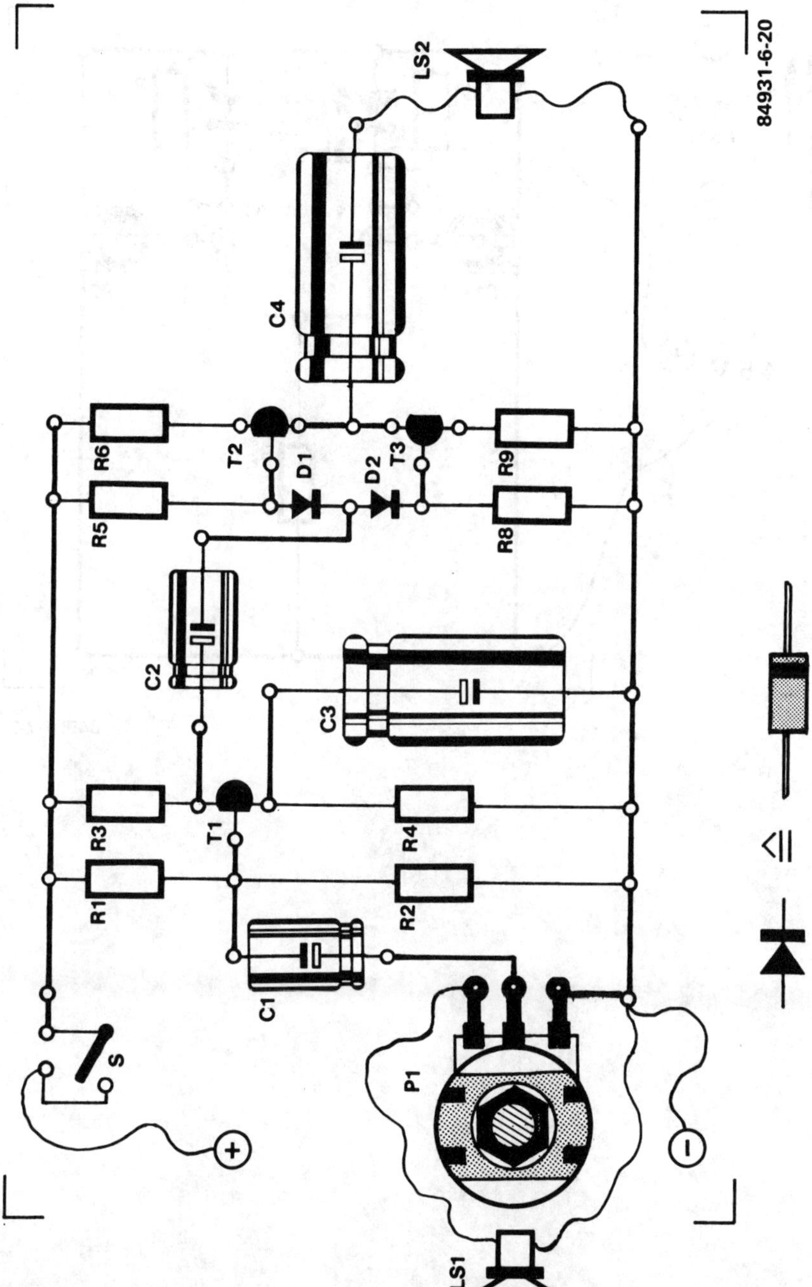

S
P1
LS1
LS2
C1
C2
C3
C4
R1
R2
R3
R4
R5
R6
R8
R9
T1
T2
T3
D1
D2
+
−
84931-6-20

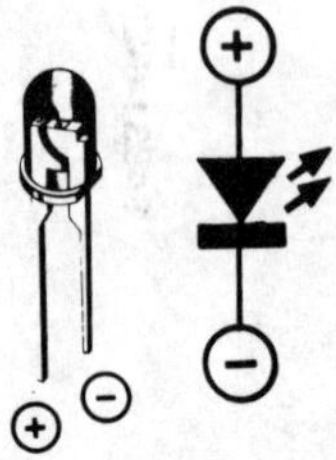

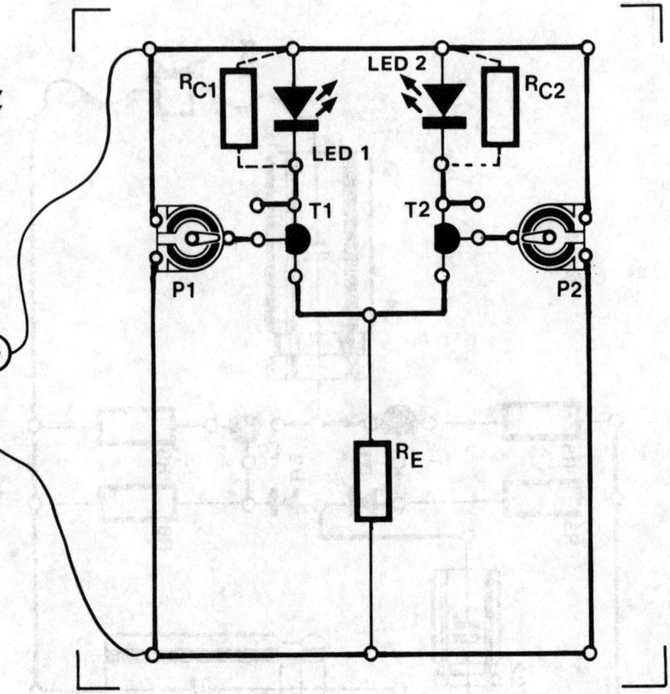

84931-7-3

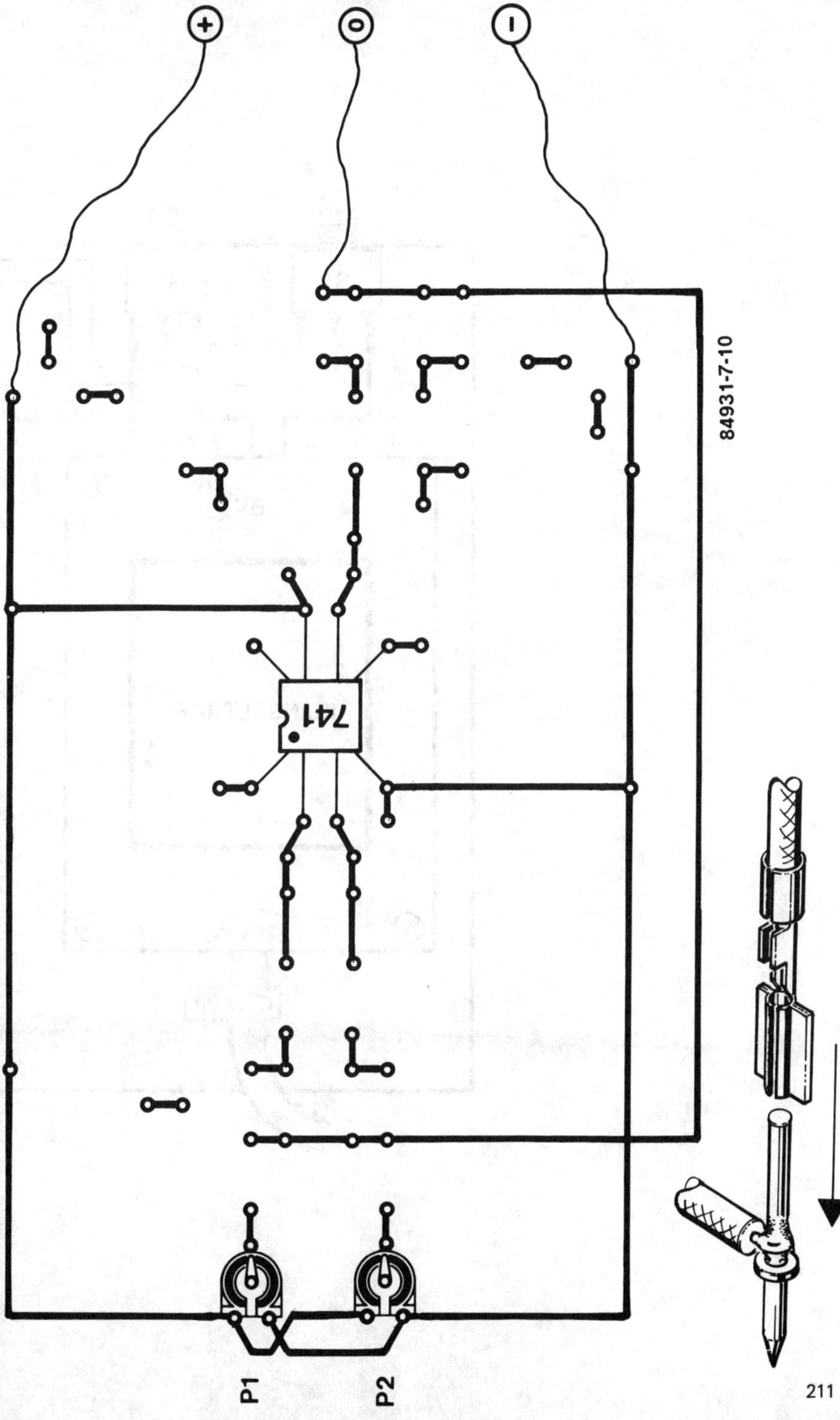
+
0
−
741
84931-7-10
P1
P2

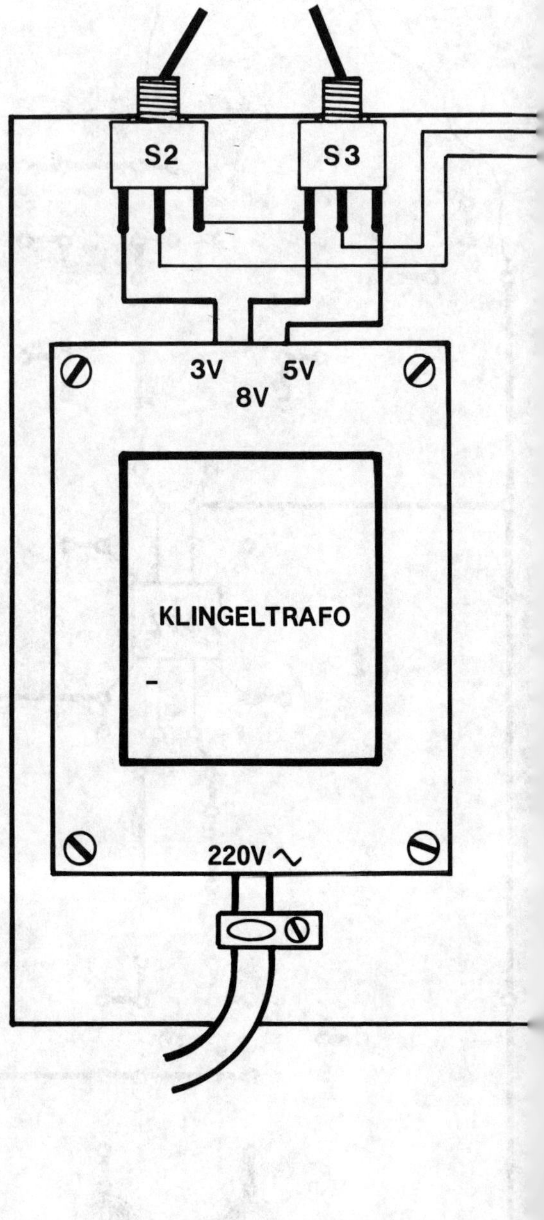
S2
S3
3V
5V
8V
KLINGELTRAFO
220V ∿

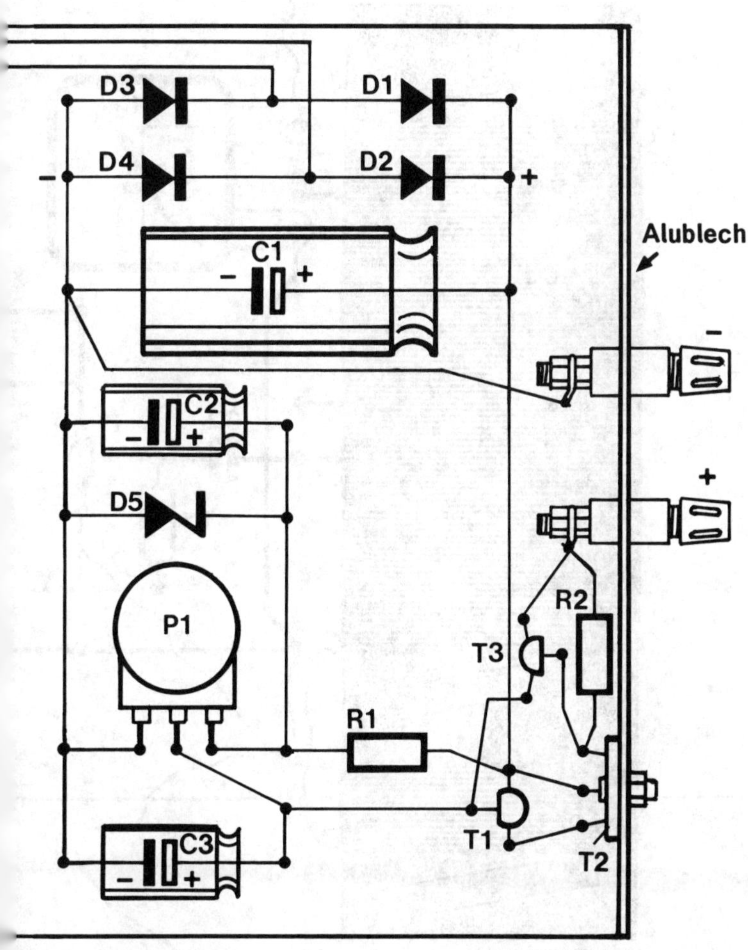

84931-10-21

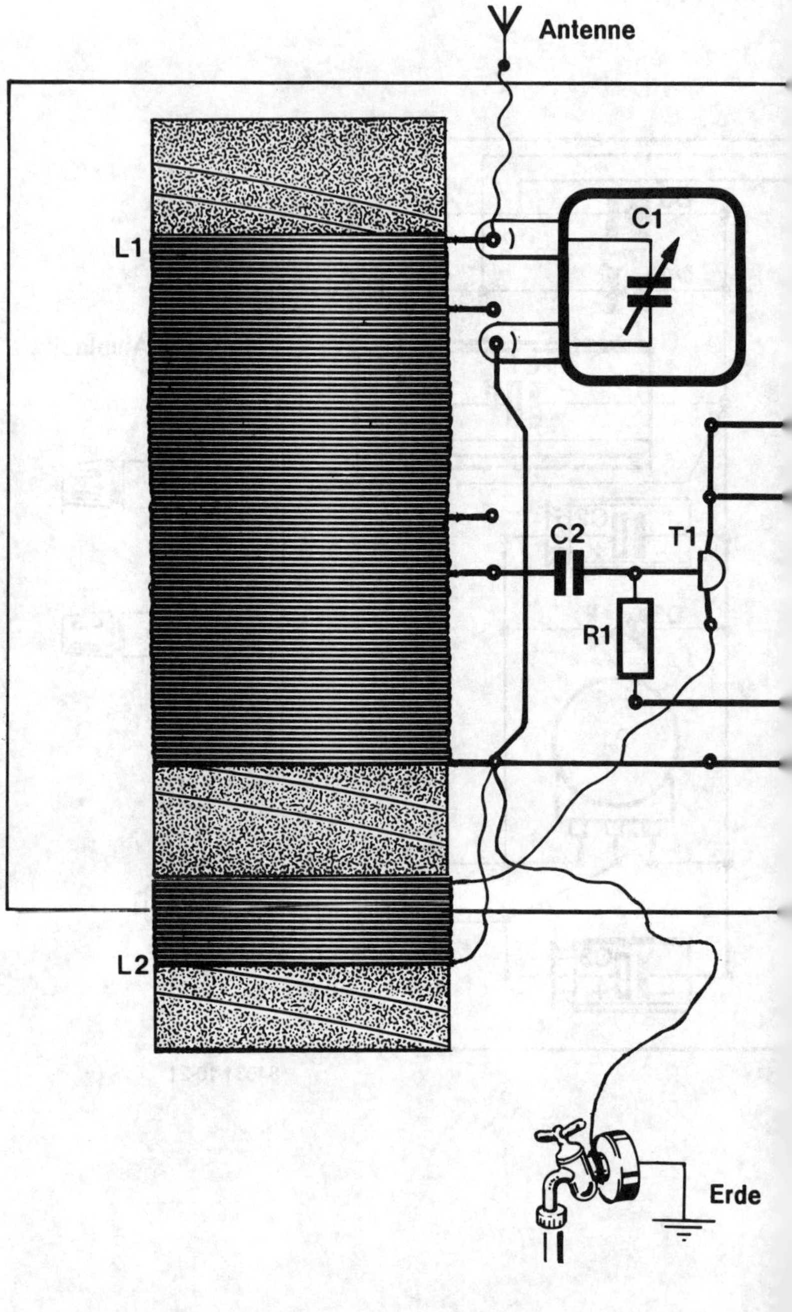
Antenne
C1
L1
C2
T1
R1
L2
Erde

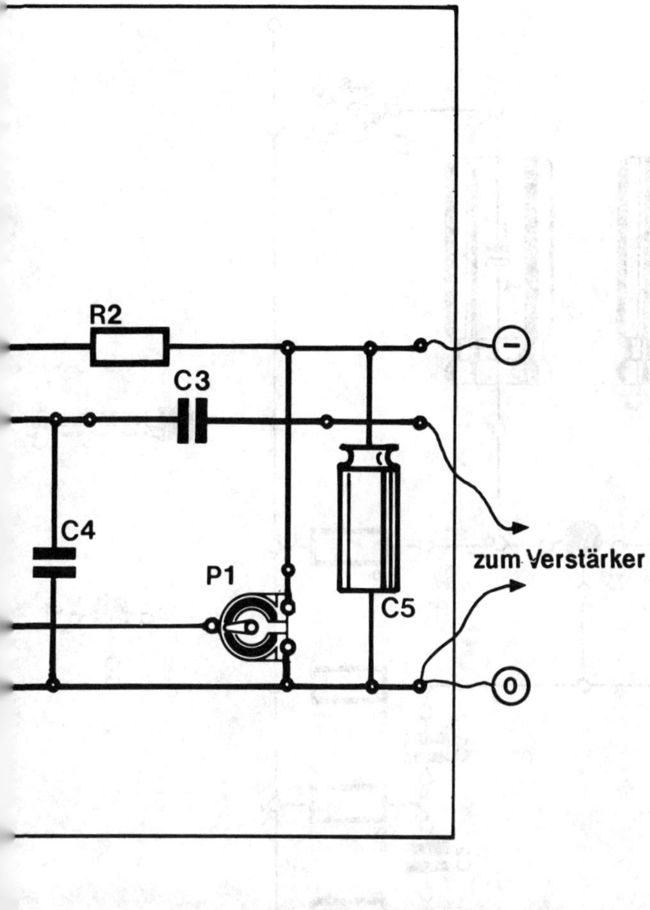
R2
C3
C4
P1
C5
zum Verstärker
84931-11-16

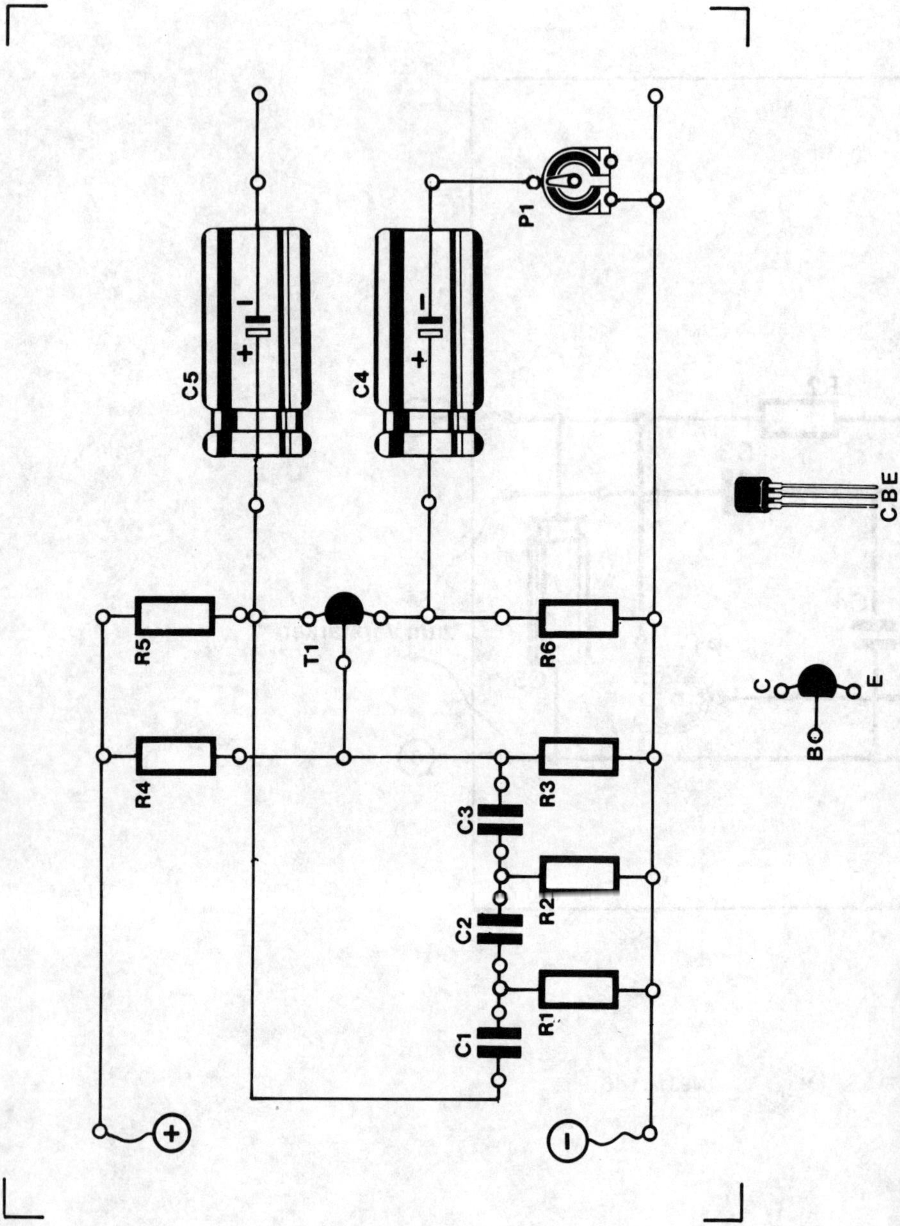

84931-8-5

Stichwortverzeichnis

AM 156
AMV 17, 180, 181
Ablenkrichtung 118
Addierer 92, 93
Amplitude 34
Amplitudenmodulation 156
Amplitudenwert 35
Analogrechner 95
Anschlußbelegung 79
Antiparallel 26
Arbeitspunkt 59
Astabiler Multivibrator 17
Audiobereich 58
Audiofrequenz 37
Ausgangsimpedanz 188
Ausgangswechselspannung 61

Bandbreite 101
Basis-Emitter-Diode 14
Basis-Emitter-Schwellspannung 16
Basisspannungsdifferenz 77
Basisstrom 14
Begrenzung 82
Belichtungsmesser 87
Betriebsspannung 16
Blinkschaltung 19
Bodenwelle 172
Brummspannung 142
Brückengleichrichter 140, 198
Brückenschaltung 197

Dämmerungsschalter 86
DIL-ICs, 8-PIN- 81
Dauerlötspitze 8
Delon-Verdopplerschaltung 197
Demodulator 158
Demodulatordiode 158
Detektorempfänger 155
Detektorschaltung 155
Dezibel (dB) 189
Dielektrika 164
Differenzverstärker 74
Dioden 175, ff.
Diodenkennlinie 159
Dipol 169, 170
Dreibeinregler 148
Dreieck 33
Drossel 132
Durchlaßkurve 164
Durchlaßrichtung 29
Duty Cycle 19

Effektivspannung 35, 174
Effektivwert 35, 143
Eingangsimpedanz 188
Eingangsspannungsdifferenz 89
Eingangsvorwiderstand 90
Einweggleichrichter 139, 196
Elektromagnetismus 119
Emitterfolger 40, 65
Emitterschaltung 58, 59
Energie, elektrische 131
Energie, magnetische 131
Energiespeicher 54
Entlöten 10, 11
Erdanschluß 138
Erdmagnetismus 119

FM 156
Fahrraddynamo 109
Feile 9
Felder 167
Feldlinien 107
Feldlinien, magnetische 119
Ferritantenne 170, 171
Ferritmaterial 131
Festlaufen 82
Flanken, verschliffene 24
Flußdiagramm 17, 18
Flußmittel 9
Formeln 174, 175
Freilaufdiode 130
Frequenz 36
Frequenzbänder 184
Frequenzdiagramm 101
Frequenzmodulation 156
Funktionen 33

Gedruckte Schaltung 12
Gedämpfte Schwingung 162
Gegenkopplung 87, 102
Gegenkopplungswiderstand 90
Gegensprechanlage 70, ff.
Gegentaktendstufe 100
Gegentaktschaltung 69
Gegentaktverstärker 69
Generator, RC- 110
Generatorspannung 25
Gleichrichter 139, ff.
Gleichspannung, pulsierende 29, 32
Gleichspannungsverstärker 62, 63
Gleichstrom, pulsierender 31
Güte 202

HF 155
HF-Filter 161, ff.
HF-Oszillator 166
Halbwelle 34
Heizungsthermostat 85
Helligkeitsschalter 86
Hochfrequenz 37
Hochfrequenztechnik 155
Hörerimpedanz 39
Hysterese 83

Impedanz 39, 54
Impuls-Pausen-Verhältnis 19
Induktion 127
Induktionsspannung 109, 127
Induktivität 131, 194
Invertierend 79
Invertierender Eingang 79

Kammerton A 181
Kapazitiver Spannungsteiler 56
Kapazität 49
Kernmaterial 121
Kippschaltung 17
Kleinleistungsdioden 175, 176
Kleinleistungstransistoren 179, 180
Klingel 116
Kollektorschaltung 73
Kollektorspannung 14, 16
Komparator 76
Kompaß 118
Kondensator 49, ff.
Kondensator-Impedanz 175
Kondensator-Parallelschaltung 55, 174
Kondensator-Reihenschaltung 56

Kondensator-Serienschaltung 174
Kondensatoreigenschaften 186, 187
Kondensatorspannung 14
Kopfhörer 37, ff.
Koppelelko 67
Koppelspule 166
Korkmotor 134
Kurvenform 33
Kurzwelle 37
Kühlblech 145
Kühlkörper 145

Längstransistor 154
Ladeelko 142
Ladeelko-Berechnung 198
Ladestrom 14
Ladung 49
Lambda λ 205
Langwelle 37
Lautsprecher 37, ff.
Lautstärke 183
Lautstärkeregler 41
LDR 19
Leerlaufspannung 139
Leistung 47, 174
Leiter 107
Leuchtdioden 19
Lichtempfindlicher Widerstand 19
Lichtmaschine 109
Löten 8
Lötkolben 8, 9
Lötnagel 7
Lötpaste 9
Lötsauglitze 11
Lötstelle 10
Lötwasser 9
Lötzinn 8, 9

Magnetfeld 107
Magnetismus 107, 117
Membran 37
Membranmodell 50
Mikrofonverstärker 63
Mitkopplung 83
Mittelpunktschaltung 197
Mittelwelle 37
Modulation 156
Modulator 156
Monostabiler Multivibrator 17
Morsezeichen 185
Morseübungsgerät 43
Multivibratorschaltung 102
Musikinstrument, lichtempf. 44

Nebenwellen 164
Negative Halbwelle 34
Netz-Transformatoren 195
Netzspannung 35
Netzspannungsregeln 196
Netzteil 137, ff.
Nichtinvertierender Eingang 79
Niederfrequenz 37
Nordpol 107
NTC 84

OP 78
OV 78
Offset 80
Offset-Kompensation 79, 80
Ohmsches Gesetz 46, 174
OpAmp 78

Operation Amplifier 78
Operationsverstärker 74, 78
Operationsverstärker-Daten 191
Oszillatoren 18, 194
Oszilloskop 45

Parallelschwingkreis 201
Pegel 49
Periode 36
Periodendauer 36
Permeabilitätskonstante 194
Phasenrichtung 112
Phasenschiebergenerator 114
Phasenschieberkette 190
Phasenverschiebung 51, 112
Pinzette 10
Platine 12
Polarität 16
Polaritätsumkehr 98
Positive Halbwelle 34
Primärwicklung 124
Puffer (Emitterfolger) 96
Pufferstufe 193
Pulsierende Gleichspannung 29, 32
Pulsierender Gleichstrom 31

Radaiozange 10
Radiowellen 167
Raumwelle 172
RC-Generator 110, 190
RC-Glied 112
Rechteck 33
Rechteckspannung 24
Referenzquelle 149
Regelbares Netzteil 144
Regeln 148
Relais 123
Resonanzfrequenz 162, 202
Ringschaltung 21, 22
Ruhestrom 69

Sägezahn 34
Salmiakstein 9
Schalenkern 132
Schalldruck 183
Scheinwiderstand 51
Scheitelwert 34
Schelle 116
Schirmbildfoto 45
Schutzerde 138
Schwingfrequenz 113
Schwingkreis 161, 175
Schwingkreisgüte Q 165, 201
Schwingung, gedämpfte 162
Schwingungsdurchgang 17, 18
Seitenschneider 10
Sekundärwicklung 124
Selektivität 158
Serienschwingkreis 201
Signalflanken, verschliffene 24
Silizium-Leistungsdioden 176...178
Sinus 34
Sitzenwert 34, 143
Soll-Ist-Vergleich 148
Spannungsabfall 16
Spannungsdifferenz 77
Spannungsfestigkeit 57
Spannungsstabilität 146
Spannungsteiler 59
Spannungsteiler, kapazitiver 56
Spannungsverdoppler 154

Spannungsvergleicher 76
Spannungsversorgung, sym. 69
Spannungsverstärkerstufe 188
Spannungswerte 34
Spartrafo 152
Sperrichtung 67
Spitze-Spitze-Wert 35
Spule .... 116, ff.
Spulen-Impedanz 175
Spulen-Parallelschaltung 175
Spulen-Serienschaltung 174
Steckbrett 7
Steckernetzteil 148
Stereopoti 38
Streufeld 122
Strombegrenzung 147
Subtrahierer 92
Südpol 107
Sym. Mittelpunktsschaltung 197
Sym. Spannungsversorgung 69

Temperatur-Schwellschalter 84
Testgenerator 25
Timer 13
Tonfrequenzen .... 180, ff.
Topfkern 131
Trafo 124
Trafoschaltbild 138
Transformator 123, 138
Transformatorkern 121
Transitfrequenz 102
Trennschärfe 158
Triggern 17
Türschelle 116

UKW-Rundfunk 37
Umkehrverstärker 95

Verluste 164
Verlustleistung 145
Verstärker 58
Verstärker, invertierender 192
Verstärker, nichtinvertierend 193
Verstärkungsfaktor 62
Verzögerungsschaltung 22
VHF/UHF-Fernsehübertragung 37
Vielfaches 114

Wagnerscher Hammer 116
Wechselgrößen 50
Wechselspannung 23, 106
Wechselspannungsquelle 51
Wechselspannungsverstärker 63, 98
Wechselstrom 31
Wechselstromwiderstand 50
Wellen 167
Wellenlänge 205
Werte 33
Windungen 120
Windungsverhältnis 125
Wire-wrap-Sockel 80
Wire-wrap-Verdrahtungen 81

Z-Diode 146
Z-Dioden-Stabilisierung 200
Zeitdiagramm 24, 139
Zeitfunktion 31, 32
Zeitgeberschaltung 22
Zweiweggleichrichter 153